中国推进"双碳"目标

丁 涛 宋马林 等 / 著

效率评价、影响机制与实现路径

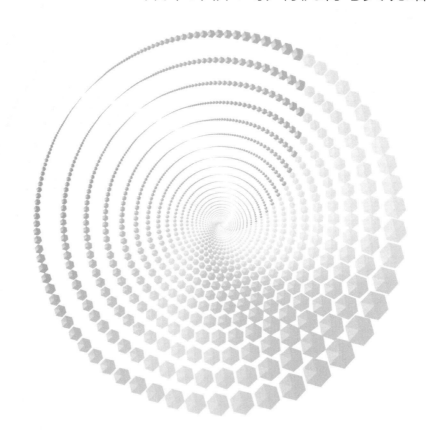

CHINA'S PROMOTION FOR CARBON PEAKING AND CARBON NEUTRALITY GOALS

Efficiency Evaluation, Impact Mechanism and Realization Path

中国财经出版传媒集团

经济科学出版社
Economic Science Press

前　言

随着全球气候变化对人类社会构成重大威胁，越来越多的国家将"碳中和"上升为国家战略，提出了"无碳未来"的愿景。2020年，中国基于推动实现可持续发展的内在要求和构建人类命运共同体的责任担当，宣示了碳达峰和碳中和的目标。作为发展中国家，我国目前仍处于新型工业化、信息化、城镇化、农业现代化加快推进阶段，实现全面绿色转型的基础仍然薄弱，生态环境保护压力尚未得到根本缓解。当前我国距离实现碳达峰目标已不足10年，从碳达峰到实现碳中和目标仅剩30年左右的时间，与发达国家相比，我国要实现"双碳"目标，时间更紧、幅度更大、困难更多。因此，如何实现碳减排、推动低碳经济发展，已经成为当前我国经济社会发展亟须解决的重大问题。

本书以中国碳排放的效率评价、影响机制与碳减排实现路径为研究主题，采用定性分析和定量分析相结合的研究方法，在梳理中国能源消耗及碳排放现状的基础上，研究中国能源消耗及碳排放效率评价，分析中国碳排放的影响机制，通过实证研究了中国碳减排的实现路径，为低碳转型提供更为详细的实践指引，助力实现"双碳"目标。具体而言，全书共分为九章：第一章主要研究了碳中和技术对碳排放水平以及经济发展的影响；第二章对中国能源消耗及碳排放进行效率评价；第三章实证研究影响碳排放的因素；第四章至第八章分别实证研究了碳排放权交易市场、居民消费、碳信息披露机制、绿色金融和绿色消费的碳减排效应，助力碳达峰和碳中和目标的实现；第九章主要介绍低碳经济与碳达峰、碳中和示范区案例。

全书由合肥工业大学丁涛副教授和安徽财经大学宋马林教授及其团队共同完成。丁涛副教授近年来一直致力于中国碳排放问题的研究，并在相关领域取得了一系列研究成果；宋马林教授是国家社科基金重大项目《全面建立资源高效利用制度研究》的首席专家。其他参与书稿写作的人员有：合肥工业大学姜涛、郭红军、刘琪、郝斌、李新月、刘梦瑶、王海燕、沈安文和张悦琦等同学。具体任务分工为：第一章由丁涛和姜涛撰写；第二章由丁涛和郭红军撰写；第三章由丁涛和刘琪撰写；第四章由丁涛和郝斌撰写；第五章由丁涛和李新月撰写；第六章由宋马林和刘梦瑶撰写；第七章由宋马林和王海燕撰写；第八章由宋马林和沈安文撰写；第九章由宋马林和张悦琦撰写。

由于时间仓促和作者水平有限，书中难免存在疏漏和错误之处，我们真诚地恳请各位读者和同行批评指正。

作者

2021 年 10 月

目 录

第一章

基于碳中和技术的
低碳经济发展方法

自从进入以"和平与发展"为主题的世界格局以来，世界各国都将主要精力投入经济发展中，世界经济经历了一个快速发展的时期。然而，由于科技水平相对于经济发展的滞后性，绝大多数国家发展经济的主要途径是依赖自有能源的消耗，这些国家经济规模迅速壮大的代价是能源的巨大消耗。更为严重的是，因能源消耗过快而引发的环境气候问题不期而至。以二氧化碳为主要代表的温室气体的排放量的大量增加所造成的全球气温上升的现象被称为温室效应，由此引发的全球变暖、冰川融化海平面上升、雾霾天气以及极端恶劣天气等一系列现象对全人类的现在和未来的生存与发展造成了严重的影响，引起了全球各国政府和人民的高度关注。如何在发展经济的同时控制温室气体尤其是二氧化碳的排放成了世界范围内的问题，在以此为主题的讨论和探索过程中，"低碳经济"的概念应运而生。

第一节 低碳经济的内涵与发展

联合国政府间气候变化专门委员会（Intergovernmental Panel on Climate Change，IPCC）发布的报告显示，相比于 1850～1900 年地球的平均温度，目前全球表面温度升高了约 1.1℃，这是自大约 12.5 万年前最后一个冰河时期以来首次出现的升温水平。造成这一现象的主要原因是经济快速发展对能源的消耗量空前巨大，进而造成以二氧化碳为主要代表的温室气体的排放量迅猛增加。1990~2018年，全球温室气体排放量增加了超过50%，如图1-1所示。

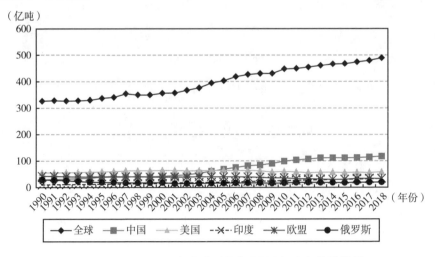

图1-1 1990~2018年全球以及主要国家温室气体排放量

资料来源：World Resources Institute.

根据世界资源研究所（World Resources Institute，WRI）的数据显示，2011年全球二氧化碳排放量是1850年的163倍，如图1-2所示。根据英国石油公司（BP）发布的《世界能源统计年鉴》（第70版）统计数据显示，2019年，全球碳排放量达343.6亿吨，创历史新高。

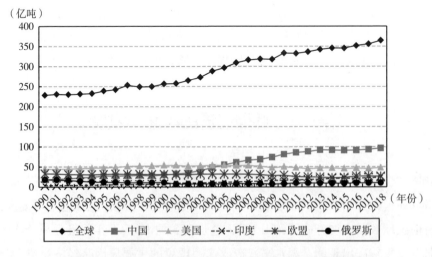

图1-2 1990~2018年全球以及主要国家二氧化碳排放量

资料来源：World Resources Institute.

低碳经济是指在可持续发展理念指导下，通过技术创新、制度创新、产业转型、新能源开发等多种手段，尽可能地减少煤炭、石油等高碳能源消耗，减少温室气体排放，达到经济社会发展与生态环境保护双赢的一种经济发展形态。

"低碳经济"一词第一次出现在政府性质的文件中是在 2003 年英国政府发布的一份名为《我们能源的未来：创建低碳经济》的能源白皮书之中。作为第一次工业革命的起源地和当今世界最主要的发达国家之一，英国的科技水平排在世界前列。然而，天然地理位置的劣势让英国这个自然资源稀缺的岛国不得不率先考虑减少能源消耗和降低碳排放。一方面，英国的能源储藏量已然无法做到自给自足，且预计能源自给率将进一步降低；另一方面，温室效应带来的潜在后果——海平面上升将会直接威胁这个岛国的国家安全。因此，在这份白皮书中，英国明确了 21 世纪前半叶国家能源发展的总体目标：从根本上把英国变成一个低碳国家。2008 年，英国出台了《气候变化法案》，主要目的依然是降低温室气体排放量，该法案提出设立个人排放信用电子账户以及排放信用额度，这使英国成为全球首个为温室气体减排设计出具有法律约束力措施体系的国家。

同样受制于自身地理位置的国家还有日本。在煤、石油、天然气等能源均严重匮乏的不利因素下，低碳经济俨然成了日本发展的必由之路。2007 年，日本政府宣布了低碳经济的发展目标，提出到 21 世纪中叶使全球温室气体排放量在当前水平上减半的目标，并且号召全体民众共同建设低碳社会，在降低碳排放的同时，改善社会发展模式。同年，日本政府出台了《清凉地球能源创新技术计划》，该计划通过重点推广碳减排绿色技术的方式力行低碳经济发展战略，提出了 21 项具有碳减排效果的低碳技术，这些技术贡献的碳减排量将占到碳减排总目标的六成。此外，日本政府高度重视新能源的开发和利用，主要是大力发展生物能、太阳能地热、风能等可再生能源，其中以开发和利用太阳能为重中之重，力争在 2020 年实现太阳能发电增加 20 倍。对于可再生能源的总体目标是到 2020 年实现可再生能源的利用量翻一番，可再生能源的技术水平和利用量处于世界领先水平。为了大力发展新能源，日本政府对于新能源企业给予政策补贴，支持其进行技术研发和新能源出口。这些措施使日本成为世界上新能源技术发展最快的国家之一。

作为世界第一大经济体的美国掌握着世界最先进的科学技术，拥有着世界第四大的国土面积，自然资源相当丰富，能源储备充足，低碳经济发展起步较早。早在 2007 年 7 月，美国政府就推出了《低碳经济法案》，确立了美国发展低碳经济的目标，并将低碳经济提升到国家发展战略的高度。进入奥巴马政府时期，美国愈发重视发展低碳经济，颁布了"应对气候变化国家行动计划"，并围绕低碳经济和碳减排目标制定了一系列卓有成效的政策体系。2009 年，美国国会通过了《美国清洁能源与安全法案》，该法案不仅对提高能源效率进行了规划，确定了温室气体减排途径，同时还建立了碳交易市场机制，提出了发展可再生能源、清洁电动汽车和智能电网的方案等，成为一段时期内美国碳减排的核心政策。这一法案的出台也成了美国发展低碳经济的里程碑事件，自此之后美国进入低碳经济快速发展时期。

作为世界上最大的发展中国家，中国自改革开放以来经历了世界罕见的快速发展。然而由于科技水平的落后，经济快速发展的代价就是对于能源的过度消耗，而且能源使用效率较低。同时由于人口规模的快速增长，导致自然环境的压力变得更大。中国政府和中国人民逐渐意识到转变发展模式的必要性。2007 年 6 月，中国正式发布了《中国应对气候变化国家方案》。这一方案的出台标志着中国应对气候变化的明确意识和坚定决心。同年 9 月，胡锦涛在 APEC 领导人会议上明确主张"发展低碳经济"，同时提出了"研发推广低碳技术"、共建低碳社会、提高碳汇等建设性意见，显示了中国在低碳经济发展路径方面的超前意识。此外，中国提出的"建设低碳城市""低碳生活"等方案以及大力发展低碳行业也是发展低碳经济的重要举措。

其他世界主要经济体也相继加入低碳经济的发展行列，推出一系列形式各异但目标相似的低碳经济发展政策法案。德国政府着手碳减排、发展低碳经济的方法是巩固自己的优势产业——新能源领域。为了体现以新能源为发展重心的低碳经济发展目标，德国还通过立法将这一目标上升到法律的高度。2004 年，德国政府制定并出台了《可再生能源法》，明确了重点发展的新能源方向为风能，并且通过政府拨款对旧的风能利用设施进行更换和翻新。此外，该法案还对电能这一可再生能源的普及率提出了要求，力争在2020 年前将电能的普及率提升一倍以上。对于其他的新能源和可再生能源的普及程度同样提出了相应的要求：力争在未来的 16 年的时间内使建筑物中使用地热、生物能以及太阳能等新能源进行供暖的占比从当前的水平提升至少一倍以上。该法案巩固了德国在新能源领域的领先优势，对未来一段时间内德国低碳经济的发展路径和重点领域陈述得十分清晰，政策效果也立竿见影。自此之后，德国的新能源消费占能源总消费的比例不断攀升，这对于德国的碳减排起到了巨大的推动作用。类似地，法国也采取了必要的措施进行碳减排，同样是重点发展自身具有比较优势的领域——以核能为重点的新能源。法国、美国、日本并称世界核电三巨头，从 20 世纪 70 年代各国对核工业发展尚存疑虑的时期就开始发展核电工业，在对核电技术熟练掌握之后便将以核能为代表的这些新能源广泛应用到国家的各行各业，包括但不限于工业、运输、化工等高排放行业，取得了相当不错的效果。

此外，欧盟委员会提出发展低碳经济的 "三个 20% 目标"；韩国将"低碳绿色增长"作为国家战略；印度大力利用清洁能源发展机制；拉丁美洲国家利用自身优势加快发展生物燃料；非洲经济体的清洁发展机制项目开始起步……至此，世界低碳经济的发展势头不可逆转。全球绝大多数国家都推出了符合自身特点的低碳经济发展方案和措施，除此之外，还在国际气候会议中对发展低碳经济、实现绿色可持续发展不断达成共识。

1992 年 5 月 9 日，全球 150 多个国家以及欧洲经济共同体共同签署通过《联合国气候变化框架公约》（United Nations Framework Convention on Climate Change，UNFCCC），旨在将大气中温室气体的浓度维持在一个稳定的水平，在该水平上人类活动对气候系统的危险干扰不会发生。这是全球各国首次共同签署的应对气候变化的相关条约，对于应对全球性气候变化、实现人类长久共同发展具有极其重要的意义，为一系列应对气候变化条约的签署和实施奠定了坚实的基础，在国际环境与气候变化进程中意义重大。1997 年 12 月，联合国气候变化框架公约参加国三次会议制定并通过《京都议定书》。作为《联合国气候变化框架公约》的补充条约，《京都议定书》的最终目标是 "将大气中的温室气体含量稳定在一个适当的水平，进而防止剧烈的气候改变对人类造成伤害"。据 IPCC 统计，截至 2009

年 2 月，全球共有 183 个国家通过了《京都议定书》，这 183 个国家贡献了全球约 60% 的碳排放量。结合同时期各国在国内推行的各种发展低碳经济的政策法案，足以看出全球各国应对气候变化、节能减排、发展低碳经济的态度和决心。2015 年 12 月 12 日，全世界 178 个缔约方在第 21 届联合国气候变化大会（巴黎气候大会）共同签署通过《巴黎协定》（The Paris Agreement），该协定对 2020 年后全球应对气候变化的行动做出了统一安排，并于 2016 年 11 月 4 日起正式实施。《巴黎协定》的长期目标是"将全球平均气温较前工业化时期上升幅度控制在 2 摄氏度以内，并努力将温度上升幅度限制在 1.5 摄氏度以内"。该协定倡导各方承担各自应尽的碳减排义务，自觉加入全球应对环境气候问题的阵营中来，在国际、国内采取有效措施降低温室气体排放，不得以严重危害环境、过度消耗资源的方式继续发展经济，应当寻求可以维持长期健康发展的低碳经济模式。由于不同国家和地区在经济、资源、人口等方面存在的巨大差异性，鼓励经济发达、资源富足的国家对经济水平落后、自然资源匮乏的发展中国家提供资金上的支持、技术的援助以及政策上的指导，以帮助后者成功进行经济转型以及避免气候变化带来的巨大危害。除此之外，该协定对于全球投资和资本运动产生了一定的影响，鼓励国际资本投向重点发展低碳经济、绿色技术以及应对气候变化、关注环境保护等相关的行业和领域。至此，全球各国和地区共同签署三次气候变化协定，旨在共同应对气候变暖等突出环境气候问题，发展低碳经济，实现可持续发展。

发展低碳经济是全球经济体在面对日益严重的环境气候问题时选择的共同应对方案，旨在降低全球各地区的碳排放水平，同时提高对于传统能源的使用效率，避免今天的发展威胁到未来的发展。在经历金融危机的考验之后，全球各国更加坚定了发展低碳经济的决心，低碳经济进入快速的发展阶段，成为世界最重要的经济议题之一，为全球经济复苏指明了方向。

第二节 碳中和愿景的内涵与发展

碳中和（carbon neutrality），是指企业、团体或个人测算在一定时间内直接或间接产生的温室气体排放总量，通过植树造林、节能减排等形式，抵消自身产生的二氧化碳排放，实现二氧化碳的"净零排放"。简而言之，也就是让二氧化碳排放量"收支相抵"。

2020 年 9 月 22 日，习近平在第 75 届联合国大会上提出："中国将提高国家自主贡献力度，采取更加有力的政策和措施，二氧化碳排放力争于 2030 年前达到峰值，努力争取 2060 年前实现碳中和。"这是中国政府首次明确承诺碳达峰、碳中和，这意味着中国作为当前世界上碳排放量最高的国家，将在未来 10 年达到碳排放量的峰值，并且在 40 年的时间内实现二氧化碳的净零排放。随着"碳中和"目标的确立，2021 年 3 月 5 日，国务院政府工作报告中指出，扎实做好碳达峰、碳中和各项工作，制定 2030 年前碳排放达峰行动方案，优化产业结构和能源结构。

中国对于碳中和的郑重承诺引发了国际社会的一系列连锁反应。多个国家紧接着承诺实现碳中和，甚至通过立法的形式加以明确。根据 IPCC 的报告，截至 2021 年 1 月，全球已有包括中国在内的 27 个国家实现或者承诺碳中和目标。其中，苏里南和不丹分别于 2014 年和 2018 年已经实现了碳中和；中国、乌拉圭、芬兰、日本、冰岛等 14 个国家通过政策宣示的方式明确了实现碳中和的时间；法国、丹麦、英国等 7 个国家通过立法明确了实现碳中和的时间；而欧盟、智利等国家和地区正在制定相关法律（见表 1 - 1）。此外，全球多个国家和地区开始对碳中和进行规划。

表 1 - 1　　　　　　　各国家和地区承诺实现碳中和时间

国家和地区	碳中和目标年份	目标进展
苏里南	2014 年起负排放	已经实现
不丹	2018 年起负排放	已经实现
乌拉圭	2030 年	政策宣示
芬兰	2035 年	政策宣示
冰岛、奥地利	2040 年	政策宣示
瑞典、苏格兰	2045 年	已立法

国家和地区	碳中和目标年份	目标进展
新西兰、英国、匈牙利、法国、丹麦	2050 年	已立法
欧盟、西班牙、智利、斐济		立法中
德国、瑞士、挪威、葡萄牙、比利时、加拿		政策宣示
美国		拜登新政
中国、巴西	2060 年	政策宣示
新加坡	21 世纪后半叶	政策宣示

资料来源：政府间气候变化专门委员会（IPCC）。

　　碳中和愿景的提出对经济的高质量发展提出了更高的要求，一些学者和民众担忧碳中和目标对于碳排放量的明确限制会影响甚至阻碍国家的经济发展。事实上，碳中和愿景与经济增长的关系并非此消彼长，实现碳中和并不意味着要站在经济增长的对立面上。相反，可以用低碳经济将二者联系起来，因为碳中和愿景与低碳经济具有方向和目标上的协调统一性。低碳经济是发展道路，而碳中和是低碳经济的发展目标和重要驱动力。以碳中和为目标发展低碳经济，不仅能够提升就业数量和质量，带来技术进步，促使传统产业提质增效，而且能够优化人类生存环境、减少极端天气损害、确保国家能源安全，推动整个经济社会高质量发展。因此，我们认为低碳经济与碳中和愿景完全可以实现协同共赢，而碳中和技术就是低碳经济的重要发展方法。

第三节　碳中和技术

一、碳中和技术的概念及分类

（一）碳中和技术的概念

　　碳中和技术指的是在可再生能源及新能源、煤的清洁高效利用、油气资源和煤层气的勘探开发、二氧化碳捕获与埋存等领域开发的有效控制温室气体排放的新技术，涉及电力、交通、建筑、冶金、化工、石化等多个部门。碳中和技术源自低碳技术的概念，随着碳中和目标的提出，将所有用以降低碳排放、实现碳中和目标的低碳技术称作碳中和技术，因此碳中和技术与低碳技术的概念基本一致。

（二）碳中和技术的分类

根据减排机理的不同，可以将碳中和技术分为减碳技术、零碳技术和负碳技术三类。减碳技术主要指节能减排技术，多应用于实现生产、消费、使用过程中高效能、低排放、低能耗、低污染的效果。零碳技术主要指零碳排放清洁能源技术，主要包括零碳电力技术以及机械能、热化学、电化学等储能技术、开发可再生能源/资源制氢、储氢、运氢和用氢技术以及低品位余热利用等零碳非电能源技术等。负碳技术即负排放技术，主要应用于从大气中捕获、封存、积极利用、处理二氧化碳。负碳技术主要分为两类：一类是增加生态碳汇类技术，利用生物过程增加碳移除，并在森林、土壤或湿地中储存；另一类是开发以降低大气中碳含量为特征的二氧化碳的捕集、封存、利用、转化等技术（见图1-3）。

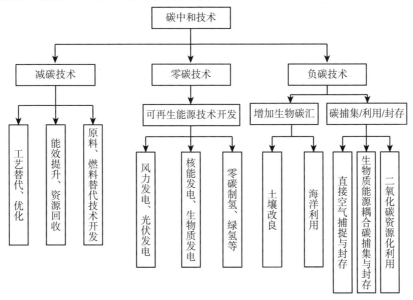

图1-3　碳中和技术分类

资料来源：中华人民共和国教育部，《高等学校碳中和科技创新行动计划》，2021年7月15日。

二、减碳技术

减碳技术主要围绕化石能源绿色开发、低碳利用、减污降碳等开展技术创新，重点加强多能互补耦合、低碳建筑材料、低碳工业原料、低含氟原料等源头减排关键技术开发；加强全产业链/跨产业低碳技术集成耦合、低碳工业流程再造、重点领域效率提升等过程减排关键技术开发；加强减污降碳协同、协同治理与生态循环、二氧化碳捕集/运输/封存以及非二氧化碳温室气体减排等末端减排关键技术开发。目前我国的建筑与工业节能技术处于世界前列，尤其是 21 世纪以来，我国在建筑与工业节能领域的技术专利数量迅速增加，截至 2010 年初，我国在该领域的技术专利数量占到全世界该领域技术专利数量的 42%，排名世界第一位。[①] 作为产煤大国，我国自 2005 年以来在洁净煤技术领域取得不断突破，在该领域的专利数量迅速增加，截至 2010 年初，我国在该领域的技术专利数量占到全世界该领域技术专利数量的 23%，排名世界第二位。根据国家发展和改革委员会 2017 年公布的《国家重点节能低碳技术推广目录》，我国目前重点推广的减碳技术主要包括变压器用植物绝缘油生产技术、冷却塔竹格淋水填料技术、多阶螺杆连续脱硫制备颗粒再生橡胶成套技术等。

三、零碳技术

零碳技术主要指清洁能源技术或新能源技术。新能源一般是指在新技术基础上加以开发利用的可再生能源，包括太阳能、生物质能、风能、地热能、波浪能、洋流能和潮汐能，以及海洋表面与深层之间的热循环等；此外，还有氢能、沼气、乙醇、甲醇等。其中，日本在太阳能技术领域处于世界绝对领先地位。截至 2010 年初，日本在该领域的技术专利数量占到全世界该领域技术专利数量的 42%，排名世界第一位，我国在该领域的技术专利数量占到全世界该领域技术专利数量的 13%，排名世界第二位。自

---

① 国家知识产权局：《专利统计简报》2010 年 10 期。

2005 年以来，我国在风能应用技术领域迅速发展，相关技术不断取得突破。截至 2010 年初，我国在该领域的技术专利数量占到全世界该领域技术专利数量的 22%，排名世界第二位。此外，我国使用生物质能燃烧相关技术相对较多。截至 2010 年初，我国在该领域的技术专利数量占到全世界该领域技术专利数量的 11%，排名世界第四位。由于地热能、潮汐能清洁能源的使用受到自然环境条件的限制较大，相关技术仍有待进一步发展，我国利用潮汐能技术较多，利用地热能等技术较少。根据国家发展和改革委员会 2017 年公布的《国家重点节能低碳技术推广目录》，我国目前重点推广的零碳技术主要包括基于厌氧干发酵的生活垃圾/秸秆多联产技术、寒冷地区沼气池发酵技术、光伏直驱变频空调技术等。

四、负碳技术

负碳技术主要包括生态碳汇类技术和开发以降低大气中碳含量为特征的二氧化碳的捕集、封存、利用、转化等技术。我国在碳捕捉和封存技术领域起步较晚，由于技术尚不够成熟且成本较高，因此，我国对于该技术的投入不大，但是在不断增加中。截至 2010 年初，我国在该领域的技术专利数量只占到全世界该领域技术专利数量的 8%，排名世界第五位。根据国家发展和改革委员会 2017 年公布的《国家重点节能低碳技术推广目录》，我国目前重点推广的负碳技术主要包括富含一氧化碳（CO）的气态二次能源综合利用技术、农作物秸秆热压制板技术、竹林固碳减排综合经营技术等。

第四节　碳中和技术的减排效应和经济驱动性

一、文献综述

自从"低碳经济"的概念提出以来，国内外学者围绕"低碳经济"这一主题开展了大量的研究，研究成果较为丰富。其中，较多数研究关注低碳经济的内涵、全球碳排放水平以及行业差异、碳排放的测算、碳排放的影响因素、低碳经济的发展方向和实现途径、碳排放与低碳经济发展等问题。付允（2008）等分析了中国的能源消耗现状，证明了中国进行碳减排的必要性，并且前瞻性地提出了碳中和技术作为低碳经济的发展方法，同时对中国发展低碳经济提出了若干政策建议；鲍健强等（2008）通过分析不同社会发展阶段的经济发展与碳消耗之间的关系以及世界层面对于发展低碳经济达成的制度安排，认为发展低碳经济势在必行，并且提出了实际可行的推动发展低碳经济的方案和路径，如调整产业结构、降低传统能源依赖性、发展新能源、建设"低碳城市"、增加碳汇等；萨尔瓦多等（Salvador et al.，2008）通过建立多元模型研究了能源消耗、经济发展水平以及人口规模和结构对碳排放水平的影响，发现除了人口规模之外，人口结构也是碳排放水平的影响因素之一，并且与经济发展水平、能源消耗之间存在一定的相互关联；江红莉等（2020）考虑了经济政策对于碳排放水平的影响，使用 GMM 动态面板数据模型研究了中国绿色金融的发展是否存在着碳减排效应，发现绿色金融的不同代理变量均显著降低了碳排放水平；拉马纳坦（Ramanathan，2006）对碳排放水平的行业差异进行了研究，发现除了建筑业、运输业、化工业等高碳排放行业外，水泥业也是碳排放的主要行业；王灿等（2020）从排放、技术、社会三个路径、法律法规以及面向不同主体的政策体系试图探索碳中和愿景下的中国特色碳减排方案；秦阿宁等（2021）针对性地研究了全球绿色技术的发展现状，梳理了主要国家的绿色技术发展阶段、主要技术领域和技术创新优势，对于我国发展绿色技术进而实现碳中和目标有着一定的启发和借鉴意义。最新的关于碳中和技术的文献主要关注于碳中和技术的描述、分类、发展现状等，少有借助具体数据实证检验碳中和技术对碳排放水平以及经济发展水平的影响，本节则试图弥补这一不足，利用省级面板数据对碳中和技术如何影响碳排放水平以及经济发展水平这一现实问题进行实证研究。

二、模型设定

本小节以碳中和技术为解释变量，以碳排放水平和经济水平分别为被解释变量，设置如下模型检验碳中和技术对碳排放水平以及经济发展水平的影响：

$$\ln ES_{i,t} = \alpha 0 + \alpha 1 \ln RDtime_{i,t} + \alpha 2 \ln X_{i,t} + \mu_i + \lambda t + \varepsilon_{i,t} \qquad (1-1)$$

$$\ln GDP_{i,t} = \beta 0 + \beta 1 \ln RDtime_{i,t} + \beta 2 \ln X_{i,t} + \mu_i + \lambda t + \varepsilon_{i,t} \qquad (1-2)$$

其中，模型（1-1）检验的是碳中和技术对碳排放水平的影响，而模型（1-2）检验的是碳中和技术对经济发展水平的影响。模型（1-1）、模型（1-2）中，$\ln ES$ 和 $\ln GDP$ 分别为被解释变量，作为碳排放水平和经济发展水平的代理变量，共同的解释变量为 $\ln RDtime$，表示研究与试验发展（R&D）人员全时当量（人年）的对数值，可以较为准确、显著地反映一个省份的技术研究投入，因此用来作为碳中和技术水平的代理变量；$\ln X$ 表示控制变量的对数值，主要控制变量包括：产业结构水平（STR）、城镇化水平（UR）、人口规模（POP）、民用汽车数量（$CarNum$）、外国直接投资（FDI）；μ_i 是不随时间变化的省份固定效应，λt 是不因个体而改变的年份固定效应，$\varepsilon_{i,t}$ 为随机误差项。

三、变量定义与数据说明

（一）被解释变量

模型（1-1）的被解释变量为 $\ln ES$，表示省级碳排放量的对数值。省级碳排放量参考联合国政府间气候变化专门委员会提供的碳排放测算方法进行核算，计算式为：$C = \sum En \cdot \beta n \cdot \alpha n \cdot 12/44$，其中，$C$ 是碳排放量；En 表示第 n 种能源的消费量；βn 为第 n 种能源的二氧化碳排放系数，可从《IPCC国家温室气体清单指南2006》获得；αn 是能源的标准煤折算系数；12/44 是碳乘数因子，表示碳对二氧化碳的分子质量比。并用计算出的碳排放量的对数值作为省级碳排放水平的代理变量；模型（1-2）的被解释变量为 $\ln GDP$，表示省份 GDP 的对数值，作为各省经济发展水平的代理变量。

（二）核心解释变量

选取研究与试验发展（R&D）人员全时当量（人年）的对数值 $\ln RDtime$ 作为碳中和技术水平的代理变量，如前面所述，一方面可以较为显著地衡量一个省份的技术研究投入，另一方面研究与试验发展（R&D）人员全时当量（人年）是对省级技术投入量的实际反映，相较于多数文献使用研发投入和技术人员数量衡量技术水平的做法，内生性更小，因此选取该变量的对数值作为碳中和技术水平的代理变量。

（三）控制变量

主要控制变量及其定义如表 1-2 所示。

表 1-2 控制变量及其定义

控制变量名称	变量定义
产业结构水平（STR）	第三产业/地区实际 GDP
城镇化水平（UR）	城镇人口/总人口
人口规模（POP）	全省人口总数
民用汽车数量（CarNum）	全省民用汽车总数量
外国直接投资（FDI）	各省份的实际利用外资额

（四）数据说明

本节使用 2009~2019 年的省级面板数据，由于西藏地区的数据缺失情况较为严重，因此，为了保证实证结果的稳健性，剔除西藏地区数据，只保留其余 30 个省级地区的数据，共 330 个样本。其中，研究与试验发展（R&D）人员全时当量（人年）的数据来源于《中国科技统计年鉴》；碳排放相关数据如能源消费、折标煤系数以及碳排放系数来源于《中国能源统计年鉴》；产业结构、城镇化水平、外国直接投资以及 GDP 等数据来源于《中国统计年鉴》；民用汽车数量、人口规模等数据来源于国泰安数据库。主要变量描述性统计如表 1-3 所示。

表 1-3 主要变量描述性统计

变量	样本量	平均值	标准差	最小值	最大值
lnES	330	13.5623	0.7322267	11.37886	15.20436
lnGDP	330	9.299784	0.9215331	6.607758	11.16146
lnRDtime	330	11.09901	1.171376	8.295973	13.59637

续表

变量	样本量	平均值	标准差	最小值	最大值
lnSTR	330	3.601763	0.2353942	2.972018	4.264273
UR	330	56.43467	12.74675	29.89	89.6
lnPOP	330	17.40696	0.7377403	15.53344	18.56227
ln$CarNum$	330	15.08119	0.8783022	12.40299	16.96556
lnFDI	330	5.387825	1.703537	-1.242714	7.74783

四、实证结果分析

基准回归结果如表1-4所示，第（1）列、第（2）列反映了模型（1-1）的结果，第（3）列、第（4）列反映了模型（1-2）的结果。其中第（1）列、第（3）列分别是未加入主要控制变量的 OLS 回归结果，而第（2）列、第（4）列是同时控制省份固定效应和年份固定效应且控制了主要控制变量的面板数据回归结果。第（1）列中，核心解释变量 ln$RDtime$ 的系数为 -0.0283 并且不显著，而第（2）列中核心解释变量 ln$RDtime$ 的系数为 -0.1589 并且在 10% 的水平上负显著，可能是由于第（1）列的 OLS 回归无法控制省份固定效应和年份固定效应且未加入主要控制变量导致的回归结果不准确。在同时控制省份固定效应和年份固定效应并且加入了主要控制变量进行面板数据回归之后，核心解释变量 ln$RDtime$ 的系数变得负显著，说明碳中和技术水平的提高可以显著降低省级的碳排放水平。第（3）列、第（4）列中核心解释变量 ln$RDtime$ 的系数分别为 0.1379 和 0.0630 并且分别在 1% 和 5% 的水平上正向显著，说明碳中和技术水平的提高可以明显促进省份的经济发展水平。此外，产业结构水平对碳排放水平无明显影响，而对经济发展水平存在明显的负向影响；城镇化水平对碳排放水平无明显影响，而对经济发展水平存在正向显著影响，说明城镇化水平在一定程度上推动了社会经济的发展；值得注意的是，民用汽车数量的增加一方面明显提高了省级碳排放水平，另一方面也显著促进了地区经济的发展，这是社会发展过程中典型的具有两面性的经济产物；此外，人口规模和外国直接投资对于碳排放水平和经济水平均无明显影响。

表 1 - 4　　　　　　　　　　　基准回归结果

变量	lnES		lnGDP	
	（1）	（2）	（3）	（4）
ln*RDtime*	- 0.0283 （ - 0.3362）	- 0.1589 * （ - 2.0111）	0.1379 *** （4.2021）	0.0630 ** （2.6311）
ln*STR*		- 0.7135 （ - 1.6182）		- 0.6349 *** （ - 4.5529）
UR		- 0.0000 （ - 0.0002）		0.0047 * （1.7911）
ln*POP*		0.7958 （1.4064）		0.2517 （1.1318）
ln*CarNum*		0.4553 *** （3.3980）		0.1151 *** （3.0889）
ln*FDI*		0.0005 （0.0424）		0.0048 （0.8633）
_*Cons*	13.6461 *** （15.2142）	- 2.6959 （ - 0.2640）	7.3280 *** （20.6787）	4.1487 （1.1399）
省份固定效应		控制		控制
年份固定效应		控制		控制
N	330	330	330	330
R^2	0.3761	0.4714	0.9853	0.9932
Adjusted-R^2	0.3545	0.4444	0.9848	0.9928

注：***、** 和 * 分别表示在 1%、5% 和 10% 水平上显著，括号内数据为稳健标准误差值。

五、稳健性检验

为了提高实证结果的稳健性，本小节将从以下几个方面进行稳健性检验。

（一）替换核心解释变量

使用相关文献常用的技术人员数量的对数值 ln*RDnum* 替代 ln*RDtime* 作

为核心解释变量，以衡量碳中和技术水平，对基准回归结果进行稳健性检验。实证结果如表 1 - 5 所示。

表 1 - 5　　　　　　　　　　替换核心解释变量的稳健性检验

变量	lnES		lnGDP	
	（1）	（2）	（3）	（4）
lnRDnum	- 0. 1571 * （ - 1. 7242）	- 0. 1697 * （ - 1. 9272）	0. 0857 ** （2. 1118）	0. 0815 *** （2. 8629）
lnSTR	- 1. 2308 *** （ - 4. 0815）	- 0. 7182 （ - 1. 6086）	- 0. 1141 （ - 0. 7743）	- 0. 6251 *** （ - 4. 5300）
UR	- 0. 0011 （ - 0. 1334）	- 0. 0006 （ - 0. 0710）	- 0. 0001 （ - 0. 0262）	0. 0047 * （1. 8871）
lnPOP	0. 3938 （0. 7186）	0. 7888 （1. 3864）	1. 0165 *** （3. 2262）	0. 2331 （1. 0769）
lnCarNum	0. 2979 *** （3. 3408）	0. 4658 *** （3. 3418）	0. 5105 *** （11. 4505）	0. 1074 *** （2. 9029）
lnFDI	0. 0052 （0. 4041）	0. 0012 （0. 0975）	- 0. 0010 （ - 0. 1488）	0. 0037 （0. 7422）
_Cons	8. 4952 （0. 9297）	- 2. 5035 （ - 0. 2433）	- 16. 6580 *** （ - 3. 1573）	4. 3249 （1. 2158）
省份固定效应	控制	控制	控制	控制
年份固定效应		控制		控制
N	330	330	330	330
R^2	0. 4266	0. 4686	0. 9786	0. 9934
Adjusted-R^2	0. 4160	0. 4414	0. 9782	0. 9930

注：*** 、** 和 * 分别表示在 1% 、5% 和 10% 水平上显著，括号内数据为稳健标准误差值。

如表 1 - 5 所示，第（1）列、第（2）列反映了模型（1 - 1）的结果，第（3）列、第（4）列反映了模型（1 - 2）的结果。其中第（1）列、第（3）列分别是控制了省份固定效应和主要控制变量但未控制年份固定效应的面板数据回归结果，而第（2）列、第（4）列是同时控制省份固定效应和年份固定效应且控制了主要控制变量的面板数据回归结果。第（1）列、第（2）列中核心解释变量 lnRDnum 的系数分别为 - 0. 1571 和 - 0. 1697 并且均在 10% 的水平上负向显著，这与基准回归的结果保持一致，说明碳中和技术水平的提高确实可以显著降低省级的碳排放水平。第（3）列、第（4）列中核心解释变量 $\ln RDnum$ 的系数分别为 0.0857 和 0.0815 并且分别在 5% 和 1% 的水平上正向显著，同样与基准回归的结果保持一致，说明碳中和技术水平的提高可以明显促进地区的经济发展水平。其他控制变量的回归结果与基准结果保持一致。因此，可以说明基准回归结果具有较强的稳健性，可以对所研究问题的因果关系进行解释。

（二）替换被解释变量

在模型（1-1）中使用人均碳排放量 $aveES$（碳排放总量/人口数量）替代 $\ln ES$ 作为被解释变量，以衡量碳排放水平；在模型（1-1）中使用人均生产总值 $aveGDP$（GDP 总量/人口数量）替代 $\ln GDP$ 作为被解释变量，以衡量经济发展水平，对基准回归结果进行稳健性检验。实证结果如表 1-6 所示。

表 1-6　　　　　　　　　替换被解释变量的稳健性检验

变量	$aveES$		$aveGDP$	
	(1)	(2)	(3)	(4)
$\ln RDtime$	-0.0082 * (-1.7317)	-0.0098 ** (-2.1339)	7.9655 ** (2.4394)	9.0378 *** (3.5453)
$\ln STR$	-0.0747 *** (-4.1101)	-0.0450 (-1.6444)	37.3416 *** (3.0258)	-11.1431 (-0.9775)
UR	-0.0000 (-0.0916)	-0.0000 (-0.0706)	-1.3128 *** (-3.8027)	-1.1861 *** (-3.2585)
$\ln POP$	-0.0229 (-0.7014)	0.0044 (0.1309)	52.1367 * (1.9230)	-7.6542 (-0.4230)
$\ln CarNum$	0.0162 *** (3.3622)	0.0279 *** (3.5966)	20.3322 *** (6.1820)	-7.2272 (-1.2684)
$\ln FDI$	0.0001 (0.1986)	-0.0000 (-0.0216)	-0.7049 (-1.3754)	-0.2084 (-0.4902)
_Cons	1.2957 ** (2.3964)	0.5637 (0.9377)	-16.6580 *** (-3.1573)	4.3249 (1.2158)

续表

变量	aveES		aveGDP	
	(1)	(2)	(3)	(4)
省份固定效应	控制	控制	控制	控制
年份固定效应		控制		控制
N	330	330	330	330
R^2	0.3753	0.4686	0.8314	0.9212
Adjusted-R^2	0.3637	0.4414	0.8283	0.9172

注：***、**和*分别表示在1%、5%和10%水平上显著，括号内数据为稳健标准误差值。

如表1-6所示，第（1）列、第（2）列反映了模型（1-1）的结果，第（3）列、第（4）列反映了模型（1-2）的结果。其中，第（1）列、第（3）列分别是控制了省份固定效应和主要控制变量但未控制年份固定效应的面板数据回归结果，而第（2）列、第（4）列是同时控制省份固定效应和年份固定效应且控制了主要控制变量的面板数据回归结果。第（1）列、第（2）列中核心解释变量 lnRDtime 的系数分别为 -0.0082 和 -0.0098并且分别在 10% 和 5% 的水平上负向显著，这与基准回归的结果保持一致，说明碳中和技术水平的提高确实可以显著降低省级的碳排放水平。第（3）列、第（4）列中核心解释变量 lnRDtime 的系数分别为 7.9655 和 9.0378分别在 5% 和 1% 的水平上正向显著，同样与基准回归的结果保持一致，说明碳中和技术水平的提高可以明显促进地区的经济发展水平。城镇化水平对人均 GDP 有着显著的负向影响，可能是因为部分农村人口由于被动城镇化带来的失业问题增加导致。其他控制变量的回归结果与基准结果基本保持一致。因此，可以说明基准回归结果具有较强的稳健性，可以对所研究问题的因果关系进行解释。

（三）同时替换核心解释变量和被解释变量

使用 lnRDnum 替代 lnRDtime 作为核心解释变量衡量碳中和技术水平，同时将模型（1-1）、模型（1-2）中的被解释变量分别替换为 aveES 和 aveGDP，分别衡量碳排放水平和经济发展水平，对基准回归结果进行稳健性检验。实证结果如表1-7所示。

表 1 - 7 同时替换核心解释变量和被解释变量的稳健性检验

变量	aveES		aveGDP	
	（1）	（2）	（3）	（4）
lnRDnum	- 0.0099 * （- 1.8719）	- 0.0106 ** （- 2.0753）	10.8404 *** （2.8291）	10.7988 *** （3.9314）
lnSTR	- 0.0742 *** （- 4.0425）	- 0.0453 （- 1.6392）	37.6306 *** （3.1294）	- 10.2325 （- 0.9069）
UR	- 0.0001 （- 0.1188）	- 0.0001 （- 0.1410）	- 1.3194 *** （- 3.8165）	- 1.1741 *** （- 3.2475）
lnPOP	- 0.0203 （- 0.6266）	0.0042 （0.1258）	47.7857 * （1.8516）	- 8.9827 （- 0.5030）
lnCarNum	0.0177 *** （3.4411）	0.0286 *** （3.5392）	18.5706 *** （5.6219）	- 8.1126 （- 1.4326）
lnFDI	0.0002 （0.3301）	0.0000 （0.0513）	- 0.8695 （- 1.6297）	- 0.3147 （- 0.7312）
_Cons	1.2497 ** （2.3212）	0.5722 （0.9453）	- 1.3e + 03 *** （- 3.0228）	271.2912 （0.9542）
省份固定效应	控制	控制	控制	控制
年份固定效应		控制		控制
N	330	330	330	330
R^2	0.3766	0.4239	0.8364	0.9221
Adjusted-R^2	0.3650	0.3944	0.8334	0.9182

注： *** 、 ** 和 * 分别表示在 1% 、5% 和 10% 水平上显著，括号内数据为稳健标准误差值。

如表 1 - 7 所示，第（1）列、第（2）列反映了模型（1 - 1）的结果，第（3）列、第（4）列反映了模型（1 - 2）的结果。其中第（1）列、第（3）列分别是控制了省份固定效应和主要控制变量但未控制年份固定效应的面板数据回归结果，而第（2）列、第（4）列是同时控制省份固定效应和年份固定效应且控制了主要控制变量的面板数据回归结果。第（1）列、第（2）列中核心解释变量 lnRDnum 的系数分别在 10% 和 5% 的水平上负向显著，这与基准回归的结果保持一致，说明碳中和技术水平的提高确实可以显著降低省级的碳排放水平。第（3）列、第（4）列中核心解释变量 $\ln RDnum$ 的系数均在 1% 的水平上正向显著，与基准回归的结果保持一致，说明碳中和技术水平的提高可以明显促进地区的经济发展水平。城镇化水平对人均 GDP 有着显著的负向影响，可能是因为部分农村人口由于被动城镇化带来的失业问题增加导致。其他控制变量的回归结果与基准结果基本保持一致。因此，可以说明基准回归结果具有较强的稳健性，可以对所研究问题的因果关系进行解释。

（四）安慰剂检验

为了排除随机性问题的干扰，进一步通过安慰剂检验来证实结果的稳健性。主要思路如下：如果前文的回归结果是稳健的而不是随机的，那么将原有的被解释变量与解释变量之间的一一对应关系打乱之后，回归的结果应该表明，被打乱的解释变量与被解释变量之间是没有显著的正相关或者负相关关系，即在系数上表现为被打乱的解释变量的回归系数非常接近于 0，而多次重复以上步骤获取的系数应该是一个接近于均值为 0 的正态分布曲线。

因此，我们采用随机打乱的方法，将核心解释变量 $\ln RDtime$ 随机打乱，生成 $Random\_\ln RDtime$ 变量，使得原有的 $\ln RDtime$ 变量与模型（1-1）、模型（1-2）中的被解释变量 $\ln ES$ 和 $\ln GDP$ 的一一对应关系也被打乱。然后对模型（1-1）、模型（1-2）进行同时控制省份固定效应与年份固定效应的面板数据回归，分别记模型（1-1）、模型（1-2）中 $Random\_\ln RDtime$ 变量的回归系数为 b1 与 b2，重复以上步骤 1000 次，然后绘出系数 b1 与 b2 的核密度图，观察 b1 与 b2 的分布图像，如图 1-4 所示。

如图 1-4 所示，b1 与 b2 的核密度图均十分接近于均值为 0 的正态分布曲线，且 b2 的分布比 b1 更加集中。说明在控制省份固定效应和年份固定效应后，随机打乱的 $\ln RDtime$ 变量与模型（1-1）、模型（1-2）中的被解释变量 $\ln ES$ 和 $\ln GDP$ 之间没有显著的正相关或者负相关关系。因此，可以说明基准回归结果具有较强的稳健性，可以对所研究问题的因果关系进行解释。

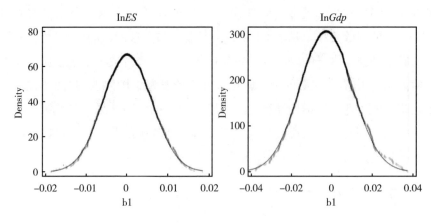

图 1 - 4　安慰剂检验

六、异质性分析

为了研究碳中和技术对碳排放水平以及经济发展水平的影响在不同样本中可能存在的差异性，对全部样本进行分组后重新进行面板数据回归。

（一）按照碳排放水平进行分组

通过计算 2009～2019 年各省份的碳排放量均值，将全部样本分为两组，高碳排放组和低碳排放组各占一半，分别对高、低碳排放组进行同时控制省份固定效应和年份固定效应的面板数据回归，回归结果如表 1 - 8 所示。

表 1 - 8　　　　　　按照碳排放水平进行分组的异质性分析

变量	lnES		lnGDP	
	高碳排放	低碳排放	高碳排放	低碳排放
$\ln RDtime$	- 0. 2563 ** (- 2. 7975)	- 0. 0316 (- 0. 2724)	0. 0204 (0. 4408)	0. 1244 *** (5. 0167)
控制变量	控制	控制	控制	控制
省份固定效应	控制	控制	控制	控制
年份固定效应	控制	控制	控制	控制

续表

变量	lnES		lnGDP	
	高碳排放	低碳排放	高碳排放	低碳排放
_Cons	−24.6486 (−1.6099)	1.2303 (0.1413)	0.2095 (0.0335)	7.0537** (2.3993)
N	165	165	165	165
R^2	0.4426	0.6443	0.9940	0.9954
Adjusted-R^2	0.3823	0.6058	0.9933	0.9949

注：***、**和*分别表示在1%、5%和10%水平上显著，括号内数据为稳健标准误差值。

如表1-8所示，在模型（1-1）中，高碳排放组核心解释变量ln$RDtime$的系数为−0.2563，且在5%的水平上显著；而低碳排放组核心解释变量ln$RDtime$的系数为−0.0316但并不显著。这说明碳中和技术对碳排放水平的负向显著影响主要是通过显著降低高碳排放省份的碳排放水平来实现的，碳中和技术对高碳排放省份的碳减排效应更为明显。相较于高碳排放省份，碳中和技术水平的提高对低碳排放省份存在负向的影响，但是并不显著，说明碳中和技术对低碳排放省份的碳减排效应不太明显，可能是由于低碳排放省份的碳排放水平本身就相对较低，碳中和技术降低碳排放量水平的边际效用较小。而高碳排放省份的碳减排空间较大，因此碳中和技术的提高可以显著降低高碳排放省份的碳排放水平。

在模型（1-2）中，高碳排放组核心解释变量ln$RDtime$的系数为0.0204但不显著；而低碳排放组核心解释变量ln$RDtime$的系数为0.1244且在1%的水平上显著。这说明碳中和技术对经济发展水平的正向显著影响主要是通过显著提升低碳排放省份的经济发展水平来实现的，碳中和技术对低碳排放省份的经济促进效应更为明显。相较于低碳排放省份，碳中和技术水平的提高对高碳排放省份的经济发展水平存在正向的影响，但是并不显著，说明碳中和技术对高碳排放省份的经济促进效应不太明显，可能是由于高碳排放省份的经济发展对能源消耗的依赖性较大，碳中和技术具有较强的碳减排效应，但是不足以作为经济发展的重要影响因素；在低碳排放省份，经济发展对能源消耗的依赖性较小，碳中和技术碳减排效应并不明显，但是对于经济发展具有明显的促进效应。

（二）按照经济发达程度分组

通过计算 2009～2019 年各省份的人均 GDP 的均值并进行排序，将全部样本分为两组，人均 GDP 的均值排在前 1/2 的省份设置为经济发达省份组，人均 GDP 的均值排在后 1/2 的省份设置为经济不发达省份组。考虑到分组依据为人均 GDP 的均值，因此人口规模变量 lnPOP 可能会使结果产生内生性问题，所以本次异质性检验的回归模型中，将会剔除控制变量 lnPOP，然后分别对经济发达省份组样本和经济不发达省份组样本进行同时控制省份固定效应和年份固定效应的面板数据回归，回归结果如表 1 - 9 所示。

表 1 - 9   按照经济发达程度分组的异质性分析

变量	lnES		lnGDP	
	经济发达	经济不发达	经济发达	经济不发达
lnRDtime	- 0.0027 (- 0.0244)	- 0.1953 * (- 1.8199)	0.0826 * (2.0745)	0.0816 *** (3.2633)
控制变量	控制	控制	控制	控制
省份固定效应	控制	控制	控制	控制
年份固定效应	控制	控制	控制	控制
_Cons	10.2340 *** (3.9309)	17.4253 *** (3.7373)	9.8230 *** (9.0233)	6.8538 *** (5.7861)
N	165	165	165	165
R^2	0.5612	0.4787	0.9898	0.9958
Adjusted-R^2	0.5203	0.4301	0.9889	0.9954

注：*** 和 * 分别表示在 1% 和 10% 水平上显著，括号内数据为稳健标准误差值。

如表 1 - 9 所示，在模型（1 - 1）中，经济发达省份组的核心解释变量 lnRDtime 的系数为 - 0.0027 但并不显著，而经济发达省份组的核心解释变量 lnRDtime 的系数为 - 0.1953 且在 10% 的水平上显著。这说明碳中和技术对碳排放水平的负向显著影响主要是通过显著降低经济不发达省份的碳排放水平来实现的，碳中和技术对经济不发达省份的碳减排效应更为明显。相较于经济不发达省份，碳中和技术水平的提高对经济发达省份存在负向的影响，但是并不显著，这说明碳中和技术对经济发达省份的碳减排效应不太明显，可能是由于经济发达省份的经济发展对能源消耗的依赖性较低，能源使用效率较高，碳中和技术降低碳排放量水平的边际效用较小。而经济不发达省份的经济发展对能源消耗的依赖性较高，能源使用效率较低，碳减排空间较大，因此碳中和技术的提高可以显著降低经济不发达省份的碳排放水平。

在模型（1-2）中，经济发达省份组核心解释变量 $\ln RDtime$ 的系数为 0.0826 且在 10% 的水平上显著；经济不发达省份组核心解释变量 $\ln RDtime$ 的系数为 0.0810 且在 1% 的水平上显著。这说明碳中和技术对于经济发展水平的正向显著影响可以同时通过显著提升经济发达省份和经济不发达省份的经济发展水平来实现，碳中和技术对经济发达省份和经济不发达省份的经济促进效应都很明显。进一步地，比较经济发达省份组和经济不发达省份组核心解释变量 $\ln RDtime$ 系数的 T 检验统计量的值，经济发达省份组核心解释变量 $\ln RDtime$ 系数的 T 检验统计量的值为 2.0745，而经济不发达省份组核心解释变量 $\ln RDtime$ 系数的 T 检验统计量的值为 3.2633，说明虽然碳中和技术对经济发达省份和经济不发达省份的经济促进效应都很显著，但是碳中和技术对经济不发达省份的经济促进效应比经济发达省份的经济促进效应更强，这可能是因为经济不发达省份本身的经济发展水平就较低，经济水平可提高的空间较大，而经济发达省份本身的经济发展水平就较高，经济水平可提高的空间较小，所以在碳中和技术提高后，经济水平的提高没有经济不发达省份显著。

第五节 政策建议

基于实证分析的结果，提出以下政策建议。

第一，我国应坚持走低碳经济的发展路线，以实现经济社会的可持续发展。碳中和技术是发展低碳经济的核心方法。发展低碳经济，主要依赖于碳中和技术水平的提高。此外，由于低碳经济和碳中和愿景在方向上的协调一致性，碳中和技术的发展将对我国碳中和愿景能否如期实现产生决定性的影响。因此，必须大力发展碳中和技术，包括减碳技术、零碳技术和负碳技术，推动碳中和技术研发、创新和使用，这不仅有助于控制和降低碳排放水平，同时还能有效提高地区的经济发展水平。

第二，政府应着力构建有利于碳中和技术发展的政策体系，释放明确的鼓励碳中和技术发展的信号；营造良好的科技创新氛围，鼓励、支持和引导科技企业进行碳中和技术的研发、创新和使用，对于极具碳中和技术创新前景但是缺乏研发资金的科技企业给予必要的资金支持；对于高污染、高耗能、高排放的"三高"企业，发挥好市场监管的职能，完善落实市场退出机制，实现向低碳经济的快速转型。

第三，发展低碳经济，必须依赖碳中和技术的创新、推广和应用，但是对于不同地区层面的侧重应有所差异。对于高碳排放省份和经济不发达省份，应重点发展碳中和技术，增加对于碳中和技术的创新、推广和应用等方向的投资，利用好碳中和技术发展对于这些省份的强减排效应，有效控制省级层面的碳排放水平，为低碳经济发展奠定坚实的减排基础，从而进一步提高地区的低碳经济发展水平和整体经济发展水平。

第四，发展碳中和技术不仅要靠政府的政策布局，还需要科技企业的积极参与。从科技企业的角度来看，一方面，研发和使用碳中和技术符合国家的政策导向，有利于获得政策和资金的支持；另一方面，掌握低碳经济发展的核心技术相当于掌握了市场的主动权，是所有科技企业未来的发展方向和竞争目标；最为重要的是，碳中和技术的研发和使用在长期看来将会降低科技企业的营业成本，提高企业的收益，占据更高的市场份额，对企业的长远发展大有裨益。因此，我国科技企业应担当重任，发挥其巨大的影响力与科技力量作用，做实现碳中和目标的先行者、碳中和技术的拓荒者，发挥各自的垂直技术能力，赋能其他产业低碳发展。

实现"碳中和"的过程中充满了挑战和机遇，这个过程将会是经济和社会的大转型的过程，将会是一场涉及广泛领域的大变革的过程。"技术为王"将在此进程中得到充分体现，在碳中和技术上走在前面的国家和企业，将会在未来的国际竞争和市场竞争中取得优势。国家需要积极研究与谋划，谋定而动，系统布局，组织力量，特殊支持；科技企业要积极参与，致力创新、寻求技术突破、走在行业前列；通过政府和科技企业的共同努力，力争以技术上的先进性获得产业上的主导权，使之成为民族复兴的重要推动力。

参考文献

[1] 鲍健强、苗阳、陈锋：《低碳经济：人类经济发展方式的新变革》，载《中国工业经济》2008年第4期。

[2] 付允、马永欢、刘怡君、牛文元：《低碳经济的发展模式研究》，载《中国人口·资源与环境》2008年第3期。

[3] 江红莉、王为东、王露、吴佳慧：《中国绿色金融发展的碳减排效果研究——以绿色信贷与绿色风投为例》，载《金融论坛》2020年第11期。

[4] 李廉水、周勇：《技术进步能提高能源效率吗——基于中国工业部门的实证检验》，载《管理世界》2006年第10期。

[5] 李士、方虹、刘春平：《中国低碳经济发展研究报告》，科学出版社2011年版。

[6] 刘萍、杨卫华、张建、孙浩然、崔子璇：《碳中和目标下的减排技术研究进展》，载《现代化工》2021年第6期。

[7] 马建平、罗文静、辛平：《国际碳政治》，国家行政学院出版社2013年版。

[8] 潘家华、王汉青、梁本凡、周跃云：《中国城市智慧低碳发展报告（2014）》，中国社会科学出版社2014年版。

[9] 潘家华、庄贵阳、郑艳、朱守先、谢倩漪：《低碳经济的概念辨识及核心要素分析》，载《国际经济评论》2010年第4期。

[10] 秦阿宁、孙玉玲、王燕鹏、滕飞：《碳中和背景下的国际绿色技术发展态势分析》，载《世界科技研究与发展》2021年第4期。

[11] 任力：《低碳经济与中国经济可持续发展》，载《社会科学家》2009年第2期。

[12] 任力：《国外发展低碳经济的政策及启示》，载《发展研究》2009年第2期。

［13］王灿、张雅欣：《碳中和愿景的实现路径与政策体系》，载《中国环境管理》2020 年第 6 期。

［14］余碧莹、赵光普、安润颖、陈景明、谭锦潇、李晓易：《碳中和目标下中国碳排放路径研究》，载《北京理工大学学报（社会科学版）》2021 年第 2 期。

［15］郑凌霄、周敏：《技术进步对中国碳排放的影响——基于变参数模型的实证分析》，载《科技管理研究》2014 年第 11 期。

［16］中华人民共和国国家发展和改革委员会：《国家重点节能低碳技术推广目录》（2017 年本低碳部分），中华人民共和国国家发展和改革委员会，2017 年 3 月 17 日。

［17］Ramakrishnan Ramanathan，A multi – factor efficiency perspective to the relationships among world GDP energy consumption and carbon dioxide emissions. *Technological Forecasting & Social Change*，Vol. 73，No. 5，May 2006，pp. 483 – 494.

［18］Salvador Enrique Puliafito and JoséLuis Puliafito and Mariana Conte-Grand，Modeling Population Dynamics and Economic Growth as Competing Species：An Application to CO_2 Global Emissions. *Ecological Economics*，Vol. 65，No. 3，March 2008，pp. 602 – 615.

第二章

中国八大经济区域能源消耗及碳排放效率

党的十九大以来，随着我国经济高质量发展目标的提出，建立健全绿色低碳循环发展的经济体系成为我国经济发展的重中之重。2020年9月我国在联合国大会上正式提出碳达峰、碳中和目标。因此，如何优化我国能源消费结构，降低化石能源消费的比重，减少我国的碳排放总量，实现低碳发展已经成为重要的时代课题。目前我国能源消费占比最大的仍是化石能源，并且以煤炭等高能耗、高碳排放能源为主。在此背景下，本章对我国各经济区域、各行业化石能源消耗现状进行研究，分析我国能源消费结构存在的问题，并对我国碳排放效率进行测算，剖析我国碳排放效率水平高低，探究碳排放效率时间演变规律，并从结构、规模、技术角度探究影响碳排放效率的因素，这对于我国实现低碳经济发展，助力"双碳"目标的达成以及实现高质量发展具有十分重要的理论与现实意义。

第一节 中国能源消耗与碳排放现状

一、中国能源消耗现状

能源即能量资源，是重要的生产要素。煤炭、石油、天然气等能源可以直接从自然界取得，因此称为一次能源。电力、煤气、汽油等需要经过一定的加工或转换才能变为可以投入使用的能源是二次能源。一次能源可以划分为水能、风能及生物质能等可再生能源，以及煤炭、石油、天然气等不可再生能源。煤炭、石油和天然气是一次能源的核心，也是当今世界的主要能源消耗产品。由于二次能源是由一次能源加工而成的，因此能源转换效率的提高有利于提高我国二次能源的产量，如图 2-1 所示，我国的能源加工转换效率在 2011~2016 年略有增长，2016 年后有所下降，整体上我国能源加工转换效率提升缓慢，技术水平有待提高。

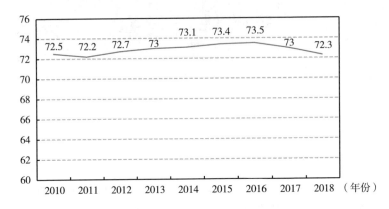

图 2-1　2010~2018 年能源加工效率

资料来源：《中国统计年鉴（2020）》。

根据《中国统计年鉴（2020）》数据显示，我国能源消耗主要是一次能源，并且煤炭在能源消耗中占比最大。如图 2-2 所示，2019 年我国化石能源消费总量为 1170791.03 万吨，其中煤炭占化石能源消费的 75.41%、焦炭占 7.10%、原油占 10.14%，天然气占比较少。另外，我国 2020 年的能源消费比上年增长 3.3%，用电量相较于前一年上升 4.4%，国内生产总值相较于前一年增长 6.1%。

根据《新时代的中国能源发展》白皮书显示，我国一次能源产量在 2019 年为 39.7 亿吨标准煤，位居世界第一，是世界上的能源生产大国，并且煤炭仍是我国能源消耗的主要品种，我国煤炭采掘产量自 2012 年以来一直保持每年 34.1 亿~39.7 亿吨。我国原油开采量总体稳定，开采量在 2012 年以来一直保持在每年 1.9 亿~2.1 亿吨。而 2012 年后我国天然气产量有着显著提高，年产量从 2012 年的 1106 亿立方米增长到 2019 年的 1762 亿立方米。

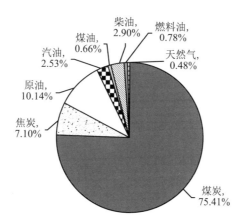

图2-2　各种化石能源消耗占比

资料来源：《中国统计年鉴（2020）》。

（一）八大经济区域能源消耗现状

下面将以八大经济区域作为划分依据，探讨八种主要化石能源的消耗量及其变化趋势，八大经济区域划分以国务院发展研究中心报告为准，以2011～2019年的数据为基础对中国八大经济区域化石能源消耗进行分析。基于数据可得性原则，本章选择中国30个省（区、市）数据进行分析，剔除数据缺失较多的西藏，具体区域范围如表2-1所示。

表2-1　　　　　　　　　　　　　　八大经济区域划分

经济区域	区域范围	经济区域	区域范围
东北地区	辽宁、黑龙江、吉林	黄河中游	山西、内蒙古、河南、陕西
北部沿海	北京、天津、河北、山东	长江中游	安徽、江西、湖南、湖北
东部沿海	上海、江苏、浙江	西南地区	广西、重庆、贵州、四川、云南
南部沿海	福建、广东、海南	大西北地区	甘肃、青海、宁夏、新疆

资料来源：《中国统计年鉴》、国家统计局、各省份统计年鉴及国泰安数据库。

1. 八大经济区域煤炭消耗

目前煤炭资源多为中低硫煤、中灰煤，煤燃烧时，其中的硫转化为二氧化硫等物质，是造成空气污染和酸降沉的主要原因。因此，从长远来看，煤炭的使用会增加环境成本，不利于我国对环境的保护，降低煤炭在生产活动中的消耗比重是我国新时代实现高质量发展的必经之路。我国是世界第一产煤大国，且煤炭储量主要集中于我国的华北、西北地区，煤炭资源分布不均衡。由图2－3可以看出，黄河中游地区煤炭消耗量全国最高，这是因为山西、陕西、内蒙古、河南等地的煤炭资源储存量在全国的煤炭储存量中占比约73.4%，高生产对应着高消耗。南部沿海地区的省份对于煤炭消耗需求较低，因此消耗总量较低。

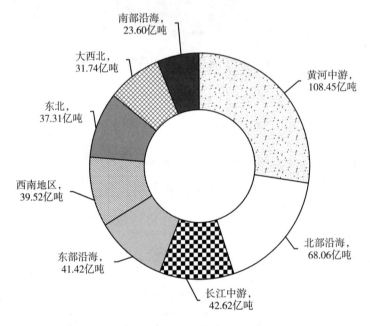

图2－3　2011～2019年八大经济区域煤炭消耗总量

资料来源：《中国统计年鉴（2020）》。

2. 八大经济区域焦炭消耗

我国焦炭消耗主要集中在钢铁、机械、有色、化工行业，其中钢铁行业焦炭消耗占比最大，占焦炭消耗总量的88%，钢铁行业中最主要的焦炭消耗集中在炼铁行业。目前我国焦炭产量已接近极限，各经济区域对于焦炭消耗量近年来并无显著变化，伴随着中国能源消费结构的升级与"双碳"目标制定，预计未来我国焦炭消耗将会减少。由图2－4可知，中国焦炭消耗主要集中于北部沿海与黄河中游区域，原因是北部地区煤炭产量较大，对应焦炭消耗水平较高。

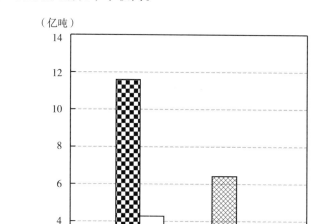

图 2 − 4　2011～2019 年八大经济区域焦炭消耗

资料来源：《中国统计年鉴（2020）》。

3. 八大经济区域原油消耗

原油，即未加工过的石油，原油经过加工可以作为发动机燃料、化学产品生产的重要原材料。由图 2 − 5 可以看出，国内原油消耗集中于东北、东南沿海、北部沿海，这与这些经济区域油田储量丰富的资源禀赋相符。目前国内的交通燃料仍以石油为主，随着汽车和其他交通工具的销售量增长，预计国内对于石油的需求量也将日益增加。

此外，随着技术的进步，我国油田储量近年来有所扩大。2019 年，中国石油新探明 11.2 亿吨地质储量，其中技术可采储量 1.6 亿吨。[①] 国家能源局在《2021 年能源工作指导意见》中提出，我国对于 2021 年石油产量的预期目标为 1.96 亿吨左右。

---

① 国务院新闻办公室：《新时代的中国能源发展》。

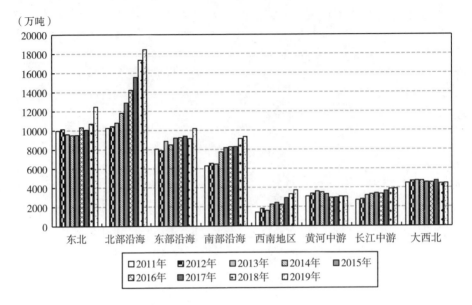

图 2 - 5　2011 ~ 2019 年八大经济区域原油消耗

资料来源：《中国统计年鉴（2020）》。

4. 八大经济区域汽油消耗

汽油，常用作燃料，是用量最大的石油衍生产品之一。近年来我国汽油产量增长稳定，截至 2021 年 4 月中国规模以上企业汽油产量为 4824.1 万吨。[①]

由图 2 - 6 可以看出，近年来我国八大经济区域汽油消耗逐年增长，其中大西北地区增长较为缓慢，这与西北地区人多地广，人口流动性弱，乘务车数量较少有关，其他经济区域汽油消耗量增长趋势明显，且长江中游地区汽油消耗增长较快，说明长江中游地区乘务车数量近年来增长较快。

随着我国石油开采技术的提高与汽油提炼水平的进步，中国汽油出口量从 2015 年的 589 万吨增加至 2020 年的 1600 万吨，增幅较大，2020 年后受新冠肺炎疫情的影响出口量有所回落，预计随着新冠肺炎疫情影响减弱我国汽油出口将有所回升。

---

① 国家统计局。

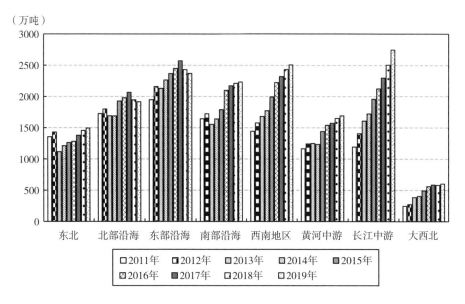

图 2 - 6　2011 ~ 2019 年八大经济区域汽油消耗

资料来源：《中国统计年鉴（2020）》。

5. 八大经济区域柴油消耗

柴油是一种轻质石油衍生品，可分为轻柴油和重柴油两大类，柴油最重要用途是用于车辆、船舶的柴油发动机燃料，也有部分乘务车使用柴油作为发动机燃料。近年来，随着中国经济转型、产业结构不断调整、天然气等替代能源的不断发展，单位 GDP 所消耗的柴油量呈逐年下降态势。人均柴油消费量从 2011 年进入平台期，2015 年出现下行趋势。由图 2 - 7 可以看出，我国柴油消耗量近年来并无显著增长，大部分经济区域对于柴油的消耗在近几年有所下降。

在我国高质量发展、建设环境友好型社会的背景下，以柴油消耗为主的货运行业面临较大压力，近年来我国政府相继出台系列政策进行货运结构调整，如《推进运输结构调整三年行动计划（2018—2020 年）》《2018—2020 年货运增量行动方案》等，公路、船舶运输业受到一定影响，这将会推进老旧柴油车淘汰步伐、提升新车燃油效率，能够减少柴油消耗对于环境的不利影响。

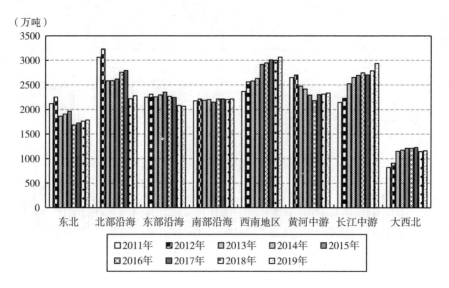

图 2 – 7 2011～2019 年八大经济区域柴油消耗

资料来源：《中国统计年鉴（2020）》。

6. 八大经济区域天然气消耗

天然气是指自然界天然存在的气体，主要包括气田气、油田气、煤层气和生物生成气等，常用作燃料、化工原料、居民生活领域。天然气是一种清洁能源，燃烧产生污染气体较少，与其他化石能源相比，天然气燃烧能减少二氧化硫与粉尘排放近 100%、减少二氧化碳排放量近 60%、减少氮氧化合物排放量近 50%。二氧化硫与二氧化碳排放量的降低有助于减少酸雨的发生，并且能够减缓地球温室效应、缓解环境污染问题。

根据国家统计局统计数据显示，我国 2019 年天然气产量为 1761.74 亿立方米，相较 2018 年同比增长 10%，增长幅度近五年最高，并且我国天然气产量连续 3 年增长超 100 亿立方米。截至 2020 年 1～9 月，我国天然气累计产量 1371 亿立方米，累计增长 8.7%[①]。

由图 2 – 8 可以看出，近年来除东北地区与大西北地区天然气消耗增长缓慢外，其他经济区域天然气消耗增长趋势明显，天然气消耗主要集中在东部沿海、北部沿海、黄河中游与西南地区，主要用气省份为江苏、四川和广东，根据天然气消耗增长趋势判断，未来我国天然气消费量将继续增加。

---

① 国家统计局。

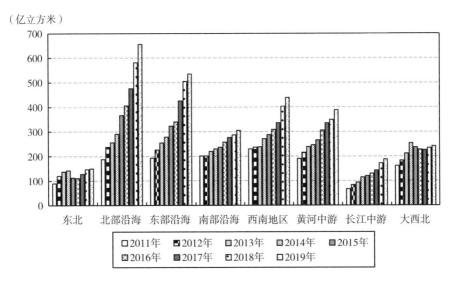

图 2 − 8 2011 ~ 2019 年八大经济区域天然气消耗

资料来源:《中国统计年鉴 (2020)》。

(二) 各行业能源消耗现状

下面对我国主要行业的化石能源消耗进行分析,数据来源于《中国统计年鉴》《中国能源统计年鉴》和国家统计局。表 2 − 2 为具体行业分类表。

表 2 − 2 行业划分依据

行业	具体分类
农、林、牧、渔、水利业	农、林、牧、渔、水利业
工业	制造业、采矿业、热力、电力、燃气及水生产和供应
建筑业	建筑业
交通运输、仓储和邮政业	交通运输、仓储和邮政业
批发、零售业和住宿、餐饮业	批发、零售业和住宿、餐饮业
其他行业	金融业、房地产业、信息传输计算机服务和软件业、租赁和商务服务业、科学研究、技术服务和地质勘查业、水利、环境和公共设施管理业
生活消费	居民服务和其他服务业、教育、卫生、社会保障和社会福利业、文化、体育和娱乐业、公共管理和社会组织

1. 工业行业煤炭、焦炭、原油消耗

在七个行业中，煤炭、焦炭、原油消耗集中在工业行业，因此对于这三种能源的消耗不进行单独划分。由图2-9可以看出，我国工业行业煤炭消耗在2013年达到峰值，之后略有下降，在2016年后煤炭消耗略有上升，总体上，工业行业对于煤炭需求量仍处于较高水平。工业行业原油消耗近年来增长明显，且增长速度较快，由2008年的35332.58万吨增加至2018年的62995.51万吨。焦炭消耗在2014年达到峰值，在2015年后开始下降。

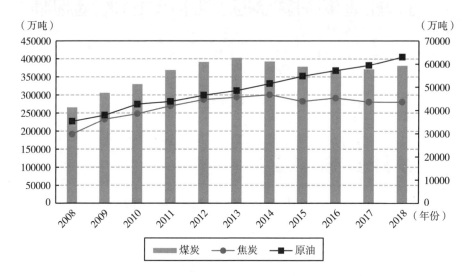

图2-9 工业行业煤炭、焦炭、原油消耗

资料来源：《中国统计年鉴（2020）》。

根据《中国能效2018》报告显示，近年来，我国各行业能源消耗强度明显下降，但是工业行业特别是制造业、电力、热力行业等高能耗行业的单位产品能耗水平与国际先进水平相比，仍处于较高水平，单位产品能耗差距在10%~30%。这说明我国工业行业节能仍具有较大的潜力，推进工业行业节能减排是我国未来发展低碳经济的重中之重。

2. 各行业汽油消耗

我国汽油消耗主要集中于交通运输、仓储和邮政业，以及生活消费行业，汽油产业的下游主要为汽车，而汽车主要以乘用车为主，因此乘用车产销量的变化会影响汽油产业的发展。根据中国汽车工业协会数据显示，中国乘用车产量自 2017 年以来呈现出下跌趋势，2020 年中国乘用车年产量为 1999.4 万辆，相较 2019 年同比下降 6.4%。由图 2-10 可以看出，交通运输、仓储和邮政业汽油消耗量自 2015 年之后增长趋势开始减缓，可能的原因是近年来油改气政策的实施对汽油消耗形成较大压力，而近年来新能源汽车也占据了一定的市场份额，因此交通运输、仓储和邮政业汽油消耗增长缓慢。

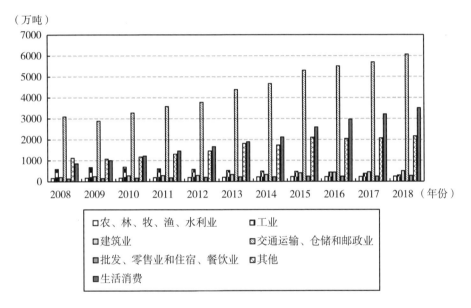

图 2-10　各行业汽油消耗

资料来源：《中国统计年鉴（2020）》。

3. 各行业柴油消耗

由图 2-11 可以看出，柴油消耗主要集中于交通运输、仓储和邮政业，占比 63.01%，农、林、牧、渔、水利业和工业柴油消耗占比分别为 8.50% 和 10.86%。各行业柴油消耗近年来并无显著变化，原因可能是随着现代物流业的发展，通过网络预约、科学规划运输路线等手段，货车空载率不断降低，加上货车的大型化，中国公路货运效率明显提高，将部分抵消货运需求增长对货车保有量的需求。

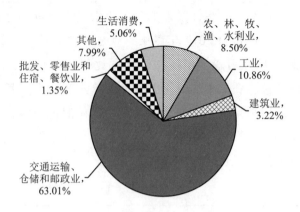

图 2－11　各行业柴油消耗

资料来源：《中国统计年鉴（2020）》。

4. 各行业燃料油消耗

燃料油是中国目前石油产品中市场化程度较高的一个品种，国内价格与国际市场基本接轨，产品国际化程度较高。

中国燃料油消耗主要集中于工业与交通运输、仓储和邮政业，目前我国燃料油行业正处于行业调整期，由图 2－12 可以看出，工业行业燃料油消耗随着行业调整波动幅度较大，而交通运输业燃料油消耗量略有增长。

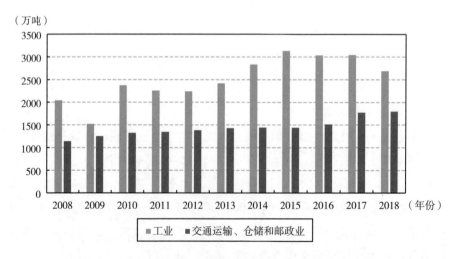

图 2－12　工业以及交通运输、仓储和邮政业燃料油消耗

资料来源：《中国统计年鉴（2020）》。

5. 各行业天然气消耗

由图 2 - 13 可知，天然气消耗主要集中于工业与交通运输、仓储和邮政业，近年来工业行业天然气消耗占总量的 64%，天然气消耗量从 2008 年的 531.6 亿立方米增加至 2018 年的 1940.07 亿立方米，增长幅度较大。交通运输、仓储和邮政业燃料油消耗量从 2008 年的 71.55 亿立方米增加至 2018 年的 286.19 亿立方米，同样增长较快。天然气作为一种清洁能源，其碳排放相对于煤炭、石油等能源较少，天然气消耗量的增加表明我国能源消费结构正在进一步优化，清洁能源占比加大。

（亿立方米）

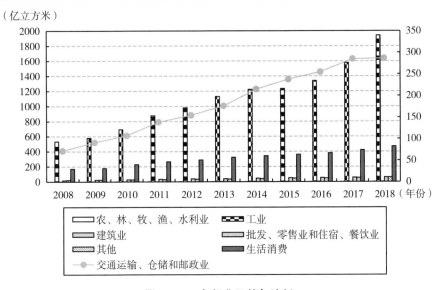

图 2 - 13　各行业天然气消耗

资料来源：《中国统计年鉴（2020）》。

二、中国碳排放现状

碳排放主要来自化石燃料的燃烧，因此本章根据 IPCC 关于碳排放的计算方法对我国碳排放量进行测算。数据来源于国家统计局与《中国统计年鉴（2020）》，计算公式如下：

$$C = \sum_{i=1}^{8} E_i \times \alpha_i \times \beta_i \times 12/44 \qquad (2-1)$$

其中，C 表示碳排放量，E_i 表示八种能源的消耗量，α_i 和 β_i 分别代表各能源标准煤折算系数与二氧化碳排放系数，12/44 代表碳占二氧化碳的分子质量。各能源的标准煤折算系数与二氧化碳排放系数如表2-3所示。

表2-3 各能源折算系数

能源	标准煤折算系数	二氧化碳排放系数
煤炭	0.7	1.9
原油	0.9	2.9
焦炭	1.4	3
汽油	1.5	3
煤油	1.5	3
柴油	1.6	3.1
燃料油	1.4	3.2
天然气	1.3	2.2

资料来源：IPCC国家温室气体清单指南。

（一）八大经济区域碳排放现状

根据式（2-1）计算得到八大经济区域碳排放总量。由表2-4可知，碳排放量最高的地区为北部沿海，年均值638.93百万吨，占比20.72%；其次是黄河中游地区，年均值588.99百万吨，占比19.10%。这与我国北方地区煤炭资源丰富，消耗量多，碳排放量较大的现实情况相符合，其余各区域碳排放量相对较少，总体碳排放量占比10%左右。大西北地区排放量年均值为223.87万吨，占比7.26%，碳排放最低，这与大西北地区经济不发达，生产活动产生的碳排放较少有关。

表2-4 八大经济区域碳排放总量 单位：万吨

年份	东北地区	北部沿海地区	东部沿海地区	南部沿海地区	西南地区	黄河中游地区	长江中游地区	大西北地区
2011	35707	58805	37944	24824	27745	54542	29042	17759
2012	36672	60611	37835	24820	29537	56246	29500	19475
2013	34428	59713	38914	24265	29318	56377	29490	21152
2014	34503	61031	38057	25920	53486	57737	29853	21971
2015	33858	63299	39295	26141	28626	57416	30572	22027
2016	34228	66486	39994	26462	28916	56979	30724	22674
2017	34562	66651	40474	27292	29477	59784	31710	24489
2018	35018	68671	39301	28834	28894	63982	31985	25325
2019	37963	69770	40689	29233	30248	67031	32799	26610
均值	35216	63893	39167	26421	31805	58899	30631	22387

由图 2 - 14 可得以下结论：第一，碳排放量最高的区域为北部沿海、黄河中游，远高于全国平均值，应重点关注北部沿海、黄河中游区域节能减排工作的开展；第二，东北、东部沿海、长江中游地区碳排放相对较高，近年来碳排放增加虽不如北方地区明显，但总体碳排放仍处于较高水平。南部沿海与大西北地区碳排放量较少，西部地区碳排放较少主要与其经济发展水平不高有关。而南部沿海各省份碳排放较少，原因可能是南方省份煤炭消耗量少，碳排放量较低。西南地区与长江中游地区碳排放水平低于全国均值，这说明长江中游地区各省份化石能源消耗相对较少，碳排放量低，而西南地区除四川与重庆外其余省份经济相对不发达，因此碳排放量较少。

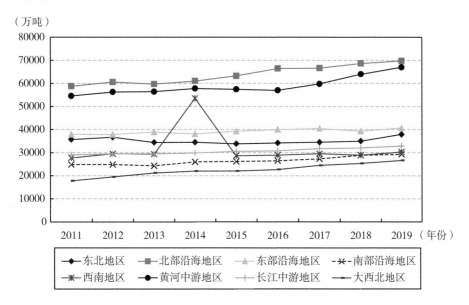

图 2 - 14　八大经济区域碳排放总量

资料来源：《中国统计年鉴（2020）》。

（二）各行业碳排放现状

各行业碳排放总量测算结果如表 2 - 5 所示，I1 - I7 分别表示农、林、牧、渔、水利业，工业，建筑业，交通运输，仓储和邮政业，批发、零售和住宿、餐饮业，其他行业，生活消费行业。

表2-5　　　　　　　　　各行业碳排放量　　　　　　　　　　单位：万吨

年份	I1	I2	I3	I4	I5	I6	I7
2008	2149.56	169168.08	977.81	16384.50	1061.63	3464.48	5307.03
2009	2401.34	191007.62	1092.38	16855.21	1647.67	3998.06	5544.23
2010	2518.53	208418.45	1251.44	18593.71	1697.74	4328.60	5986.40
2011	2647.15	226362.69	1321.96	20005.43	1873.39	4763.88	6475.64
2012	2758.22	239789.23	1307.75	22010.37	1984.53	5073.82	6838.14
2013	2973.44	247428.28	1464.92	23321.66	2110.50	5480.33	7172.47
2014	3039.79	248323.46	1484.11	23969.67	2038.00	5217.65	7454.79
2015	3123.00	244894.36	1578.04	25201.18	2138.36	5880.74	8148.97
2016	3179.77	244519.42	1586.44	25753.87	2089.54	5687.58	8267.19
2017	3257.59	247459.71	1613.79	26847.91	1967.19	5449.19	8395.10
2018	3055.50	254678.21	1574.09	27638.98	1668.07	5209.28	8156.21
均值	2827.63	229277.23	1386.61	22416.59	1843.33	4959.42	7067.83

资料来源：《中国统计年鉴（2020）》。

由表2-5可知，碳排放量最高的行业为工业，年均值229277.23万吨，显著高于各行业碳排放量均值。其次是交通运输、仓储和邮政，年均值22416.59万吨。农、林、牧、渔、水利业，建筑业，批发、零售和餐饮、住宿业碳排放量较低。

从图2-15中可以得出以下结论：工业行业碳排放量最高，因此工业行业的节能减排工作是我国推进碳中和、碳达峰目标的重点任务。交通运输、仓储和邮政业的碳排放量相对较高，属于中等碳排放行业，节能减排

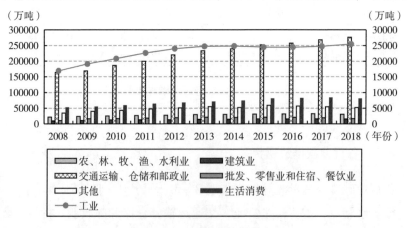

图2-15　各行业碳排放总量

资料来源：《中国统计年鉴（2020）》。

工作也要推进交通运输、仓储和邮政的能源改革。农林渔牧业，建筑业等行业的碳排放量都很低，属于低碳排放行业。各行业碳排放量差异较大，这与各行业的生产方式与能源消耗消费方式有关。

第二节　碳排放效率评价数据与模型

一、数据说明与来源

为研究我国碳排放效率，基于数据可得性原则，剔除数据缺失较多的西藏，本章选取 2011～2019 年我国 30 个省级单位的碳排放投入产出数据来评价碳排放效率。数据来源于《中国统计年鉴（2020）》《中国能源统计年鉴》，以及国家统计局、国泰安数据库。

（一）投入要素

1. 劳动投入

本章采用各省份城镇单位就业人数作为劳动投入指标。

2. 资本投入

本章使用各省份资本存量作为资本投入指标，计算方法为永续盘存法，对 2011～2019 年中国各省份的资本存量进行估算，计算公式为：

$$K_{it} = K_{it-1}(1-\delta) + I_{it} \tag{2-2}$$

其中，K_{it} 和 K_{it-1} 分别表示第 t 年和第 $t-1$ 年的资本存量；δ 为折旧率，本章选取为 9.6%；I_{it} 表示第 t 年固定资产投资形成额。

本章资本存量基期为 2000 年，借鉴张军等（2004）的算法，由于重庆市 1996 年成立，数据缺失，因此对四川省数据做如下拆分：按照 1996～2000 年重庆和四川的名义固定资本形成总额估算两者比例，将四川的基期资本存量分成两份，重庆占 30%，四川占 70%。

3. 能源投入

本章以八种化石能源产品消费量作为能源投入指标，并通过标准煤系数折算为标准煤消耗。

（二）产出要素

1. 期望产出

本章以地区生产总值表示期望产出，基期 2000 年。

2. 非期望产出

本章以各省份碳排放总量表示非期望产出，计算步骤见式（2 -1）。

二、模型介绍

目前效率评价中应用最广泛的是数据包络法（DEA），使用数据包络分析法评价相似决策单元间的效率高低是非常有效的方法，使用 DEA 进行效率评价主要思想为度量决策单元间的投入产出关系，高效率决策单元相对投入较少，产出较多。而碳排放效率的产出指标包括期望产出地区生产总值与非期望产出碳排放，即碳排放效率高的决策单元应是投入较少，期望产出高，非期望产出低，而传统的数据包络分析方法只能进行期望产出的效率评价，存在缺陷。

为改进传统 DEA 模型的缺陷，一些学者通过引入非期望产出指标进行效率分析，引入非期望产出的 DEA 模型可以解决传统的 DEA 模型中产出水平越高效率越大的问题，适用于碳排放效率评价问题。

综上所述，本章借鉴唐恩（Tone，2005）的方法，采用包含非期望产出的 SBM 模型进行各经济区域静态碳排放效率评价，假设生产系统有 n 个决策单元，均有 3 个投入产出向量：投入、期望产出、非期望产出，分别表示为 x、y^g、y^b，定义矩阵 X、Y^g、Y^b 如下：$X = [x_1, \cdots, x_n] \in R^{m \times n}$，$Y^g = [y_1^g, \cdots, y_n^g] \in R^{s1 \times n}$，$Y^b = [y_1^b, \cdots, y_n^b] \in R^{s2 \times n}$，其中 $x_i > 0$，$y_i^g > 0$，$y_i^b > 0$，$(i = 1, 2, \cdots, n)$。非期望产出的 SBM 模型为：

$$\rho^* = \min \frac{1 - \frac{1}{m} \sum_{i=1}^{m} \frac{\overline{s}_i}{x_{i0}}}{1 + \frac{1}{S1 + S2} \left(\sum_{r=1}^{S1} \frac{S_r^g}{y_{r0}^g} + \sum_{r=1}^{S2} \frac{S_r^b}{y_{r0}^b} \right)} \tag{2-3}$$

s. t.

$x_0 = X\lambda + \overline{s}$，

$y_0^g = Y^g \lambda - s^g$，

$y_0^b = Y^b \lambda + s^b$，

$s \geq 0$，$s^g \geq 0$，$s^b \geq 0$，$\lambda \geq 0$

其中，s 表示投入变量、产出变量的松弛量。λ 是权重向量。目标函数 ρ^{*} 是关于 $\bar{s}$，s^{g}，s^{b} 严格递减的并且 $0 \leqslant \rho^{*} \leqslant 1$。对于特定的被评价单元，当且仅当 $\rho^{*} = 1$ 即 $\bar{s} = 0$，$s^{g} = 0$，$s^{b} = 0$ 时是有效率的。SBM 模型相较于传统 DEA 模型优势在于把松弛变量直接放入目标函数中，因此在解决投入产出松弛性问题的同时也解决了非期望产出下的效率评价问题。

SBM 模型只针对各省份每年的碳排放效率进行评价，无法反映碳排放效率的动态变化，因此，本章借鉴法勒（Fare R，2007）的方法，将包含非期望产出的 SBM 方向距离函数应用于 Malmquist 模型，得到 Malmquist – Luenberger 指数模型，通过 Malmquist – Luenberger 生产率指数进行动态效率评价，从动态的角度全面分析决策单元的碳排放效率与技术进步水平。

以 t 做为参考值，t 到 $t+1$ 时期的 Malmquist – Luenberger 指数表示如下：

$$\mathrm{MI}(x^{t+1},y^{t+1},y^{t}) = \sqrt{\frac{E^{t}(x^{t+1},y^{t+1})E^{t+1}(x^{t+1},y^{t+1})}{E^{t}(x^{t},y^{t})E^{t+1}(x^{t},y^{t})}} \qquad (2-4)$$

其中，MI 为全要素生产率指数，$E^{t}(X^{t}，Y^{t})$ 和 $E^{t+1}(X^{t+1}，Y^{t+1})$ 分别表示各决策单元在 t 和 $t+1$ 时期的技术效率值，技术效率指数为：

$$EC = \frac{E^{t+1}(x^{t+1},y^{t+1})}{E^{t}(x^{t},y^{t})} \qquad (2-5)$$

技术进步指数 TC 在 t 时期到 $t+1$ 时期的效率值用几何平均数表示为：

$$TC = \sqrt{\frac{E^{t}(x^{t},y^{t})E^{t}(x^{t+1},y^{t+1})}{E^{t+1}(x^{t},y^{t})E^{t+1}(x^{t},y^{t})}} \qquad (2-6)$$

Malmquist – Luenberger 指数等于技术效率指数与技术进步指数的乘积：

$$MI = EC \times TC \qquad (2-7)$$

第三节　中国区域层面碳排放效率

一、区域层面碳排放效率评估

（一）静态评价结果

基于 SBM 模型，通过 Python 软件计算 2011～2019 年八大经济区域碳排放效率结果如表2-6所示。由表2-6可知，2011~2019年，我国碳排放效率呈现出较为平缓的上升趋势，但大部分省份碳排放效率仍未超过0.6，这说明我国碳排放效率仍处于较低水平，东部沿海与南部沿海省份近年来效率值有所降低，相比较而言，这种趋势在2016年以后表现得更为明显，产生这种现象可能的原因是在2015年后我国发展进入新常态，经济增长速度减慢，在此背景下东部沿海省份与南部沿海省份地区生产总值相较于往年增长减缓，经济发展更注重于发展的质量，因此带来碳排放效率的下降，而北京上海等地区作为我国政治中心与经济中心，所受到的影响较小，因此碳排放效率较高。而在我国高质量发展背景下，其他经济区域技术进步水平不断提高，对国外先进技术的引进力度加大，经济活动的产出增加，并且新技术带来碳排放量的减少，因此碳排放效率在近几年有所提升。

表2-6　　　　　　　　　2011~2019年各省份碳排放效率

区域	省份	2011年	2012年	2013年	2014年	2015年	2016年	2017年	2018年	2019年
东北地区	辽宁	0.50	0.49	0.49	0.49	0.52	1.00	1.00	1.00	1.00
	黑龙江	0.53	0.52	0.55	0.53	0.54	0.55	0.56	0.59	1.00
	吉林	0.38	0.39	0.38	0.37	0.39	0.40	0.41	0.44	0.47
北部沿海地区	北京	1.00	1.00	1.00	1.00	1.00	1.00	1.00	1.00	1.00
	天津	0.40	0.40	0.40	0.40	0.40	0.42	0.45	0.44	0.47
	河北	0.47	0.46	0.47	0.46	0.47	0.47	0.79	0.67	0.68
	山东	0.51	0.50	0.50	0.47	0.47	0.45	0.46	0.47	0.64
东部沿海地区	上海	1.00	1.00	1.00	1.00	1.00	1.00	1.00	1.00	1.00
	江苏	1.00	1.00	0.62	0.58	0.58	0.57	0.59	0.57	0.63
	浙江	0.69	0.70	0.74	0.70	0.71	0.73	0.71	0.71	0.75
南部沿海地区	福建	0.76	0.75	0.79	0.65	0.66	0.68	0.67	0.58	0.61
	广东	1.00	1.00	0.91	0.86	0.86	0.82	0.81	0.75	0.77
	海南	0.52	0.49	0.51	0.45	0.43	0.43	0.44	0.42	0.43
黄河中游地区	山西	0.29	0.28	0.28	0.28	0.28	0.29	0.29	0.29	0.32
	内蒙古	0.26	0.26	0.26	0.25	0.25	0.25	0.26	0.27	0.29
	河南	0.47	0.48	0.47	0.43	0.43	0.42	0.45	0.47	0.53
	陕西	0.32	0.30	0.28	0.27	0.27	0.26	0.26	0.26	0.27

区域	省份	2011 年	2012 年	2013 年	2014 年	2015 年	2016 年	2017 年	2018 年	2019 年
长江中游地区	安徽	0.65	0.62	0.58	0.54	0.54	0.54	0.53	0.48	0.51
	江西	0.58	0.56	0.54	0.50	0.48	0.48	0.48	0.46	0.48
	湖南	0.64	0.64	0.66	0.63	0.62	0.62	0.62	0.62	0.64
	湖北	0.53	0.53	0.56	0.51	0.52	0.51	0.51	0.51	0.52
西南地区	广西	0.50	0.46	0.47	0.44	0.45	0.44	0.44	0.44	0.47
	重庆	0.58	0.58	0.62	0.58	0.58	0.57	0.58	0.60	0.61
	贵州	0.34	0.31	0.30	0.28	0.27	0.26	0.25	0.25	0.25
	四川	0.68	0.65	0.61	0.46	0.59	0.60	0.63	0.66	0.65
	云南	0.51	0.47	0.48	0.47	0.50	0.49	0.47	0.41	0.46
大西北地区	甘肃	0.42	0.41	0.38	0.36	0.36	0.36	0.37	0.38	0.42
	青海	0.33	0.30	0.29	0.29	0.29	0.27	0.27	0.27	0.28
	宁夏	0.23	0.22	0.22	0.21	0.20	0.20	0.20	0.20	0.21
	新疆	0.36	0.34	0.32	0.30	0.29	0.28	0.26	0.27	0.27

资料来源：《中国统计年鉴》。

（二）动态评估结果

2011～2019 年八大经济区域的 Malmquist 指数及其分解值均值如表 2－7 所示。由表可得，我国碳排放全要素生产率年均增长 2.27%，其中技术效率年均增长 0.12%，而技术进步指数年均增长为 2.29%。这表明我国八大经济区域全要素生产率上升的主要原因是技术进步，且在全要素生产率的提升过程中起到主要作用，而技术效率增长缓慢，这表明我国碳排放的技术进步水平带来的资源配置与优化并未充分体现出来。

表 2－7　　　　　八大经济区域 Malmquist 指数及分解值均值

区域	省份	MI	EC	TC
东北地区	辽宁	1.0821	1.0661	1.0314
	黑龙江	1.0811	1.0600	1.0209
	吉林	1.0484	1.0238	1.0241

区域	省份	MI	EC	TC
北部沿海地区	北京	1.0437	1.0000	1.0437
	天津	1.0423	1.0158	1.0262
	河北	1.0500	1.0366	1.0194
	山东	1.0409	1.0236	1.0184
东部沿海地区	上海	1.0191	1.0000	1.0191
	江苏	1.0104	0.9689	1.0491
	浙江	1.0371	1.0108	1.0266
南部沿海地区	福建	1.0131	0.9876	1.0278
	广东	0.9877	0.9750	1.0142
	海南	1.0020	0.9826	1.0204
黄河中游地区	山西	1.0257	1.0131	1.0126
	内蒙古	1.0343	1.0167	1.0175
	河南	1.0312	1.0078	1.0234
	陕西	1.0015	0.9828	1.0191
长江中游地区	安徽	0.9985	0.9785	1.0209
	江西	1.0077	0.9838	1.0245
	湖南	1.0242	1.0008	1.0236
	湖北	1.0178	0.9965	1.0217
西南地区	广西	1.0269	1.0003	1.0269
	重庆	1.0324	1.0067	1.0265
	贵州	0.9814	0.9670	1.0149
	四川	1.0229	0.9970	1.0258
	云南	1.0112	0.9909	1.0213
大西北地区	甘肃	1.0158	1.0006	1.0154
	青海	1.0051	0.9826	1.0231
	宁夏	1.0031	0.9892	1.0144
	新疆	0.9846	0.9708	1.0143
均值		1.0227	1.0012	1.0229

二、区域层面碳排放效率异质性

（一）八大经济区域碳排放效率时间演变

由图 2-16 可以看出，我国八大经济区域碳排放效率具有明显的差异，东部沿海地区碳排放效率均值一直处于较高水平，且在 2013 年后效率值下降趋势明显。其次是南部沿海地区，效率值整体大于 0.6。长江中游地区与北部沿海地区处于中等水平，近年来长江中游地区碳排放效率均值变化不大，而北部沿海地区碳排放效率呈现显著上升的态势，其中北京市的碳排放效率值始终为 1，处于生产前沿，而北京市周边省份碳排放效率在近几年可能是受到京津冀共同发展政策的作用影响，效率值有明显提高。东北地区碳排放效率近年来上升明显，主要是因为 2016 年以后辽宁省碳排放效率为 1，达到碳排放有效，吉林省在 2019 年同样达到碳排放有效。西南地区碳排放效率整体偏低，且近年来并无显著变化。黄河中游地区与大西北地区碳排放效率较低，主要原因可能是黄河中游地区山西、河南等省份是化石能源主要产地与能源消耗大省，而经济发展水平相对较低，导致碳排放效率偏低。大西北地区经济不发达，因此碳排放效率处于全国最低水平。

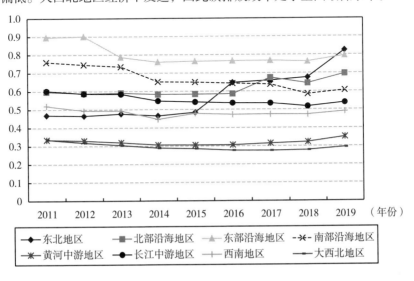

图 2-16　八大经济区域碳排放效率均值

（二）八大经济区域碳排放效率的核密度分析

由图 2 – 17 可以看出，我国 30 个省份 2011 ～ 2019 年的碳排放效率整体上有三个波峰，在 2011 年，各省份碳排放效率较低，整体碳排放效率低于 0.5，且集中度较低。2011 ～ 2014 年，各省份碳排放效率略有提升，且集中度有所提高，整体碳排放效率高于 0.5，呈现出碳排放效率提高，且集中度提升的趋势。2014 ～ 2017 年，各省份的核密度有所下降，说明碳排放效率集中度较低。2017 ～ 2019 年，各省份碳排放效率明显上升，核密度同样有所上升，总体呈现出高碳排放效率高集中度的趋势。

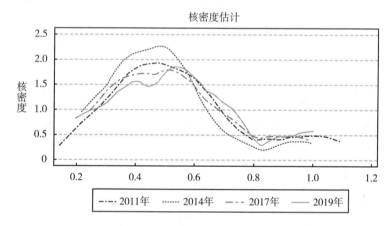

图 2 – 17　2011 ～ 2019 年我国 30 个省份碳排放效率核密度

2011 ～ 2019 年，八大经济区域的碳排放效率演进特征趋势见图 2 – 18。可以看到各经济区域的碳排放效率近年来整体为三个波峰，2011 年，各经济区域碳排放效率均值较低，整体效率均值小于 0.5，且核密度值较低。2011 ～ 2014 年，我国各经济区域碳排放效率略有提升，且集中度开始提高，整体碳排放效率高于 0.5。2014 ～ 2017 年，我国各经济区域的碳排放效率明显上升，整体均值大于 0.6，且集中度有着明显提高。2017 ～ 2019 年，各经济区域碳排放效率变化不大，而集中度略有上升，总体呈现出高碳排放效率高集中度的趋势。

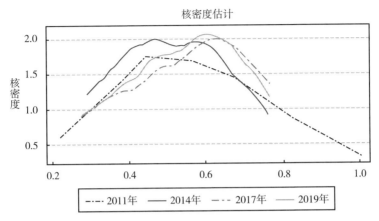

图 2 - 18　2011 ~ 2019 年八大经济区域碳排放效率核密度

第四节　中国行业层面碳排放效率

一、行业层面碳排放效率评估

（一）静态评价结果

基于前文的 SBM 模型，通过 Python 软件计算得出 2007 ~ 2017 年各行业碳排放效率结果如表 2 - 8 所示，其中 I1，…，I7 分别表示农林牧渔业、工业、建筑业、交通运输、仓储和邮政业，批发和零售业、住宿和餐饮业，其他行业，居民生活行业。

表 2 - 8　　　　　　　　　　2007 ~ 2017 年各行业碳排放效率

行业	2007 年	2008 年	2009 年	2010 年	2011 年	2012 年	2013 年	2014 年	2015 年	2016 年	2017 年
I1	1.000	1.000	1.000	1.000	1.000	1.000	1.000	1.000	1.000	1.000	1.000
I2	0.189	0.190	0.191	0.189	0.198	0.199	0.183	0.187	0.190	0.197	0.197
I3	0.497	0.469	1.000	0.600	0.600	1.000	0.594	0.566	0.567	0.559	0.503
I4	0.153	0.150	0.142	0.149	0.148	0.143	0.122	0.122	0.120	0.123	0.127
I5	1.000	1.000	1.000	1.000	1.000	1.000	1.000	1.000	1.000	1.000	1.000
I6	0.359	0.328	0.377	0.338	0.354	0.352	0.342	0.331	0.318	0.320	0.314
I7	0.139	0.128	0.160	0.149	0.152	0.151	0.160	0.149	0.153	0.147	0.137

由表2-8可知，各行业中农、林、牧、渔、水利业，批发、零售和住宿、餐饮业碳排放效率在2007~2017年均有效，效率值为1。建筑业碳排放效率也较高，并且效率值近年来有所提升。其他行业碳排放效率略低于建筑业，并且近年来碳排放效率略有下降。工业、交通运输和仓储、邮政业、居民生活行业的碳排放效率较低，且与其他行业差距较大，工业行业碳排放效率在2013年后略有上升，但整体处于较低水平，说明我国工业行业碳排放效率还有较大提升空间。交通运输和仓储、邮政业近年来碳排放效率有所下降，且趋势明显。居民生活行业碳排放效率在2013年达到峰值后在近几年有所下降。

（二）动态评价结果

动态分析角度，各行业 Malmquist 指数及分解结果如表2-9所示。

表2-9 各行业 Malmquist 指数及分解值均值

行业	MI	EC	TC
农、林、牧、渔、水利业	1.0510	1.0000	1.0510
工业	1.0580	1.0059	1.0524
建筑业	1.1308	1.0407	1.1363
交通运输和仓储、邮政业	1.0384	0.9830	1.0576
批发、零售和住宿、餐饮业	1.0592	1.0000	1.0592
其他行业	1.0334	0.9877	1.0496
生活消费	1.0538	1.0017	1.0563
均值	1.0607	1.0027	1.0661

由表2-9可知，我国各行业碳排放全要素生产率总体进步6.07%，从分解指数来看，技术效率年均增长0.27%，而技术进步指数年均增长为6.61%。这表明我国各行业全要素生产率上升的主要原因是技术进步，而技术效率增长缓慢，这说明目前我国各行业资源利用效率有待提升。

二、行业层面碳排放效率异质性

（一）各行业碳排放效率时间演变

由图2-19可知，各行业中除农、林、牧、渔、水利业，批发、零售和住宿、餐饮业在近几年碳排放有效外，其他行业碳排放效率较低，建筑业在 2009 年与 2012 年短暂达到碳排放有效，近年来效率值有所下降，而其他行业，交通运输、仓储和邮政业，生活消费业，批发零售业碳排放效率均处于较低水平。

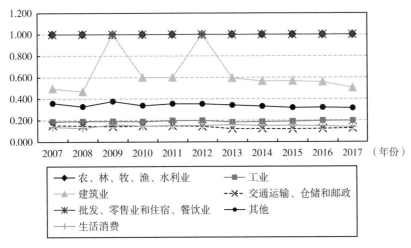

图 2 - 19　各行业碳排放效率

（二）各行业碳排放效率核密度分析

由图 2 - 20 可以看出，2007～2017 年各行业碳排放效率整体出现一个波峰，呈现出碳排放效率较低、核密度较高的趋势。说明各行业碳排放效率在近几年并无显著变化，集中度较高，因此各行业碳排放效率还有较大的提升潜力。

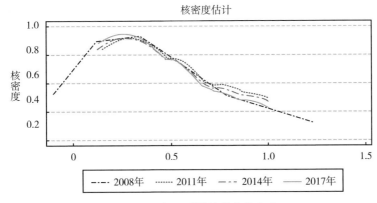

图 2 - 20　行业碳排放效率核密度

第五节　碳排放效率影响因素

根据上面分析可知目前我国碳排放效率仍处于较低水平，为探究影响碳排放效率的因素，下面将从规模、技术和结构三个角度选择可能会影响碳排放效率的指标，并将所选指标与前文得到的效率值之间建立面板受限变量回归模型，分析各个指标对于碳排放效率是否有显著影响，以及其影响程度（见表 2 – 10）。

表 2 – 10　　　　　　　　　　影响因素指标选取

一级指标	二级指标
规模	外商直接投资 金融发展 政府干预 城镇化水平 工业发展
结构	产业结构合理化程度 能源结构
技术	专利申请授权数量

一、变量选取

（一）外商直接投资

一般而言，外商直接投资能够拉动所在国经济发展，但也可能带来一系列环境问题。现有研究表明，外商直接投资影响碳排放效率的主要途径是技术溢出效应，例如，随着对外开放程度的加深，市场竞争加剧，在这种情况下如果国外产品相对价格较低，那么本国产品的出口优势将会减弱，国内企业生产获得利润将会减少，并且随着低碳观念的普及以及中国双碳目标的提出，本国的高能耗产品生产线将会被逐渐淘汰，国外的先进生产技术伴随着外商直接投资流入，这将会降低东道主国家的碳排放效率。而如果本国企业主动吸收国外先进低碳技术或者加大研发投入以提升自身的技术水平，那么企业生产过程中的碳排放效率将会提高。外商直接投资对于碳排放效率的影响效果取决于这两种途径的作用大小。本章采用各省份外商直接投资实际利用额经汇率折算后与各省份地区生产总值的比重作为外商直接投资水平的衡量指标。

（二）金融发展

目前有关金融发展对于碳排放效率的影响主要有两种观点：一种观点是金融市场通过其资金配置功能，为企业扩大生产规模提供了必要的资金，加大了企业对能源的消耗，因此增加了碳排放的总量，导致碳排放效率降低。另一种观点是金融行业的发展对碳排放效率具有促进作用，开放的金融市场有利于国际生产要素流动，使发达国家的先进生产技术涌入本国，并且金融市场的发展完善有助于构建本国的碳交易市场，能够协调高碳排放地区与低碳排放地区发展，有利于区域碳排放效率的提升。金融发展对于碳排放的影响取决于两种机制的作用效果。本章以各省份当年金融行业增加值与地区生产总值的比值衡量金融发展水平。

（三）政府干预

政府干预主要是通过产业政策来实施，一般而言，通过产业政策可以引导资金与技术向新兴产业发展，促进产业升级，提高碳排放效率。但是，如果产业政策未考虑产业发展现实状况或者落实不力，如发生骗补等情况，则可能会扰乱市场秩序，降低资源配置效率，对于碳排放效率将产生抑制作用。因此，政府干预对于碳排放效率的影响也取决于这两种机制的作用效果大小。本章以各省份财政支出占地区生产总值比重来表示政府干预水平。

（四）城镇化水平

城镇化过程中基础设施建设与经济活动将会对碳排放产生一定的影响。现有研究表明，城镇化对于碳排放效率的影响在不同地区存在差异。一方面，城镇化的发展将带来城市经济的集聚效应、规模效应，带来更大规模的人口与经济活动，从而造成碳排放增加，效率降低。另一方面，城镇化的发展也会带来技术溢出效应，低碳技术的扩散与应用将会带来碳排放量的减少与碳排放效率的提高。现有文献显示，城镇化水平对我国不同地区碳排放效率有着不同的影响，为全面衡量我国城镇化水平，本章创新使用第二产业、第三产业就业人员数量与三大产业总的就业人员数量比值表示城镇化发展水平。

（五）工业发展水平

工业行业是能源消耗以及碳排放量最多的行业，因此工业发展水平对于碳排放效率有着重要影响。目前，相较于发达国家，我国仍处于工业化的发展阶段，对化石能源有着巨大的消耗，并且能源消耗仍是以煤炭等高碳排放能源为主，因此一般认为工业化的发展将会对碳排放效率产生抑制作用。本章以工业总产值占地区生产总值比重来表示工业发展水平，以此衡量其对碳排放效率的影响。

（六）产业结构

产业结构在很大程度上体现了一国资源禀赋分配情况，因此研究产业结构对碳排放效率的影响具有十分重要的意义，合理的产业结构能够充分利用本国的生产要素，使资源得到有效的配置，并且能协调国民经济各部门的发展，实现人口、资源、环境的有效循环。本章使用产业结构合理化程度来衡量产业结构对碳排放效率的影响。

（七）能源消费结构

目前中国主要的能源消耗仍是化石能源，且以煤炭为主，煤炭属于高碳排放能源，消耗所产生的碳排放相对于石油类能源、天然气等更多，煤炭等高碳排放能源消耗总量越高，相应的碳排放量就越高，因此煤炭消耗占能源消耗总量比重加大将对碳排放效率产生抑制作用。本章以煤炭消费量占化石能源消费总量比重来表示区域能源消费结构，以此衡量其对于碳排放效率的影响。

（八）技术进步

一般认为技术进步有利于降低生产活动中的能源消耗与碳排放，能够提高碳排放效率。现有研究对于技术进步衡量指标的选取一般为专利数量、研发投入和全要素生产率三个指标。这三个指标中全要素生产率主观性较强，代表的是地区整体生产要素的进步水平，可能无法准确衡量技术进步对于碳排放效率的影响。研发投入仅代表区域科研投入水平，可能无法准确衡量区域的技术产出成果。综合考虑，本章选择各省份专利申请授权数量来表示技术进步水平，以此衡量其对于碳排放效率的影响。

二、模型构建与数据来源

在前面，效率分析所得到的碳排放效率值介于 0～1 之间，是一个被截断的数据，即因变量为受限制变量，因此不能用最小二乘法进行回归，否则得到的结果就会有偏差，本章使用 Tobit 模型进行回归，该模型适用于因变量受限模型。

Tobit 模型基本结构如下：

$$y_i^* = \beta^T x_i + u_i \qquad (2-8)$$

$$u_i \sim N(0, \sigma^2) \qquad (2-9)$$

$$y_i^* = \begin{cases} y_i, y_i^* > 0 \\ 0, y_i^* < 0 \end{cases} \qquad (2-10)$$

其中，y_i^* 为因变量，因变量只有在大于零时能被观察到，即存在一个零的下界，在小于零时被截断；x_i 为自变量；β^T 为系数向量。

回归模型的建立基于 Stata 软件，以效率值为因变量，以外商直接投资、金融发展、政府干预、城镇化、工业发展、产业结构合理化、能源结构、技术进步为自变量建立面板回归模型，回归模型如下：

$$CTE = C + a_1 FDI_{ij} + a_2 Finance_{ij} + a_3 GOV_{ij} + a_4 Urban_{ij}$$
$$+ a_5 MGDP_{ij} + a_6 SR_{ij} + a_7 Source_{ij} + a_8 \ln pat_{ij} + u \qquad (2-11)$$

其中，CTE 为因变量，即碳排放效率值；C 为常数项；FDI 为外商直接投资水平。$Finance$ 为金融发展水平；GOV 为政府干预；$Urban$ 为城镇化水平；$MGDP$ 为工业发展水平；SR 为产业结构合理化程度；$Source$ 为能源结构；$\ln pat$ 为技术进步；$a_1, a_2, a_3, a_4, a_5, a_6, a_7, a_8$ 为各自变量的回归系数；i 为样本个数，$i = 1, 2, \cdots, 30$；j 为年份期间数，$j = 1, 2, 3, \cdots, 8$；u 为残差项。数据来源于中国国家统计局、《中国统计年鉴》、CSMAR 数据库、WIND 数据库。

三、实证检验结果

根据式（2-11）进行面板 Tobit 回归，结果如表 2-11 所示。

表 2-11　　　　　　　　　　　Tobit 回归结果

cte	Coef.	St. Err.	t-value	p-value	[95% Conf	Interval]	Sig
FDI	-1.111	0.296	-3.75	0.000	-1.695	-0.527	***
MGDP	-0.162	0.075	-2.17	0.031	-0.309	-0.015	**
sr	0.0396	0.172	2.31	0.022	0.058	0.734	**
source	-0.681	0.102	-6.65	0.000	-0.883	-0.479	***
finance	-0.461	0.546	-0.84	0.399	-1.536	0.614	
urban	0.625	0.174	3.59	0.000	0.282	0.968	***
gov	-0.179	0.05	-3.60	0.000	-0.276	-0.081	***
lnpat	0.072	0.009	8.36	0.000	0.055	0.089	***
Constant	0.052	0.139	0.38	0.707	-0.221	0.325	
Constant	0.127	0.006	.b	.b	0.115	0.14	
Mean dependent var	0.519		SD dependent var		0.214		
Pseudo R-squared	5.452		Number of obs		240		
Chi-square	281.111		Prob > chi2		0.000		
Akaike crit. (AIC)	-209.549		Bayesian crit. (BIC)		-174.742		

注：***、**、*分别表示在 1%、5%、10% 的水平上显著。

回归结果分析如下：

（1）外商直接投资水平（FDI）在 1% 显著性水平对碳排放效率影响为负，原因可能有以下几点：第一，目前我国现代化水平与西方国家仍有一定差异，并且除东南部沿海地区等经济发达区域外，其他地区受经济发展水平的限制，为了带动地区经济发展，对于外商投资企业的引进可能并未注重其对环境的影响，尤其是黄河中游山西、河南、内蒙古等能源大省，地方政府为了地区经济发展与政绩可能会引入一些高能耗、高碳排放、低效率的外资企业，从而加剧了地区环境污染。第二，国外低碳观念与低碳技术相较我国较为普及，外商投资带来的技术溢出体现在对我国产品的挤出效应上，因此对我国碳排放效率造成了显著的抑制作用。

（2）工业发展水平（*MGDP*）在5%显著性水平下对碳排放效率影响为负，即工业发展水平对于碳排放效率产生了明显的抑制作用，这与我国目前能源消耗主要是煤炭有关，工业行业的发展势必造成更多的能源消耗，因此导致碳排放量的增加与碳排放效率的降低，这也从侧面说明目前我国的工业发展仍处于粗放的增长模式，工业的发展对于环境并没有带来正的外部性影响。

（3）产业结构合理化程度（*sr*）在5%的显著水平上对碳排放效率的影响为正，即产业结构合理化对于碳排放效率产生了明显的促进作用，这与现实状况相符合，第三产业占比越大，产业结构合理化程度越高，服务业相对于工业而言，碳排放量低，因此第三产业占比的增加有助于碳排放的减少。而目前我国服务业占比相对西方发达国家较低，产业结构合理化程度相对不高，因此产业结构合理化提高对于碳排放效率的提升潜力巨大。

（4）能源消费结构（*source*）在1%的显著水平上对碳排放效率的影响为负，即化石能源消耗中煤炭占比对于碳排放效率产生了明显的抑制作用，这与现实状况相符合，煤炭作为一种高碳排放能源，消耗量的增加将会对碳排放效率产生显著的抑制作用，未来我国家节能减排工作的重点是优化我国能源消费结构，降低煤炭等高碳排放能源消耗占比。

（5）金融发展水平（*finance*）对于碳排放效率的影响为负，但是未通过显著性检验，这表明金融业的发展对碳排放效率产生了不利的影响，但是影响不显著。可能的原因有以下几点：首先，我国金融业发展速度较快，相较于实体经济发展速度脱节，资本有脱实向虚的趋势，这会降低实体制造企业的资源配置与利用效率，于是对碳排放效率产生了抑制作用。其次，我国金融市场制度尚不完善，政府管制不足，受利润驱动的影响，金融机构的贷款更倾向于投向见效快，能耗高和排放强的资源密集型企业。并且小微企业存在融资难问题，资金的限制导致企业经营受阻，没有充分的资金进行新技术的研发以及扩张生产规模，因此对碳排放效率产生了抑制作用。金融发展水平未通过显著性检验的原因可能是金融业本身属于低碳行业，而碳排放效率主要与劳动、能源、碳排放量等实际因素相关，因此金融发展水平对碳排放效率影响不显著。

（6）城镇化水平（urban）在1%显著水平下对碳排放效率影响为正，即城镇化水平的提高对于碳排放效率的提高有着明显促进作用。如前所述，目前我国只有东南部沿海地区碳排放效率较高，其他经济区域碳排放效率较低，究其原因，其他经济区域经济发展水平有待提高，城镇化程度相对于沿海地区较低，发展模式存在许多问题，如资源配置与利用效率低下、技术扩散程度低、发展尚未形成协同效应等，而城镇化的发展有利于生产要素的集聚，能够改善其粗放的发展模式，有利于消费模式、经济结构、基础建设以及区域发展政策的转型升级，并且我国中西部各经济区域地区生产总值占国内生产总值比例较大，因此城镇化水平对于碳排放效率有着显著的促进作用。

（7）政府干预（gov）在1%的显著水平上对碳排放效率的影响为负，即政府干预对于碳排放效率有着明显的抑制作用。政府干预主要是通过产业政策来调节生产要素的走向，但是这样有可能会扰乱市场秩序，造成碳排放投入产出要素的利用效率降低，并可能诱发骗补、寻租等现象。另外，地方政府为了经济发展可能更倾向于扶持高耗能、高碳排放企业发展，因此政府的过多干预对碳排放效率产生了显著的抑制作用。

（8）技术进步（lnpat）在1%显著性水平上对碳排放效率影响为正，即技术进步对碳排放效率的提高有着明显的正向作用。这与现有研究结论相一致，新的生产手段与制造工艺在产品生产过程中的应用有利于碳减排，并且新能源的利用对于碳排放的影响力度正在逐年加深，即技术进步驱动了能源消费强度的下降，有利于碳排放效率的提升。因此，技术进步对于碳排放效率有着明显的促进作用。

第六节　研究结论与建议

一、研究结论

从区域层面上来看，目前我国八大经济区域中东部沿海地区与南部沿海地区碳排放效率较高，而东北地区效率值在近几年有所提高，长江中游地区与北部沿海地区效率仍处于较低水平，而黄河中游地区、西南地区与大西北地区效率较低。从整体来看，我国各经济区域碳排放效率仍处于较低水平，有较大的提升空间。动态评价结果表示我国各经济区域技术整体处于进步水平，但仍有很多省份技术指数小于1，这表明我国的碳排放效率还有较大的提升空间。从碳排放的时间演变趋势上来看，近年来我国碳排放效率有所提升，但集中度有所降低，因此，应当注重协调高碳排放效率区域与低碳排放效率区域发展，发挥产业集聚作用，加快劳动、资本、技术等生产要素在各经济区域的流动，促进区域碳排放效率提升。

从行业层面来看，近年来我国各行业中只有农、林、牧、渔业与批发、零售和住宿、餐饮业碳排放有效，这与该行业本身就是低能源消耗行业有关。我国建筑业碳排放效率相对较高，碳排放效率提升潜力较大。能源消耗较高的工业行业与交通运输、仓储和邮政碳排放效率较低，并且近年来效率值并无显著提升，因此工业行业与交通运输、仓储和邮政业的节能减排工作仍是降低碳排放的重中之重。总的来说，我国各行业碳排放效率水平较低，集中度较高，说明目前我国各行业的发展模式存在一定的问题，碳排放效率仍有较大的提升潜力。

效率回归的结果表明，外商直接投资、工业发展、能源结构、政府干预对于碳排放效率的影响显著为负，这与前面效率分析所得出的我国技术效率指数不高，资源配置仍存在问题，工业行业发展仍是高能耗、高碳排放的发展模式，以及我国能源消耗主要为煤炭等高碳排放能源等结论相一致，同样表明目前我国经济发展对于环境的影响仍未形成正的外部性效应。而金融发展同样对于碳排放效率起到抑制作用，但作用并不显著，因此应警惕资本脱实向虚的趋势，引导资金流量实体企业，解决中小企业融资难等问题，促进企业加大研发投入，提高技术创新水平。产业结构合理化、技术进步、城镇化水平对我国碳排放效率影响显著为正，这与前面效率评价得到的各经济区域技术效率指数相对不高，中西部经济区域碳排放效率较低等结论相一致。

二、政策建议

对于东部沿海、南部沿海等经济发达、城镇化水平高的地区，应注重优化地区经济结构，提升高新技术服务业在产业结构中的比重，更多地关注外商直接投资带来的技术溢出效应，吸收外国企业先进生产技术，发挥其开放程度较高的比较优势，致力于提升该地区自主创新能力，注重现有资源要素结构与技术水平的合理配置，力求技术进步和规模经济的持续提升。同时，协调区域间的发展层次，通过长江经济带、长三角一体化发展等国家战略推动实现高低碳排放效率地区协同发展，推进区域产业链分工合作，为其他经济区域提供先进技术经验与生产设备，促进碳排放效率提升。

对于北部沿海地区、东北地区、长江中游地区，应注重技术进步带来的扩散效应，加大地方研发投入，以技术进步来带动能源结构转型升级与碳排放的降低。同时提高招商引资政策准入门槛，注重经济发展给环境带来的影响，坚决淘汰高能耗，低效率企业，通过适当的政府干预引导高新技术企业发展，提高资源配置与利用效率。提升高新技术服务业在产业结构总的比重，坚持以质量效益为中心，聚焦重点产业培育、不断培育集聚新动能，加快产业转型升级。

对于黄河中游地区、西南地区、大西北地区，应当注重能源消费结构的转变，通过招引经济发达地区先进企业，引进先进生产技术，降低生产生活过程中的能源消耗，并且加强对现有高新技术的推广和应用，聚焦低碳技术的研发与应用，带动区域内能源利用水平的提高，并与城镇化建设并举，协调发展，兼顾发展的效益与质量。

对于工业行业、交通运输业等高能耗、高碳排放行业，应重视能源结构优化与技术创新的作用，减少高碳能源的消耗，加大新能源的研发投入与应用，改变粗放的发展模式，同时通过产业政策的引导，降低高碳排放行业在国内生产总值中的比重，促进产业结构合理化，建设资源节约型、环境友好型社会。

此外，应注重外商直接投资的作用效果，疏通技术溢出传导渠道，吸收外国先进的低碳生产技术以提升自身的技术水平，降低生产过程中的碳排放，保持自身产品的竞争力。与此同时，加大外商投资招引的监管力度，淘汰高能耗企业、低效率企业，重视企业发展带来的环境影响。并且合理进行政府干预，促使生产要素流向环保企业与高新产业，提高资源配置效率。

参考文献

［1］李金铠、马静静、魏伟：《中国八大综合经济区能源碳排放效率的区域差异研究》，载《数量经济技术经济研究》2020 年第 6 期。

［2］李涛、傅强：《中国省际碳排放效率研究》，载《统计研究》2011 年第 7 期。

［3］马大来、陈仲常、王玲：《中国省际碳排放效率的空间计量》，载《中国人口·资源与环境》2015 年第 1 期。

［4］张军、吴桂英、张吉鹏：《中国省际物质资本存量估算：1952—2000》，载《经济研究》2004 年第 10 期。

［5］中华人民共和国国务院新闻办公室：《新时代的中国能源发展》，载《人民日报》2020 年 12 月 22 日。

［6］Ang B W, Is the Energy IntensityA Less Useful Indicator than the Carbon Factor in the Study of Climate Change. *Energy Policy*, Vol. 27, No. 5, Dec 1999, pp. 943 – 946.

［7］Charnes A, Cooper W W, Rhodes E, Measuring the efficiency of decision making unit. *European Journal of Operational Research*, Vol. 2, No. 6, Jan 1978, pp. 429 – 444.

［8］Fare R, Grosskopf S, Environmental production functions and environmental directional distance functions. *Energy*, Vol. 32, No. 7, Sep 2006, pp. 1055 – 1066.

［9］Grossman G M, Krueger A B, Economic growth and the environment. *The quarterly journal of economics*, Vol. 110, No. 2, May 1995, pp. 353 – 377.

［10］Keith Paustian, N. H. Ravindranath, Andre Van Amstel, 2006 IPCC Guidelines for National Greenhouse Gas Inventories, *IPCC*, Jan 2006.

［11］Tone K, A Slack – Based Measure of Efficiency in Data Envelopment Analysis. *European Journal of Operational Research*, Vol. 130, No. 3, July 1999, pp. 498 – 509.

［12］Tucker M, Carbon Dioxide Emissions and Global GDP. Ecological

Economics, Vol. 15, No. 6, Dec 1995, pp. 289 – 319.

　[13] Zaim O, Taskin F, Environmental Efficiency in Carbon Dioxide Emissions in the OECD: A Non – parametric Approach. *Journal of Environmental Management*, Vol. 58, No. 2, Feb 2000, pp. 95 – 107.

第三章

技术进步对碳减排的影响

当前全球气候变化异常，温室效应日益突出，已经严重威胁到了人类社会的健康可持续发展。自2006年起，中国的碳排放已超过美国而成为世界上第一大碳排放国家，经济的高速发展所带来的高能源消耗与高碳排放已成为造成世界气候变化的主要因素之一。"十三五"中后期，随着控制力度不断加大，我国碳排放开始有了降低趋势。截至2019年底，中国提前完成了"十三五"规划目标，扭转了二氧化碳排放快速增长的局面。未来随着我国经济从高速发展转向高质量发展，控制碳排放的重要性日益凸显。科学和技术是人类应对气候变化的重要工具和手段，应对气候变化的关键技术研究与创新是有效地减缓二氧化碳排放量的重要手段。本章借鉴DEA的分析方法计算出2004~2018年我国30个省份的技术进步状况，然后运用静态面板数据固定效应模型的估计方法，实证检验了技术进步对二氧化碳排放强度的影响。此外，本章还进行了异质性分析，分区域、分阶段，综合多因素实证检验了技术进步对二氧化碳排放强度的影响效应，将技术应对气候变化研究进一步深入，并为低碳转型提供更为详细的实践指引，助力实现"双碳"目标。

第一节　技术进步对碳减排影响的现状

一、研究背景

工业革命以来，世界经济技术等均实现了突飞猛进的发展。与此同时，对于能源的需求也不断增加，化石燃料的持续使用导致了温室气体排放，使得全球气温"节节上升"，引发气候问题，环境问题越来越严重，是全球面临的重大危机和挑战。而气候问题很大程度上是由于各种碳基能源燃烧产生的温室气体造成的增温效应所致，根据 IPCC《国家温室气体排放清单指南》，可知全球气候的变化与碳排放有着密切的关系。近几年来，我国碳排放量一直位居全球第一，面临着的国际碳减排压力也日益增加。因此，如何在国家安全理念的框架下，加强对气候安全方面的控制和识别，有效降低能源消耗和二氧化碳排放量，提高国际气候安全话语权，显得愈发关键和重要。

由于环境问题的不断加剧，碳排放影响因素分析成为学者的研究热点。技术进步作为衡量一国经济和社会发展的重要指标之一，尤其是高新技术的发明、创新和改进，对于促进经济发展，提高综合国力，加强国际竞争力和推动人类文明进步产生了巨大的影响。学者开始逐渐聚焦于技术进步是如何影响碳排放的，一部分研究表明，技术进步尤其是低碳技术进步能够使能源开发和利用更加先进合理，从而显著地提高能源利用效率，降低高碳能源的消耗，最终减少碳排放量。另一部分研究表明，技术进步又需要依赖消耗大量能源为代价，且某些技术的使用会导致环境污染加剧，危害生态健康。

面对全球环境恶化、气候变暖、碳排放日益增加，并且我国现处于经济高质量发展阶段，实现低碳经济的发展转型成为必然选择。而技术进步作为影响经济社会发展和温室气体排放的关键指标，研究其对于碳排放的影响效应具有重要的意义。

二、研究意义

探索和研究技术进步对碳排放的影响效应，对于我国碳减排工作顺利进行、实现"双碳"目标具有重要的意义。

（一）理论意义

进一步明确了技术进步对碳排放的影响机制。本章在充分阅读了国内外文献的基础上，系统、全面地梳理了技术进步对碳排放的影响机制及传导路径，认为技术进步与碳排放之间存在着较为复杂的影响机制，并通过对技术进步影响碳减排的理论机制分析，指出除了技术进步，还有对外开放水平、人口、产业结构、经济发展水平和出口等控制变量，为后续实证研究奠定了一定的理论基础。

（二）现实意义

有助于协调技术进步与碳排放二者的发展路径，优化发展模式。有利于充分发挥技术进步的积极作用。各地政府可以根据实际发展情况，针对性地调整经济发展模式，优化产业结构，制定碳减排策略。有助于推进地区绿色低碳发展工作有序进行，促进各区域经济和生态安全协调发展。

三、研究方法

首先，本章对我国技术进步与碳排放的相关概念进行梳理和概述，并着重阐述技术进步影响碳排放的理论机制及具体传导路径。之后基于 DEA - Malmquist 指数法对技术进步指标进行测算，同时采用改进的 IPCC 清单法对我国内地 30 个省份（西藏除外）2004～2018 年的碳排放相关数据进行测算，并根据计算结果对我国技术进步和碳排放发展现状进行描述统计。其次，采用静态面板模型考察技术进步对碳排放的总影响效应。最后，根据实证结果提出相应的碳减排建议。本章主要有以下相关研究方法。

（一）文献归纳法

本章查找并梳理了国内外技术进步和碳排放的相关研究内容，并对其中的结论和规律进行了系统的归纳，总结并拓展了技术进步影响碳排放的理论机制和传导路径，为后面研究二者之间的影响关系提供了理论基础。

（二）描述统计法

描述统计是对所研究对象的基本情况和发展趋势的描述及归纳。本章基于描述统计法，采用图表结合的方式对碳排放和技术进步指标进行了详细的分析和描述，为后续实证分析奠定了基础。

（三）模型分析方法

模型分析法是判断文章所提出的假设或猜想是否为真的最有说服力的论证。本章运用了静态面板固定效应模型实证分析了技术进步对碳减排的总影响。

四、技术进步指标的度量

技术进步是指技术在达成某些目标的过程中完成的演变与进化。技术进步需要选取合适的指标间接测度，纵观现有文献，通常都是采用以下指标来代替技术进步。

（一）专利数量

薛俊宁等（2014）采用专利授权量作为代理变量代表技术进步水平，测度我国技术进步对二氧化碳排放的影响，研究结果显示高技术产业的发展对于提升碳排放效率确实有用。李力等（2017）借助专利授权量表征技术进步指标，基于空间模型探索技术进步对于大气环境的空间效应。邵帅等（2019）选取平均每百位研发人员所拥有的专利授权量作为技术进步指标，分析经济集聚对碳排放强度的影响效应。

（二）R&D 投入

朱万里等（2014）从甘肃省 2000～2012 年的相关数据出发，以 R&D 经费支出占 GDP 的比例来衡量技术进步，发现甘肃省技术水平的提高能够有效降低碳排放量，但这种作用有限。郑凌霄（2014）选取 R&D 经费的内部支出作为技术进步水平的衡量指标，考察技术进步对碳排放的动态影响效果。

（三）全要素生产率（TFP）

现有文献中常常采用法勒（Fare，1994）提出的 Malmquist 指数法来测算 TFP。该方法主要通过对相关投入和产出数据的选取和利用，找出最后能够实现技术效率最优的决策单位，从而构造生产前沿面，计算得出相应的效率水平指数。

此外，也有学者采用其他指标表示。例如，尹宗成（2009）采用综合评价法，构建技术进步指标体系，考察技术进步与经济增长之间的变化关系。

纵观当前有关技术进步指标度量的研究，可以发现学者们对于技术进步指标的选取和测度存在主观性和不确定性。其中较为常用的为专利数量、R&D 投入以及全要素生产率。但不同专利的价值存在差异，且专利水平仅能代表技术创新水平，无法包括其他因素导致的技术进步，因此，仅采用专利授权数量或专利申请数量去表示技术进步有很大的局限性。R&D 投入即研发投入，只是技术进步的一种物化表现形式，因此，R&D 投入也并不能很好地解释技术进步。全要素生产率作为目前使用较为广泛的技术进步指标，不仅包含了技术创新部分带来的技术进步，同时包含了制度、政策等非技术性因素带来的进步和变革，相对其他度量方法来说，使用范围更广，且应用更为成熟。

五、碳排放影响因素研究

通过梳理国内外碳排放领域的相关文献，发现目前对于碳排放的研究大多聚焦于碳排放影响因素分析方面，其主要影响因素包括经济增长、产业结构、技术进步、外商直接投资等。尔扬吉（Ilyoung Oh，2010）等均指出经济增长是导致碳排放增加的决定性因素。杨恺钧等（2018）考察了老龄化、产业结构与碳排放之间的关系，结果显示产业结构与碳排放之间呈现"N"型关系，且第二产业比重的增加对于减少碳排放有阻碍作用。齐志新等（2006）基于拉氏因素分解法，分别对我国宏观层面和工业发展层面的能源强度情况进行分析，发现技术进步是提高能源效率的关键驱动因素。王志梅等（2013）通过 EG 两步法对我国 1983～2011 年的相关数据进行实证，结果表明 FDI 的持续流入会促使我国碳排放量减少。

六、碳排放影响方法

从已有文献的研究方法上来看，学者们基于不同方法对碳排放影响因素分析展开了丰富的研究。总体来看，主要分为以下两种。

（一）通过各种因素分解法来考察碳排放影响因素

各种因素分解法包括 LMDI 分解法、IPAT 模型、Kaya 恒等式等。范丹（2013）等均基于 LMDI 法探究我国碳排放的影响因素，发现经济产出对于我国能源消耗产生的碳排放的贡献最突出。姜克隽等（2016）基于 IPAT 模型，并设定了三种碳排放情景模式对我国碳排放影响因素进行分解和预测分析，结果显示在不同的碳排放情景模式下，我国碳排放总量将在不同时间段内达到峰值。

（二）通过各种计量方法进行研究

各种计量方法包括最小二乘法、面板回归模型、因果分析法等。韩坚等（2014）基于面板回归模型进行研究，结果表明，第二产业总产出的比重增加不利于降低碳排放量。科恩斗（Coondoo，2002）采用偏最小二乘法研究了碳排放与经济增长之间的关系。

根据上述文献可知，学者们对于碳排放的驱动因素分析进行了大量研究论证，并从不同影响因素、不同研究角度，基于不同研究方法进行了充分的实证分析。但不同学者的研究结论存在一定差异，可见，研究对象、研究数据和方法等选择的不同，会导致各因素对碳排放的影响方向和大小产生差异。

七、技术进步对碳排放的影响

目前，国内外已经有许多学者对技术进步与碳排放的关系进行了研究。1971 年，艾瑞尔和奥尔登（Ehril and Holden）提出了 SAT 模型，认为一个地区的环境压力主要取决于经济、人口及相关技术水平。如今随着资

源环境问题日益凸显，技术进步对其发挥着越来越重要的作用。杰夫
（Jaffe，2002）认为内生技术进步对经济增长与环境关系问题的分析有重要
启示，技术进步可能增加二氧化碳排放也可能减少二氧化碳排放。库马尔
（Kumar，2009）选取了80个国家，构建静态面板模型分析生产率指数与
碳排放的关系，结果认为技术进步虽对发达国家存在显著的抑制作用，但
对于大多数发展中国家而言，反而会促进碳排放的增加。

　　相比较于国外学者，国内学者的研究虽然起步较晚，但成果较多。
进步指标，近年来技术进步与碳排放领域也开始广泛使用。现有文献中
常常采用法勒（Fare，1994）提出的 Malmquist 指数法来测算 TFP。韩川
（2018）运用 DEA – Malmquist 指数法对我国30个省份的技术进步状况进
行计算，并通过构建面板模型考察技术进步对工业碳排放产生的影响，结
果发现技术进步确实能够降低碳排放，但存在地区差异。本章将运用规范
的计量分析方法，实证检验技术进步对二氧化碳排放强度的影响，为决策
部门提高能源效率，制定节能减排措施，降低二氧化碳排放强度，提供更
为客观的依据。

八、技术进步对碳减排影响的作用路径

　　清晰的理论机制有助于厘清技术进步对碳排放的具体影响效应，并为
后面的实证研究提供理论基础。目前学术界对于技术进步如何影响碳排放
尚未达成一致结论。虽然样本维度的选择或者模型方法的不同会导致研究
结论存在一定的差异。但究其原因，主要还是因为技术进步对碳排放存在
着较为复杂的影响机制。

　　一般情况下，大多数学者认为技术进步能促进碳减排，改善环境现
状。这是由于：一方面，低碳技术和工艺的改进、发明和扩散会使原有高
能耗、低产出的设备被淘汰，从而提高能源利用率，直接减少能源需求
量，降低碳排放。目前我国仍需消耗大量原煤用于终端消费，且绝大多数
能源用于工业生产制造，因而通过促进技术进步减少煤炭消耗，开发利用
清洁低碳能源，优化能源结构对我国碳排放的影响往往是积极的。另一方
面，目前很多研究结果显示技术进步对于促进产业结构优化调整发挥着重

要作用。而随着产业结构的优化演进，对碳排放也存在着显著影响。相关文献表明，第三产业占比的提高或第二产业占比的降低能够有效缓解对环境的不利影响，并在一定程度上降低碳排放。原嫄（2016）等通过探究产业结构对碳排放造成的影响，指出第二产业的占比对碳排放影响力度最大。王开（2017）等基于京津冀地区1996～2014年的数据，从分行业角度对碳排放进行研究，研究发现工业和交通运输业等高能耗行业的增加值仍偏高，仍需要进一步促进商业与服务业等低耗能产业的发展。何永贵（2018）等选取STIRPAT模型对我国碳排放与产业优化之间的关系进行考察，并提出要控制第二产业，尤其是高能耗、高排放的行业，重点发展第三产业，要通过推进低碳产业发展来减少碳排放。因此，技术的进步也会促进产业结构优化升级，改善能源结构，从而减少能源需求，促进碳减排。

但也有学者发现技术的进步不仅不能减少二氧化碳排放，反而会促进碳排放。"科技是第一生产力"，技术进步作为影响经济增长的内在驱动因素，对经济发展起到至关重要的作用。有学者首先提出技术进步能够促进经济增长。之后，又有学者提出了技术创新理论，认为经济主要依靠技术进步来扩大投资规模，从而实现持续稳定的增长。企业为了在经济发展结构转型过程中获得优势，又会引发新一轮技术创新，这样的循环不断重复，周而复始促进了经济的不断增长。且技术的进步会使产品的生产成本降低，此时企业为了追求利润和效益最大化，必然会扩张经济规模。伴随着经济规模的扩张，企业就会投入更多生产要素进行生产，促进产出，从而导致能源消耗增加，碳排放也相应增加。卢娜（2011）等的研究均认为随着我国经济的增长，会继续加剧对生态环境的压力，导致碳排放增加。因此，随着经济的发展，企业为了追求最大效益也会继续扩大生产规模，进而导致更多的能源需求和消耗。最终由于能源价格下降和生产规模扩大导致的能源需求量的增长反而远远超过由于能源利用率提高而引起的能耗减少量，导致碳排放量持续增加。

根据上述分析，可以发现技术进步对碳排放确实存在着较为复杂的影响机制。本书认为技术进步主要会通过经济增长、产业结构和能源结构三条路径间接影响碳排放，传导机制和路径如图3－1所示。

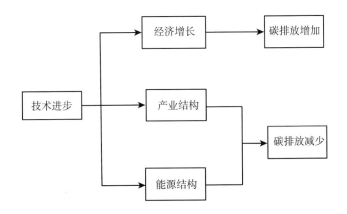

图3-1　技术进步影响碳排放的传导路径

第二节　技术进步对碳减排影响的理论机制

埃利斯（Ehrlich，1971）等提出来了 IPAT 模型，用以表示经济发展水平对环境的影响，主要包括人口、富裕程度和技术等因素。方程的具体表达式为：

$$I = P \times A \times T \tag{3-1}$$

其中，I 为环境影响，P 为人口，A 为富裕程度，T 为技术进步。如果用二氧化碳排放来表示环境影响，则式（3-1）变为 Kaya 模型，其表达式为：

$$CO_2 = P(GDP/P) \times (E/GDP) \times (CO_2/E) \tag{3-2}$$

其中 $A = GDP/P$ 为富裕程度；$T = (E/GDP) \times (CO_2/E)$，$E/GDP$ 为能源强度，主要和技术有关，而 CO_2/E 与能源利用结构相关。之后，迪茨（Dietz）等学者考虑了随机因素，即其构建了包括人口变量、富裕程度变量和技术进步变量的随机回归影响模型（STIRPAT），同样地还是使用二氧化碳排放来代表环境影响，则模型表达式为：

$$CO_{2it} = \theta P_{it}^{\beta_1} \times A_{it}^{\beta_2} \times T_{it}^{\beta_3} \times \varepsilon_{it} \tag{3-3}$$

其中，θ、β 为模型参数；ε 为随机扰动参数。由式（3-2）和式（3-3）可知，影响二氧化碳排放强度的重要因素包括人口增加、经济增长和技术进步。若想降低二氧化碳排放强度，可以考虑从人口、经济和技术进步三个变量出发。但人口的增长在较短的时期内一般难以改变，这是由于人口的增长一般带有非常强的惯性；而经济增长是中国经济发展相对落后地区的首要目标，如果想要通过放慢经济增长来降低二氧化碳排放强度并不可取。由此可见，降低二氧化碳排放强度的关键因素就是技术进步。同时二氧化碳排放强度还受到开放水平、产业结构等多种因素的影响。基于此，本章在公式的基础上对 STIRPAT 模型进行了相应的改进。在保留人口变量、富裕程度变量和技术进步变量的前提下，同时引入了如对外开放水平、产业结构、出口等控制变量。把 STIRPAT 模型改进后如下所示：

$$CO_{2it} = TI_{it}^{\alpha_1} \times FDI_{it}^{\alpha_2} \times P_{it}^{\alpha_3} \times IS_{it}^{\alpha_4} \times \ln PGDP_{it}^{\alpha_5} \times EX_{it}^{\alpha_6} \varepsilon_{it} \qquad (3-4)$$

其中，CO_{2it} 表示为 i 地区 t 时期的二氧化碳排放强度；TI_{it}、FDI_{it}、P_{it}、IS_{it}、$\ln PGDP_{it}$、EX_{it} 分别表示为 i 地区 t 时期的技术进步、外国直接投资比重、人口比重、产业结构、经济发展水平和出口，对式（3-4）两边同取对数可得：

$$\ln CO_{2it} = \alpha_1 \ln TI_{it} + \alpha_2 \ln FDI_{it} + \alpha_3 \ln P_{it} + \alpha_4 \ln IS_{it} + \alpha_5 \ln PGDP_{it}$$
$$+ \alpha_6 \ln EX_{it} + \varepsilon_{it} \qquad (3-5)$$

对式（3-5）两边求时间 t 的导数可得：

$$\frac{\mathrm{d}CO_2/\mathrm{d}t}{CO_2} = \alpha_1 \frac{\mathrm{d}TI/\mathrm{d}t}{TI} + \alpha_2 \frac{\mathrm{d}FDI/\mathrm{d}t}{FDI} + \alpha_3 \frac{\mathrm{d}P/\mathrm{d}t}{P} + \alpha_4 \frac{\mathrm{d}IS/\mathrm{d}t}{IS}$$
$$+ \alpha_5 \frac{\mathrm{d}\ln PGDP/\mathrm{d}t}{\ln GDP} + \alpha_6 \frac{\mathrm{d}EX/\mathrm{d}t}{EX} + \varepsilon_{it} \qquad (3-6)$$

增加满足标准假设的常数项，式（3-6）扩展为：

$$CO_{2it} = C + \alpha_1 TI_{it} + \alpha_2 FDI_{it} + \alpha_3 P_{it} + \alpha_4 IS_{it} + \alpha_5 \ln PGDP_{it} + \alpha_6 EX_{it} + \varepsilon_{it}$$

因此，技术进步对二氧化碳排放的影响效应，主要取决于 TI 的系数 α_1 的值。

第三节　实证研究

一、数据来源

本章以 2004～2018 年为研究区间，并且研究对象为中国 30 个省份

（因港澳台及西藏数据缺失，所以将其剔除）。碳排放量数据来源于《中国能源统计年鉴（2020）》；技术进步、外商直接投资、人口、产业结构、经济发展水平、出口等数据来源于国家统计局。单位为美元的变量将以人民币兑美元年均价汇率换算成人民币，以统一货币单位。同时，为了消除价格波动影响，对经济变量做了不变价处理，即本章后面所说的 GDP 均为不变价 GDP。

二、变量定义

（一）被解释变量：碳排放强度

由于中国未公开发布历年的碳排放量，故本章将依据《IPCC 国家温室气体清单指南》和《中国能源统计年鉴（2020）》所指定的参考方法，对 2004～2018 年各省份碳排放量进行测算：

$$碳排放量 = \left(\sum_{i=1}^{8} E_i \times S_i \times F_i \right) \times \frac{12}{44} \qquad (3-7)$$

其中，E_i 为第 i 种能源的年实际消费量，分别代表煤炭等八种一次能源消耗量；S_i 和 F_i 如表 3-1 所示。

表 3-1 　　　　　　　　　　　S_i 和 F_i 的取值

能源名称	折标准煤系数（S）	二氧化碳排放系数（F）
煤炭	0.7	1.9
焦炭	0.9	2.9
原油	1.4	3.0
汽油	1.5	3.0
煤油	1.5	3.0
柴油	1.6	3.1
燃料油	1.4	3.2
天然气	1.3	3.2

资料来源：《IPCC 国家温室气体清单指南》和《中国能源统计年鉴（2020）》。

二氧化碳排放强度，简称碳强度，其公式为：CO_2 = 二氧化碳排放量（千克）/GDP（元），因此可以得到二氧化碳排放强度，用此作为被解释变量。本章对我国各地区的碳排放强度进行计算，并从全国层面对其进行简要描述分析。

1. 碳排放总量方面

无论是全国还是分地区，二氧化碳排放总量总体均呈上升状态，且具有阶段性变动趋势，在 2004～2005 年处于快速增长阶段，2006～2012 年虽仍保持增长趋势，但增速减缓，至 2013 年起，进入平稳阶段，甚至出现降低趋势，发展态势良好。

2. 人均碳排放方面

全国和各省份虽都表现为增长趋势，但存在显著的地区差异，表现为内蒙古、山西和天津等省份人均碳排放很高，远远高于海南、四川、广西等省份。

3. 碳排放强度方面

全国和分地区碳排放强度均处于下降阶段，表明我国碳减排卓有成效。其中东部地区碳排放强度最低，低于全国平均水平，说明我国东部低碳趋势发展良好，能源利用率相对较高。而西部虽然碳排放总量少，但碳排放强度却最高，主要是由于技术水平，经济发展等还远远落后于发达地区。

（二）核心解释变量：技术进步

技术进步有广义与狭义之分，狭义技术进步是一般认知上的技术进步，主要是指硬技术方面的进步，包括模仿、创新和扩散，是在生产活动中发生的包括生产设备、产品工艺和生产技能等方面的革新与进步。而广义的技术进步则涵括了除狭义技术进步之外的其他各种形式的改进和提升，包括制度、文化等非技术性的因素，是独立于生产要素之外的进步，具体包括相关知识的积累、资源配置的改进、管理制度和管理水平的提升等。由于本章是从宏观经济发展角度对我国技术进步与碳排放之间的影响关系进行分析，因此属于广义技术进步。综合各因素考虑，本章依据大多数学者的做法，采用全要素生产率来衡量技术进步。

目前全要素生产率的测算方法主要分为参数和非参数法。数据包络分析（DEA）是非参数方法的最常用方法之一，可以直接利用投入和产出数据进行建模分析，避免了由于模型设定不合适而可能导致的结果偏差。且可以合理选择多产出指标进行处理，并能够根据每个周期分别构造出生产前沿，应用较为广泛。较多学者普遍采用法勒（Fare，1994）提出的 DEA – Malmquist 指数法，它能够反映不同阶段之间生产率的相对变化情况。因此，基于上述优点，本章考虑采用 DEA – Malmquist 指数法对技术进步指标进行测算。

法勒将距离函数定义为：

$$D^t(x^t,y^t) = inf\{\varphi > 0 : (x^t,y^t/\varphi) \in F^t\}$$

其中，(x^t,y^t) 表示时刻 t 的投入和产出；D 为距离；inf 为集合的最大下限；φ 为技术效率；F 为生产可能前沿。

根据卡夫（Caves，1982），时期 t 和时期 $t+1$ 的 Malmquist 指数可表示为：

$$M_0^t = \frac{D_0^t(x^t,y^t)}{D_0^t(x^{t+1},y^{t+1})}$$

$$M_0^{t+1} = \frac{D_0^{t+1}(x^t,y^t)}{D_0^{t+1}(x^{t+1},y^{t+1})}$$

通常为了避免选择 t 期还是 $t+1$ 期技术作为参照时可能造成的偏差，考虑选择 t 和 $t+1$ 期的 M_0^t 和 M_0^{t+1} 指数的几何平均值来测度生产率变化：

$$M_0(x^t,y^t,x^{t+1},y^{t+1}) = \frac{D_0^{t+1}(x^{t+1},y^{t+1})}{D_0^{t+1}(x^t,y^t)} \times \left[\frac{D_0^{t+1}(x^{t+1},y^{t+1})}{D_0^{t+1}(x^{t+1},y^{t+1})}\right.$$
$$\left. \times \frac{D_0^t(x^t,y^t)}{D_0^{t+1}(x^t,y^t)} \right]^{\frac{1}{2}}$$

一般情况下，可将 Malmquist 指数分为技术进步指数 TEPCH 和技术效率变化指数 EFFCH。其中 $\left[\frac{D_0^{t+1}(x^{t+1},y^{t+1})}{D_0^{t+1}(x^{t+1},y^{t+1})} \times \frac{D_0^t(x^t,y^t)}{D_0^{t+1}(x^t,y^t)}\right]^{\frac{1}{2}}$ 为技术进步指数，可代表技术创新。$\frac{D_0^{t+1}(x^{t+1},y^{t+1})}{D_0^{t+1}(x^t,y^t)}$ 为技术效率变化指数，用 EFFCH 表示，实质上是制度创新。TEPCH 即为广义技术进步。根据相关理论，选取的指标如表 3 – 2 所示。

表 3 – 2　　　　　　　　　投入和产出指标的选取

投入指标	资本存量：使用永续盘存法（PIM）估算 劳动力：用各省份历年总就业人员人数表示
产出指标	用各省份不变价 GDP 表示

根据数据，可以得到中国 30 个省份 2004～2010 年和 2011～2018 年的全要素生产率（技术进步），如表 3 - 3 和表 3 - 4 所示。

表 3 - 3　　　　　　2004～2010 年中国 30 个省份全要素生产率

省份	2004 年	2005 年	2006 年	2007 年	2008 年	2009 年	2010 年
北京	0.94	1.01	1.02	1.05	1.03	1.03	1.03
天津	0.99	1.02	1.01	1.00	0.96	0.95	0.95
河北	0.98	0.99	1.00	1.01	0.96	0.97	0.99
山西	0.98	0.95	0.96	0.98	0.96	0.94	0.95
内蒙古	0.87	0.88	0.93	0.95	0.94	0.93	0.96
辽宁	0.95	0.99	0.97	0.96	0.85	0.97	0.99
吉林	0.99	0.94	0.92	0.93	0.90	0.94	0.96
黑龙江	1.02	1.03	1.04	1.04	0.96	0.86	0.96
上海	1.08	1.04	1.06	1.07	0.94	1.01	1.06
江苏	0.97	0.95	1.00	1.03	0.99	0.98	1.00
浙江	0.93	0.98	1.01	1.01	1.00	1.00	1.01
安徽	1.00	1.00	1.01	1.02	0.96	0.95	0.93
福建	0.99	1.00	0.98	0.98	0.87	0.94	0.98
江西	0.97	0.98	0.98	1.00	0.98	0.95	0.97
山东	0.96	0.96	0.98	1.01	0.98	0.96	0.98
河南	1.00	0.99	0.96	0.95	0.93	0.92	0.94
湖北	1.00	1.00	0.99	0.99	0.95	0.95	0.96
湖南	1.01	1.00	1.01	1.02	0.94	0.91	0.94
广东	0.99	0.98	1.01	1.01	0.99	0.96	0.95
广西	0.99	0.98	0.98	0.97	0.93	0.88	0.88
海南	1.03	1.03	1.04	1.07	0.95	0.94	0.96
重庆	0.97	0.96	0.99	1.01	0.96	0.98	0.99
四川	1.01	1.02	1.01	1.00	0.96	0.96	0.97
贵州	1.00	1.05	1.03	1.05	0.98	0.97	0.98
云南	1.01	1.00	1.00	1.00	1.00	0.96	0.93
陕西	1.00	0.98	0.98	1.00	0.94	0.95	0.96
甘肃	0.99	1.01	1.01	1.01	0.93	0.96	0.97
青海	0.98	1.00	1.02	1.03	1.00	0.97	0.97
宁夏	0.96	0.98	1.00	1.02	0.97	0.92	0.96
新疆	1.00	1.00	1.01	1.04	1.02	1.01	1.01

资料来源：《中国统计年鉴（2020）》。

表 3 − 4 2010 ～ 2018 年中国 30 个省份全要素生产率

省份	2011 年	2012 年	2013 年	2014 年	2015 年	2016 年	2017 年	2018 年
北京	1.02	1.00	1.01	1.02	1.01	1.00	1.01	1.03
天津	0.97	0.96	0.97	0.99	1.01	1.03	1.05	1.05
河北	0.97	0.97	0.98	1.00	1.00	1.00	1.02	1.03
山西	0.95	0.96	0.97	0.99	1.00	1.01	1.05	1.08
内蒙古	0.96	0.96	0.95	0.99	1.03	1.03	1.07	1.10
辽宁	0.98	0.98	0.98	1.00	1.08	1.09	1.07	1.07
吉林	0.98	0.98	0.98	1.00	1.00	1.02	1.04	1.05
黑龙江	1.01	0.93	0.94	1.02	1.01	1.01	1.03	1.05
上海	1.06	1.06	0.93	1.05	1.02	1.02	1.02	1.01
江苏	1.00	0.99	1.01	1.02	1.02	1.02	1.02	1.02
浙江	1.01	1.01	1.01	1.02	1.01	1.00	1.01	1.02
安徽	0.96	0.95	0.96	0.97	0.98	0.98	0.99	1.00
福建	0.96	0.96	0.98	0.97	0.97	0.99	1.00	1.01
江西	0.97	0.97	0.98	1.00	0.99	0.98	0.99	1.01
山东	0.99	0.98	0.99	1.00	1.00	1.01	1.03	1.06
河南	0.95	0.95	0.96	0.97	0.98	0.98	1.01	1.02
湖北	0.95	0.95	0.96	0.97	0.98	0.99	1.00	1.01
湖南	0.95	0.95	0.96	0.97	0.99	1.00	1.02	1.02
广东	0.91	0.69	0.98	0.99	1.00	0.99	1.00	0.99
广西	0.90	0.94	0.98	0.99	0.99	0.99	1.04	1.08
海南	0.96	0.92	0.93	0.94	0.98	0.99	0.99	1.00
重庆	0.97	0.97	0.98	0.99	0.99	0.99	1.00	1.01
四川	0.97	0.96	0.98	0.99	0.99	0.99	1.00	1.01
贵州	0.96	0.93	0.92	0.94	0.94	0.94	0.96	0.97
云南	0.92	0.92	0.94	0.94	0.96	0.96	0.98	0.99
陕西	0.97	1.05	0.98	0.98	0.98	1.00	1.00	1.01
甘肃	0.96	0.95	0.96	0.96	0.97	0.97	1.03	1.08
青海	0.96	0.93	0.94	0.95	0.96	0.98	0.99	1.00
宁夏	0.97	0.97	0.97	0.96	0.96	0.97	1.00	1.01
新疆	0.98	0.94	0.93	0.95	0.96	0.97	0.98	0.94

资料来源：《中国统计年鉴（2020）》。

同时，还可以得到中国 2004 ～ 2018 年全要素生产率（技术进步，以全国均值代表）走势如图 3 − 2 所示和 2004 ～ 2018 年中国 30 个省份全要素生产率均值如表 3 − 5 所示。如图 3 − 2 所示，我们可以看出 2004 ～ 2007 年全要素生产率呈增长趋势；可能原因在于2008年全球金融危机的爆发，从而导致全要素生产率大幅下跌；随着经济的恢复和发展，全要素生产率不断提高，2018年已超过1.02。如表3-5所示，我们可以看出，在2004～2018年区间内，经济发达地区的全要素生产率比经济落后地区的全要素生产率高，如北京、上海、江苏和浙江的全要素生产率都超过1。

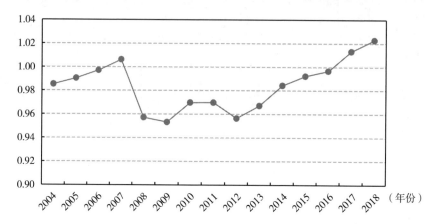

图3-2 2004～2018年中国全要素生产率（技术进步）走势

表3-5　　　　　2004～2018年中国30个省份全要素生产率均值

省份	全要素生产率	省份	全要素生产率
北京	1.015	天津	0.994
河北	0.991	山西	0.983
内蒙古	0.968	辽宁	0.995
吉林	0.976	黑龙江	0.993
上海	1.029	江苏	1.001
浙江	1.002	安徽	0.976
福建	0.972	江西	0.981
山东	0.993	河南	0.966
湖北	0.978	湖南	0.980
广东	0.963	广西	0.969
海南	0.983	重庆	0.984
四川	0.988	贵州	0.973
云南	0.967	陕西	0.984
甘肃	0.984	青海	0.979
宁夏	0.975	新疆	0.983

（三）控制变量

为了保证结果的可靠性，本章考虑到影响碳排放强度的其他因素，将 FDI、P、IS、$\ln PGDP$ 和 EX 等控制变量作为重要的解释变量纳入模型中进行分析。

1. 对外开放水平（FDI）

本章采用外商直接投资的实际利用额占不变价 GDP 的比重来表示。综合以往的研究，FDI 可能因不同的国家与行业，而对碳排放呈现出不同的影响。

2. 人口（P）

选用一省人口占全国人口的比重来表示。人口数越大，能源消费需求就越大，从而导致碳排放量的增加；故预期该变量系数为正。

3. 产业结构（IS）

用一省工业产值占该省 GDP 的比重来表示。自改革开放以来，我国不断发展重工业，工业占比居高不下，工业消耗大量化石能源，是中国碳排放的主要来源。故预期该变量系数为正。

4. 经济水平（$\ln PGDP$）

本章用一个国家或地区的人均国内生产总值来表示经济发展水平，并取对数。现有文献研究表明，经济发展与碳排放有着密切的关系，目前我国经济增长与碳排放已处于相对脱钩状态，随着人们对环境问题的不断关注，经济越是发达的地区越是加快调整产业结构，从而实现绿色发展，降低了碳排放强度。故预期该变量系数为负。

5. 出口（EX）

用一省出口总额占该省 GDP 的比重来表示；根据之前的文献，傅京燕（2012）等认为，对外贸易不利于我国减排量目标的实现，但有利于降低我国的碳排放强度。故预期该变量系数为负。

三、模型构建

通过第四节的理论机制分析，在理论模型的基础上，本章将通过构建以下计量模型来考察技术进步对二氧化碳排放强度的影响：

$$CO_{2it} = \alpha_0 + \alpha_1 TI_{it} + \alpha_2 X_{it} + \varepsilon_{it}$$

其中，i 代表省份，t 代表时间；CO_{2it} 为被解释变量，代表二氧化碳排放强度；TI_{it} 代表技术进步；X_{it} 为控制变量，包括对外开放水平、人口、产业结构、经济水平和出口；α_2 代表控制变量的系数；ε_{it} 代表残差项。面板数据估计方法包括固定效应模型和随机效应模型，本章进行了 Hausman 检验，在显著性水平为 10% 下，由于 p 值 <0.1，故本章采用固定效应模型。

四、描述性统计

本章选取的各变量描述性统计见表 3 - 6。技术进步的均值为 0.984，标准差为 0.04，可见全国的技术进步状况差异不是很大。二氧化碳排放强度的均值为 0.118，说明在样本年度区间内，每 1 元 GDP 就会排放 118 克的二氧化碳，其碳强度的最小值为 0.018，最大值为 0.419，说明各个省份的碳排放强度差异较大。

表 3 - 6 主要变量描述性统计值

变量	样本数	平均值	标准差	最小值	最大值
二氧化碳排放强度	450	0.118	0.08	0.018	0.419
技术进步	450	0.984	0.04	0.692	1.1
对外开放水平	450	0.04	0.031	0.00022	0.207
人口	450	0.033	0.02	0.004	0.088
产业结构	450	0.585	0.183	0.196	1.142
经济发展水平	450	10.35	0.689	8.346	11.851
出口	450	0.504	0.563	0.032	2.569

资料来源：《IPCC 国家温室气体清单指南》和《中国能源统计年鉴》。

五、基准回归结果

表 3 - 7 列出了基准的回归结果，其中模型（1）为固定效应回归估计结果，模型（2）为随机效应回归估计结果。根据检验结果，本章最终选

择了固定效应模型，即模型（1），下面根据结果进行分析：可以发现技术进步的系数显著为负，这表明技术进步可以有效降低二氧化碳排放强度，技术进步是推动碳减排的有效手段。根据本章第三节中对技术进步影响碳排放强度的传导路径，可知技术进步对碳排放的影响是多种效应综合在一起的结果。一方面，低碳技术、节能减排技术的进步提高了能源利用率，同时也促进了产业结构优化升级和能源结构的改善，从而减少能源消耗。另一方面，技术进步促进经济规模扩张，能源效率提高，反而促进人们超前消费，产生能源回弹效应。本节实证结果表明，技术进步总体层面上确实能够促进碳减排，降低碳排放强度，可以认为我国低碳技术进步发展情况较好。

表 3 – 7　　　　技术进步对二氧化碳排放强度影响的基准回归结果

变量	固定效应模型（1）	随机效应模型（2）
TI	− 0.0642 ** (0.0271)	− 0.0685 ** (0.0272)
FDI	− 0.176 *** (0.0625)	− 0.208 *** (0.0617)
P	0.516 (0.728)	− 1.005 ** (0.438)
IS	0.111 *** (0.0129)	0.115 *** (0.0127)
$\ln PGDP$	− 0.0354 *** (0.00256)	− 0.0355 *** (0.00254)
EX	− 8.65e − 05 (0.00727)	− 0.00736 (0.00666)
$Constant$	0.472 *** (0.0411)	0.531 *** (0.0367)
$Observations$	450	450
$R\text{-}squared$	0.364	0.357
$Number\ of\ id$	30	30
时间效应	Yes	Yes
地区效应	Yes	Yes

注： *** 和 ** 分别表示在 1% 和 5% 的水平上显著，括号内数据为稳健标准误差值。

下面根据回归估计结果，再来观察一下控制变量，可以得出如下几点结论：

一是开放程度的系数显著为负，表明外商直接投资对碳排放强度存在显著的抑制作用，即随着外商直接投资的增加，我国碳排放强度会相应地降低。造成这种现象的原因可能是外商直接投资的引进给我国带来了先进的减排技术、低碳技术，技术转移效应显著，这些技术被各企业很好地吸收消化，从而降低了二氧化碳排放强度。

二是人口的系数为正，但并不显著。即人口数的增加促进了二氧化碳排放强度的上升。主要是由于较多的人口会产生巨大的能源消费需求，从而导致二氧化碳排放强度的上升。

三是产业结构的系数显著为正，即工业产值比重的增加导致了二氧化碳排放强度的显著上升。经济的快速发展，工业化进程不断加快，中国工业也由此带来了高能耗和高排放。因此伴随着我国工业产值的增加，中国工业也产生了大量的二氧化碳，增加了碳排放强度。

四是经济发展水平与二氧化碳排放强度显著负相关，即人均 GDP 的增加与二氧化碳排放强度显著负相关。可能的原因是，目前我国经济已由高速增长阶段转向高质量发展阶段，随着人们对环境问题的不断关注，经济越是发达的地区越是加快调整产业结构，从而实现绿色发展，降低了碳排放强度。

五是出口贸易与我国二氧化碳排放强度负相关，但并不显著。傅京燕（2012）等认为中国对外贸易有利于国内环境质量提高，中国出口比进口更"干净"，出口贸易的提高有利于二氧化碳排放强度的降低。

六、内生性检验

考虑到碳排放的减排需求会刺激技术进步，技术进步与碳排放强度存在双向因果关系。滞后一期的技术进步不受当期碳排放的影响，可以有效避免内生性问题。本章使用滞后一期的技术进步（TI_lag）作为工具变量进行内生性检验。表 3 - 8 是内生性检验的结果，可以发现技术进步系数依然显著为负，则技术进步能够有效降低二氧化碳排放强度依然成立。

表 3 - 8　　　技术进步对二氧化碳排放强度影响的内生性检验结果

变量	工具变量固定效应模型 CO_2
TI_lag	- 0.0563 * (0.0289)
FDI	- 0.179 ** (0.0707)
P	0.329 (0.792)
IS	0.109 *** (0.0138)
$\ln PGDP$	- 0.0345 *** (0.00280)
EX	- 0.000451 (0.00759)
$Constant$	0.463 *** (0.0454)
$Observations$	420
$R\text{-}squared$	0.316
$Number\ of\ id$	30
时间效应	Yes
地区效应	Yes

注：*** 、** 和 * 分别表示在 1% 、5% 和 10% 的水平上显著，括号内数据为稳健标准误差值。

七、异质性分析

（一）分区域异质性分析

我国各个区域的技术进步、经济发展水平、对外开放水平、产业结构和对外贸易都有着巨大的差异，那么这就需要分区域去研究技术进步对二氧化碳排放强度的影响。本章将分为东部、中部和西部进行区域异质性分析，结果如表 3 - 9 所示。

表 3 - 9 技术进步对二氧化碳排放强度影响的区域异质性检验结果

变量	东部地区	中部地区	西部地区
TI_lag	- 0.0726 ***	- 0.0934	0.0566
	(0.0277)	(0.0803)	(0.0596)
FDI	- 0.0404	0.0809	- 0.317
	(0.0625)	(0.246)	(0.202)
P	- 1.556 **	- 11.87 ***	6.829 **
	(0.681)	(2.778)	(3.267)
IS	0.0828 ***	0.117 ***	0.132 ***
	(0.0218)	(0.0232)	(0.0315)
$\ln PGDP$	- 0.0195 ***	- 0.0881 ***	- 0.0214 ***
	(0.00350)	(0.00691)	(0.00688)
EX	0.0103 *	0.167 ***	- 0.0345 **
	(0.00615)	(0.0462)	(0.0164)
$Constant$	0.363 ***	1.504 ***	0.0893
	(0.0444)	(0.142)	(0.124)
$Observations$	140	84	154
R-$squared$	10	6	11
$Number\ of\ id$	0.462	0.975	0.211
时间效应	Yes	Yes	Yes
地区效应	Yes	Yes	Yes

注：***、** 和 * 分别表示在 1%、5% 和 10% 的水平上显著，括号内数据为稳健标准误差值。

依然采用滞后一期的技术进步（TI_lag）作为解释变量。同时，为了保证估计结果的稳健性，依然将 5 个控制变量放入模型中。由表 3 - 9 可以看出，东部地区的技术进步与碳排放强度依然显著负相关；中部地区技术进步系数依然为负，但并不显著；西部地区的技术进步系数发生了变化，系数为正，但并不显著。综上所述，针对东部、中部、西部地区的估计结果显示：东中部地区的技术进步与二氧化碳排放强度负相关，即技术进步可以有效降低东中部地区二氧化碳排放强度，而西部地区的技术进步与西部地区二氧化碳排放强度呈正相关关系。这与三大区域经济发展水平的差异、产业结构和产业生命周期的不同和区域之间技术进步的升级路径选择不同有关。西部地区较东部和中部地区经济发展水平低，技术更新和应用较慢，依然处于经济快速发展阶段，因而西部地区对于能源消耗的依赖度还难以降低，经济规模的扩张必然会导致碳排放量持续增长。

（二）分阶段异质性分析

国家发展改革委于 2010 年 7 月 19 日发布《关于开展低碳省区和低碳城市试点工作的通知》，我国将积极促进低碳经济发展，推进低碳技术进步发展，大力促进碳减排。而在 2010 年之前，我国经济快速发展，导致能源消耗与排放逐步增大，对于能源的需求增大，导致碳排放量过大。因此，本章以 2010 年为界，对第一阶段（2005～2010 年）和第二阶段（2011～2018 年）的省级面板数据进行分阶段回归估计，依然采用滞后一期的技术进步（TI_lag）作为解释变量。分阶段估计结果如表 3–10 所示。

表 3–10　　　　技术进步对二氧化碳排放强度影响的阶段异质性检验结果

变量	2005～2010 年 CO_2	2011～2018 年 CO_2
TI_lag	0.0584 (0.0364)	− 0.0771 ** (0.0369)
FDI	− 0.0406 (0.110)	0.0672 (0.0754)
P	− 1.524 (1.381)	2.455 (1.488)
IS	− 0.00755 (0.0307)	0.0972 *** (0.0175)
$\ln PGDP$	− 0.00782 (0.00732)	− 0.0380 *** (0.00534)
EX	− 0.00490 (0.0105)	0.000229 (0.00871)
Constant	0.207 *** (0.0791)	0.448 *** (0.0731)
Observations	210	240
R-squared	0.088	0.411
Number of id	30	30
时间效应	Yes	Yes
地区效应	Yes	Yes

注：***、**和*分别表示在 1%、5% 和 10% 的水平上显著，括号内数据为稳健标准误差值。

表 3 - 10 结果表明：在 2005 ~ 2010 年区间内，技术进步的系数为正，但不显著，即技术进步增加了二氧化碳排放强度。2011 ~ 2018 年，技术进步的系数显著为负，则技术进步有效抑制了二氧化碳排放强度。以 2010 年为界，技术进步对二氧化碳排放强度的影响方向呈现出相反趋势的现象，其原因可能在于，在可持续发展理念指导下，2010 年国家正在积极推动发展低碳经济，推进低碳技术进步发展，大力促进碳减排。

第四节　主要结论与启示

一、主要结论

基于 DEA 的分析方法测算了 2004 ~ 2018 年我国 30 个省份的技术进步状况，然后运用固定效应模型实证检验了技术进步对二氧化碳排放强度的影响，并采用滞后一期的技术进步（TI_lag）作为工具变量，通过了内生性检验。结果显示：从全国整体上来看，技术进步是降低二氧化碳排放强度的有效手段。FDI 与二氧化碳排放强度负相关，系数为 - 0. 176，在 1% 水平上通过显著性检验。这表明外商直接投资对碳排放强度存在显著的抑制作用，即随着外商直接投资的增加，我国碳排放强度会相应地降低。造成这种现象的原因可能是外商直接投资的引进给我国带来了先进的减排技术、低碳技术，技术转移效应显著，这些技术被各企业很好地吸收消化，从而降低了二氧化碳排放强度。人口变量和产业结构变量则与二氧化碳排放强度正相关；经济发展水平和出口变量与二氧化碳排放强度负相关。同时通过分区域（东部地区、中部地区、西部地区）、分阶段（2005 ~ 2010 年，2011 ~ 2018 年）进行异质性分析。结果显示：分区域来看，技术进步对二氧化碳排放强度的影响有着明显的区域差异，东部地区的技术进步与二氧化碳排放强度显著负相关，中部地区的技术进步与二氧化碳排放强度不显著负相关，而西部地区则正相关。这与三大区域经济发展水平的差异、产业结构和产业生命周期的不同和区域之间技术进步的升级路径选择不同有关。分阶段考察显示，技术进步对二氧化碳排放强度的影响又呈现出阶段性差异的特征，2004～2010 年，技术进步对全国二氧化碳排放强度的影响为正，即技术进步增加了二氧化碳排放强度；2011～2018 年，技术进步对全国二氧化碳排放强度影响显著为负，即技术进步降低了二氧化碳排放强度。主要原因可能在于 2010 年国家正在积极推动发展低碳经济，推进低碳技术进步发展，大力促进碳减排。针对上述结论，中西部地区若要降低二氧化碳排放强度，应需要做好以下几点：一是发展节能减排技术。研究表明，技术进步是解决环境问题最有效的方式之一，二氧化碳排放强度的降低，将会依赖于节能减排技术的提高。技术创新是降低二氧化碳排放强度的关键，即中西部区域应大力发展清洁煤技术和新兴发电技术。二是提高清洁能源在总能源中的使用比率。中西部区域应加大力度促进能源升级，提高油类、燃气类，以及清洁能源等二氧化碳排放系数低的能源种类在总能源中的比率。三是优化产业结构，加大力度进行产业升级。中西部地区应优化和调整产业结构，充分把握好产业变动的规律，积极发展第三产业。四是优化相关制度，促进区域合作。政府是发展低碳经济的主体，通过有效的法律和财税工具，政府可以积极鼓励企业低碳技术的开发和生产方式低碳化，以及引导个人生活方式的低碳化。各级政府管理部门，制定出各行业各部门的排放标准以及最高排放量，可以有效地促使企业提高能源利用和生产效率，最终提高整体的二氧化碳排放效率，促进中国低碳经济的发展。为了进一步缩小区域差异，建立起各区域间的合作机制，让先进区域带动落后区域共同进步是非常必要的。发达地区利用先进的技术水平以及经济实力去反馈落后地区，开展各省域间低碳经济发展技术经验交流会，建立新型节能减排技术快速分享机制；中央政府提高落后地区的科学技术投入，制定相关政策促进各省份之间能源资源相互的配置，协调各区域间的经济发展都是促进区域间合作的有效手段。

二、政策启示

为继续推进技术进步发展，大力促进碳减排，更快更好地实现低碳经济，必须正确处理好技术进步与碳排放之间的关系，充分发挥技术进步对碳排放的减排作用。因此，针对上面的研究和结论，本章提出以下几个建议。

（一）推进低碳技术发展，提高能源利用率

本章实证结果表明我国技术进步确实能够促进碳减排。因此，从长远来看，需继续实现技术进步，尤其是低碳技术进步。一方面，要重视低碳技术、节能技术的发展，鼓励企业自主研发创新，通过技术研发、模仿、扩散和溢出等不断提升技术水平，提高能源利用率。另一方面，要注重软技术进步的发展，政府要推动企业不断完善技术知识的积累、企业管理制度的创新优化、企业劳动者素质的提高等。同时对于经济技术发展相对较为落后的地区，政府可以加大人才引进战略，同时引入技术和人才，并且加大对这些地区的研发投入，促使这些地区实现技术进步，最终实现碳减排。

（二）转变经济增长方式，推进低碳经济建设

转变经济增长方式，经济发展不能单纯依靠能源消耗，需要减少经济增长对于劳动力等生产要素的依赖，整合创新发展资源，实现创新驱动发展，促进企业低碳创新，降低碳排放强度，促进低碳经济更好发展。

（三）发展高新技术产业，加快产业结构优化升级

推动产业结构优化升级，进而减少碳排放。现阶段，我国产业结构主要还是以第二产业为主，而第二产业大多为重工业，能源消耗巨大，碳排放量较多。因此，为了减少碳排放，要减少第二产业占比，大力发展第三产业、高新技术产业，让技术更好地服务于低碳环保产业，从生产源头减少碳排放。对此，政府相关部门可以出台相关文件，针对不同行业企业部门制定不同的能耗标准。在此基础上，对各企业能源消耗情况进行定期抽查，对于能耗超标的企业给予一定的惩罚，而对于能源消耗未超标的企业进行扶持或者优惠政策，激发它们继续节能减排。通过严格执行文件，最终推动各企业不断升级改造，提高产能，节能减排。

（四）加大清洁能源投入，优化能源结构

我国作为全球碳排放量最高的国家，目前能源结构仍呈现"煤多、贫

油、短气"的现状，主要以煤炭消耗为主。因此，各地政府要依据地区能源消耗实际情况，结合区位优势，发展低碳技术，研发或引进先进的清洁能源技术、节能减排技术，如煤炭净化技术、无碳或减碳技术等，努力减少煤、石油等的消耗量，提高能源利用率，在一定程度上缓解对煤、石油等高碳排放能源的依赖，降低煤炭在能源消费结构中的占比。尤其对于高能耗、高碳排放区域，要重视引导其改善能源消费结构，使能源消耗朝着绿色、低碳、多元化方向发展。因此，一方面，政府需要大力支持企业创新先进技术或引进国外成熟减排技术，建立健全低碳、环保、清洁的能源消费体系。另一方面，政府需对企业能源开发、引进项目给予充足的优惠补贴和资金扶持力度，加强新能源的市场竞争力和使用率，最终实现碳减排。

（五）建立完善碳减排机制，加强公众减排意识

碳减排最终要落实在生产生活中的点点滴滴，因此，政府需建立完善的节能减排机制，引导企业、公众和个人加强减排意识。目前，较多国家对于低碳经济的发展都已出台相关法律法规，我国在这方面做得尚未到位，正处于起步阶段。首先，各地政府可以根据实际发展情况，加强低碳发展指导具体条例的制定和完善，针对不同行业企业设定不同标准进行管制。对于高碳排放企业来说，政府可以设立低碳发展监管制度，推动甚至强制其更新或淘汰旧生产设备，采用新的低碳环保设备，并且优化生产制造过程。其次，要提高普通民众的节能减排意识，对其进行宣传教育，让群众切身了解到环境对于我们生活发展的重要性，意识到国家推进节能减排政策的意义。且对那些做得好的企业和个人设立一些奖励制度，激发全社会参与低碳经济建设的热情。同时也可以推进低碳试点的建立，形成一批各具特色而又富有借鉴意义的低碳机构，包括低碳园区、低碳企业和低碳社区等，使控制二氧化碳排放的能力得到全面提升。

三、研究展望

限于数据的可获取性以及研究能力的局限，本章仍存在以下不足留待

以后改进。

首先，由于数据的可获取性，对于技术进步与碳排放的研究只停留在省级层面，可以考虑进一步往地市级层面进行深入研究。同时技术进步对碳排放的影响在不同行业部门间也存在较大差异。因此，考虑对行业间技术进步进行测度并分析其对碳排放产生的影响，对于促进碳减排也具有重要意义。

其次，碳排放测算方法方面，由于我国还没有权威部门公布二氧化碳排放量数据，因此本章采用了目前使用较多的主流方法进行测算，但与实际消耗可能还存在一定的误差，因此对于碳排放的测算方法还有待进一步完善和改进。

最后，技术进步指标方面，由于无法获取低碳技术进步相关的数据，本章主要针对广义技术进步分析了其对碳排放的影响效应，因此在以后的研究中也将考虑收集低碳技术进步发展的有关数据，构建低碳技术进步指标，使研究更有针对性。

参考文献

［1］范丹：《中国能源消费碳排放变化的驱动因素研究——基于 LMDI - PDA 分解法》，载《中国环境科学》2013 年第 9 期。

［2］傅京燕、裴前丽：《中国对外贸易对碳排放量的影响及其驱动因素的实证分析》，载《财贸经济》2012 年第 5 期。

［3］韩川：《技术进步对中国工业碳排放的影响分析》，载《大连理工大学学报（社会科学版）》2018 年第 2 期。

［4］韩坚、盛培宏：《产业结构、技术创新与碳排放实证研究——基于我国东部 15 个省（市）面板数据》，载《上海经济研究》2014 年第 8 期。

［5］何永贵、于江浩：《基于 STIRPAT 模型的我国碳排放和产业结构优化研究》，载《环境工程》2018 年第 7 期。

［6］姜克隽、贺晨旻、庄幸、刘嘉、高霁、徐向阳、陈莎：《我国能源活动 CO_2 排放在 2020～2022 年之间达到峰值情景和可行性研究》，载

《气候变化研究进展》2016 年第 3 期。

[7] 李力、洪雪飞：《能源碳排放与环境污染空间效应研究——基于能源强度与技术进步视角的空间杜宾计量模型》，载《工业技术经济》2017 年第 9 期。

[8] 李廉水、周勇：《技术进步能提高能源效率吗？——基于中国工业部门的实证检验》，载《管理世界》2006 年第 10 期。

[9] 卢娜、曲福田、冯淑怡、邵雪兰：《基于 STIRPAT 模型的能源消费碳足迹变化及影响因素——以江苏省苏锡常地区为例》，载《自然资源学报》2011 年第 5 期。

[10] 齐志新、陈文颖：《结构调整还是技术进步？——改革开放后我国能源效率提高的因素分析》，载《上海经济研究》2006 年第 6 期。

[11] 邵帅、张可、豆建民：《经济集聚的节能减排效应：理论与中国经验》，载《管理世界》2019 年第 1 期。

[12] 王开、傅利平：《京津冀产业碳排放强度变化及驱动因素研究》，载《中国人口·资源与环境》2017 年第 10 期。

[13] 王志梅、刘富华：《FDI 对我国碳排放的影响研究》，载《经济研究导刊》2013 年第 29 期。

[14] 薛俊宁、吴佩林：《技术进步、技术产业化与碳排放效率——基于中国省际面板数据的分析》，载《上海经济研究》2014 年第 9 期。

[15] 杨恺钧、杨甜甜：《老龄化、产业结构与碳排放——基于独立作用与联动作用的双重视角》，载《工业技术经济》2018 年第 12 期。

[16] 尹宗成、江激宇、李冬嵬：《技术进步水平与经济增长》，载《科学学研究》2009 年第 10 期。

[17] 原嫄、席强敏、孙铁山、李国平：《产业结构对区域碳排放的影响——基于多国数据的实证分析》，载《地理研究》2016 年第 1 期。

[18] 郑凌霄、周敏：《技术进步对中国碳排放的影响——基于变参数模型的实证分析》，载《科技管理研究》2014 年第 11 期。

[19] 朱万里、郑周胜：《城镇化水平、技术进步与碳排放关系的实证研究——以甘肃省为例》，载《财会研究》2014 年第 6 期。

[20] Fare R, Gross Kopf S, Norris M, et al, Productivity Growth,

Technical Progress and Efficiency Changes in Detribalized Countries. *American Economic Review*, Vol. 84, No 1, April 1994, pp. 66 – 83.

[21] Ilyoung Oh, Walter Wehrmeyer, Yacob Mulugetta, Decomposition Analysis and Mitigation Strategies of CO_2 Emissions from Energy Consumption in South Korea. *Energy Policy*, Vol. 1, No. 38, Nov 2009, pp. 364 – 377.

[22] Dipankor Coondoo, Soumyananda Dinda, Causality between Income and Emission: A Country Group – specific Econometric Analysis. *Ecological Economics*, Vol. 3, No. 40, Nov 2001, pp. 351 – 367.

[23] Ehrlich P R, Holdren J P, Impact of Population Growth. *Science*, Vol. 39, No171, Sep 1971, pp. 1212 – 1217.

[24] Jaffe A B, Newell R G, Stavins R N, Environmental Policy and Technological Change. *Environmental and Resource Economics*, Vol. 22, No. 26, April 2002, pp. 41 – 70.

[25] Kumar S, Managi S, Energy Price – induced and Exogenous Technological Change: Assessing the Economic and Environmental Outcomes. *Resource and Energy Economics*, Vol. 4, No. 31, May 2009, pp. 334 – 353.

[26] Dietz T, Rosa E A, Rethinking the Environmental Impacts of Population, Affluence, and Technology. *Human Ecology Review*, Vol. 1, No. 1, July 1994, pp. 277 – 300.

第四章

我国碳排放权交易市场的
有效性和减碳效应

2021 年，习近平在联合国大会上承诺，中国将在 2030 年前实现碳达峰，在 2060 年前实现碳中和。碳达峰是指国家或地区碳排放量达到最大峰值；碳中和是指国家或地区通过植树造林、化学中和、改进工业技术等方法对碳排放量进行吸收，实现碳"净零排放"。"双碳"目标的实现，一方面要依赖于工业技术革新、产业升级等以降低碳的净排放量；另一方面也需要从源头治理，即减少碳能源的使用，加大新能源（如太阳能、风能等）利用，实行低碳生活。作为碳减排的一种创新，碳排放权交易机制不仅能够从源头上控制碳排放量，而且能够鼓励企业积极创新与转型，降低企业的碳排放，并且随着企业碳排放量的降低，还能为企业提供碳排放权交易流通的场所，实现碳排放需求较低企业与碳排放需求较高企业间碳排放配额的交易。早在 2011 年，国家发展改革委就发布了《关于开展碳排放交易试点工作的通知》，分别在北京、上海、天津、重庆、深圳、广东、湖北七个省市建立碳排放权交易试点市场，对碳排放量进行配额控制。作为一种新兴市场，我国碳排放权交易市场的有效性及减碳效应值得关注。

第一节 碳排放权交易市场论述

一、我国碳排放权交易市场的发展

1997 年，全球 100 多个国家签订了《京都议定书》，规定了发达国家的碳减排义务，并提出了碳排放权交易机制。碳排放权交易的概念起源于排污权交易，主要是指对一国或地区在一定时期内的碳排放量进行配额管理，并且允许碳配额在碳排放权交易市场进行流通，以达到对碳排放量的控制与管理。早在 2002 年，荷兰与世界银行就已经开展了碳排放权交易，到 2005 年，碳排放权交易市场正式诞生。

作为发展中国家，我国碳排放量长期以来始终处于较高水平。尽管我国在碳减排上不受法律上的强制约束，但为了承担发展大国的责任，实现可持续发展，在追求经济社会发展的同时也一直致力于节能减排，为建设环境友好型社会而努力。2013 年，我国分别在北京、上海、天津、重庆、深圳、广东、湖北七个省市先后建立碳排放权交易市场，我国的碳排放权交易市场正式诞生。为了规范各个交易市场的建设与运行，2014 年，国家发展和改革委员会（以下简称国家发改委）发布了《碳排放权交易管理暂行办法》，分别就配额管理、排放交易、核查与配额清缴、监督管理、法律责任等方面作出规定。2016 年，以"运用市场机制，推动低碳发展"为宗旨的福建碳排放交易市场正式成立。2016 年 1 月，国家发改委发布《关于切实做好全国碳排放权交易市场启动重点工作的通知》，我国碳排放权交易开始由局部试点向全国性范围推进。2017 年，国家发改委发布《全国碳排放权交易市场建设方案（发电行业）》，开始建设全国碳排放权交易市场。2021 年，全国性碳排放权交易市场启动线上交易，我国的碳排放权交易实现由最初的几个试点市场向全国性市场发展的转变，这将促进我国更快实现碳达峰目标。截至 2020 年，我国试点碳市场共覆盖行业 20 多个，约 3000 家企业，累计成交量 4 亿多吨，累计成交额 90 亿元以上[①]。

我国碳排放权交易市场在建设和发展的同时，也产生了一些问题。首先，我国各个碳市场的市场化程度相对不高，政府在市场中占主导地位；其次，我国各个碳市场发展水平不一，市场交易没有统一化管理；最后，在碳排放初始配额上，相关制度也并不是那么完善，目前的碳排放初始配额主要由政府进行配置，市场化程度较低，容易导致碳配额与碳排放需求之间不匹配，相对于落后地区，发达地区的碳配额总是不足；相对于大企

---

① 《碳排放权交易试点累计成交额超 90 亿元》，载于《经济日报》，2020 年 11 月 3 日。

业，小企业更难获得足够的碳配额。

尽管我国碳排放权交易市场发展迅速，但是与发达国家相比，我国的碳排放权交易市场起步较晚，市场成熟度不高。目前，我国在碳排放权交易市场的建设上也才刚刚从试点模式迈向全国市场，真正意义上的国家碳排放权交易市场尚处于起步阶段。在建设全国性碳排放权交易市场时，还需要积极借鉴其他成熟市场的模式与经验，总结和参考各个试点市场的发展成果与路径，探索符合中国特色的碳排放权交易市场建设与发展之路，推进我国更加快速、更高质量实现碳达峰、碳中和目标，实现可持续发展与低碳经济，建设环境友好、生活宜居的社会环境。

二、碳排放权交易市场的有效性和影响

关于碳排放权交易市场，国内外有许多学者对此展开了研究。通过对以往文献的学习与总结，发现关于碳排放权交易市场的研究往往是基于碳排放权交易市场有效性与影响两个角度出发。研究碳排放权交易市场的有效性可以分析一国或地区碳排放市场的发展状况和对碳价格的控制能力。分析碳排放权交易市场产生的影响可以研究碳排放权交易对当地环境、经济、企业创新等方面是否产生影响，以及如何影响、是否可以达到节能减排的目标、是否能够降低碳排放量等问题。

（一）碳排放权交易市场的有效性

根据法玛（Fama，1970）提出的"有效市场理论"，可以依据有效性程度把市场分为三种形态：一是市场达到弱式有效，指市场价格能够充分反映市场历史信息，任何的技术手段都无法在市场中获得超额利润；二是市场达到半强有效，指市场价格能够反映全部公开信息，除了内幕信息，没有任何分析手段能够在市场中获得超额利润；三是市场达到强式有效，市场价格能够反映包括内幕消息在内的所有信息，任何方法都不能在市场上获得超额利润。在三种有效市场形态中，强式有效市场限制性最强，并且要达到市场强式有效，必须先达到半市场半强式有效，要达到半市场半强式有效，必须先达到市场弱式有效。以往研究经验表明，大部分的成熟

市场仅能够达到弱式有效，即当前市场价格已经反映出历史信息，遵循随机游走，对市场有效性的研究大多也是基于市场价格是否遵循随机游走出发的。

碳排放权交易市场作为一种新兴市场，即使是在建立时间较早的发达国家，发展时间也仅十几年，与大多数成熟金融市场相比较短。这一新兴市场是否有效，引起了国内外众多学者的关注。米卢诺维奇和乔约（Milunovich and Joyeux，2007）利用广义条件异方差（GARCH）模型对碳期货价格数据进行分析，发现碳市场在长期是无效的。达斯克利斯和马凯洛斯（Dasklis and Markellos，2008）运用序列相关分析法对欧盟碳市场有效性进行研究，发现欧盟碳市场没有到达弱式有效。与达斯克利斯和马凯洛斯（2008）不同的是，蒙塔尼奥利和弗里斯（Montagnoli and Vries，2010）通过方差比率分析的方法对时间相对靠后的欧盟碳市场交易价格进行分析，发现欧盟碳市场能够达到弱势有效，表明同一市场在不同发展阶段的市场有效性不同。赵和吴（Zhao and Wu，2017）研究我国四个代表性城市的碳排放市场有效性发现随着市场规模的扩大，市场有效性逐步上升。伊比昆勒和格雷格里奥（Ibikunle and Gregoriou，2018）发现碳交易市场的有效性与市场流动性间存在强相关性。相比国外，国内关于碳排放权交易市场有效性的研究相对更晚。曾诗鸿和刘琦（2013）基于欧盟碳排放权市场交易数据，通过对市场有效性的分析发现欧洲碳交易市场有效。王倩和王硕（2014）分别对深圳、上海、北京和天津几个碳排放权交易市场有效性进行研究，发现国内不同碳排放权交易市场有效性不同，并且市场有效性会受到市场流动性与投机性的影响。徐铭浩（2017）对深圳碳排放权交易市场收益率序列建立 GARCH 模型，指出深圳碳排放权交易市场未来价格与历史价格存在较强相关性，并不满足市场弱式有效。李曼娜（2018）指出我国碳交易市场价格波动明显，具备金融市场属性。吕靖烨等（2019）对湖北碳排放权交易市场日收盘价格收益率建立 GARCH－M 模型，分析发现湖北碳市场交易价格并不遵循随机游走。管河山等（2020）以全国碳排放权市场建立时间为节点，分两个阶段分析我国碳排放权交易市场的有效性，在第一个阶段，达到市场弱式有效的只有上海碳排放权交易市场，在第二个阶段有效市场数量得到提升，表明全国碳排放权交易市场的建立有助于提高市场有效性。

（二）碳排放权交易市场的影响

除了研究碳排放权交易市场的有效性，也有部分学者对碳排放权交易市场的影响进行研究。根据波特假说，碳排放权交易会加大企业的环境压力，面对增加的碳排放压力，企业会加大技术创新，降低碳排放压力，提高企业生产。然而，沈洪涛和黄楠（2019）、严政（2019）等指出我国碳排放权交易市场的建立仅能提高企业短期价值，对企业长期价值并无影响。马晓伟（2020）利用双重差分模型，研究我国碳排放权交易对环境效率的影响，发现试点地区与非试点地区在建立碳排放权交易市场之前的环境效率水平相当，试点地区环境效率水平在建立碳排放权交易市场后有显著提升，建立碳排放权交易市场有助于提高环境效率水平。陆伟伟（2020）基于 SBM - DDF 模型针对碳排放权交易对绿色全要素生产率增长的影响展开研究，指出碳排放权交易不利于绿色全要素生产率的增长。姬新龙和杨钊（2021）研究我国六个碳排放权交易市场对碳排放量与碳强度的影响时发现碳排放权交易能够降低市场所在地的碳排放量与碳强度，并且能够加大所在地企业技术创新的动力。

综合来看，不同国家（地区）的碳排放交易市场有效性不同，同一市场在不同时间段的有效性也有所不同。随着碳排放权交易市场的发展与成熟，市场有效性会逐步提升，并且碳市场会渐渐展露出金融市场属性，碳交易价格的影响因素中市场的权重日益提升。当一国或地区建立起碳排放权交易市场后，能够提升当地环境效率水平。但是，碳排放权交易市场的建立不利于绿色全要素生产率的增长，在实行碳排放权交易政策时要考虑对绿色全要素生产率增长的不利影响。

第二节　我国碳排放权交易市场的有效性

根据有效市场理论，当市场达到弱式有效时，当前的市场价格已经完全反映出所有历史信息，即过去的市场价格并不会对当前或者未来的市场价格造成影响，价格遵循随机游走的原则。检验我国碳排放权交易市场是否达到弱式有效，可以通过验证我国碳交易价格序列是否遵循随机游走来展开。

一、数据来源、处理与描述

为了研究我国碳排放权交易市场的有效性，本章分别选取北京（BEA）、上海（SHEA）、广东（GDEA）、深圳（SZA）、湖北（HBEA）、天津（TJEA）、重庆（CQEA）、福建（FJEA）八个碳排放权交易试点市场自上市以来的日收盘价格为研究样本。其中，北京碳市场交易价格截止到2021年5月31日，福建碳市场交易价格截止到2021年1月13日，深圳碳市场交易价格截止到2021年3月31日，其余市场交易价格均截止到2021年3月23日。样本数据均来自CSMAR数据库。

表4-1给出八个碳排放权交易试点市场碳交易价格序列与收益率序列的描述性统计特征，收益率序列为价格序列经对数差分得到。从碳交易价格序列的统计特征来看，不同市场的碳价水平不一，北京与深圳碳交易均价水平较高，上海次之，重庆碳交易均价水平最低。比较不同市场的碳价水平可以发现东部城市碳价水平更高，并且在相对更为发达的北京、深圳与上海碳价水平要高于其他市场水平。八个碳市场的价格序列均表现出了显著的自相关性，表明碳市场当前价格会受到过去价格影响，市场有效性程度低。除了上海与天津两个碳交易市场，其余市场价格序列的ADF检验均在一定水平下通过了显著性检验，表明除了上海与天津两个市场外，其余市场碳交易价格遵循随机游走概率较低，市场难以达到弱式有效。从碳交易收益率序列的统计特征来看，八个试点市场碳交易收益率均值水平均在0值上下，具有相近且较小的标准差，表明我国碳排放权交易市场收益率波动较小，碳交易价格受到的管控可能较多，市场化程度较低，这可能与我国碳排放权交易市场总体发展时间较短有关。除了上海与天津，其他碳交易市场收益率序列均表现出了一定的左偏，除了发展时间相对更短的福建市场，其余市场收益率序列均呈现出超额峰度特征，表明我国碳排放权交易市场收益率序列也与大多数金融资产序列一样表现出了非正态性特征，Jarque-Bera检验的结果也印证了收益率序列的非正态性特征。收益

率的自相关检验与 ADF 检验结果均显著，表明八个试点市场收益率序列均平稳，且具有较强的自相关性，即拒绝了我国碳交易市场达到弱式有效假设。

表 4 – 1　　　　　　　　　　样本数据描述性统计特征

样本	样本数	均值	标准差	偏度	峰度	Q（10）	JB 检验	ADF 检验
BEA	1135	59.73	16.43	0.72	2.48	8805.10 ***	111.99 ***	– 3.59 **
SHEA	1074	32.75	10.36	– 1.37	4.04	9703.50 ***	384.79 ***	– 1.75
GDEA	1459	22.29	12.09	2.18	8.26	13286.00 ***	2850.32 ***	– 4.61 ***
SZA	745	49.67	20.89	0.69	2.97	6228.70 ***	59.20 ***	– 4.48 ***
HBEA	1583	23.41	6.65	0.34	3.20	14652.00 ***	33.35 ***	– 1.73 **
TJEA	649	24.75	5.50	0.73	6.14	4667.30 ***	327.16 ***	– 2.63
CQEA	530	12.13	10.53	1.06	3.28	3818.80 ***	101.59 ***	– 3.53 **
FJEA	538	22.51	8.20	0.54	2.40	4024.00 ***	34.45 ***	– 4.38 ***
LBEA	1134	0.00	0.08	– 0.53	6.05	61.75 ***	494.21 ***	– 15.22 ***
LSHEA	1073	0.00	0.07	1.39	33.20	58.38 ***	41278.93 ***	– 11.69 ***
LGDEA	1458	0.00	0.05	– 0.54	11.13	19.16 **	4101.47 ***	– 13.81 ***
LSZA	744	0.00	0.09	– 0.06	6.36	25.79 ***	354.77 ***	– 10.17 ***
LHBEA	1582	0.00	0.03	– 0.25	24.11	79.17 ***	29483.79 ***	– 16.22 ***
LTJEA	648	0.00	0.07	0.65	52.01	90.90 ***	65338.40 ***	– 6.66 ***
LCQEA	529	0.00	0.17	– 0.55	6.89	34.78 ***	364.35 ***	– 7.90 ***
LFJEA	537	0.00	0.07	– 0.27	2.72	73.39 ***	8.36 **	– 6.71 ***

注：Q 为 Ljung – Box 统计量，括号内为滞后阶数，JB 检验为 Jarque – Bera 正态性检验，ADF 检验滞后阶数根据 AIC 信息准则确定，*** 、 ** 、 * 分别表示在 1% 、 5% 、 10% 的水平上显著。

图 4 – 1 与图 4 – 2 分别为八个碳排放权交易试点市场碳交易价格序列与收益率序列的时序图。由图 4 – 1 可知，在市场初建时期，碳交易价格波动性较小，且各个市场价格水平较近，可能是由于在初建时期，市场并不完善，政府对交易价格的管控较紧。随着碳排放权交易市场的发展，各个试点市场价格波动表现出了不同趋势，价格水平也各不相同，表明随着交易市场的发展，市场建设更加完善，市场化程度得到提升。由图 4 – 2 可知，收益率序列均表现平稳，收益率水平围绕零值上下浮动。在部分交易市场中，收益率序列呈现出一定程度的波动率聚集性，表明碳收益率显现

出金融资产属性。

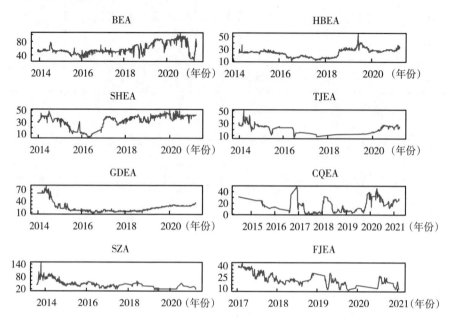

图 4-1 样本价格时序

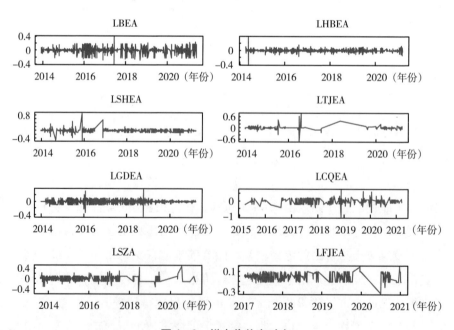

图 4-2 样本收益率时序

二、模型概述

通过对样本数据的描述性分析可知，我国碳交易价格表现出了强自相关性，ADF 检验结果也表明我国碳排放权交易试点市场大部分未达到弱式有效。但是，仅通过序列自相关性检验与 ADF 检验结果难以说明我国碳交易市场是否达到弱式有效。首先，虽然价格序列表现出较强的自相关性，但这种强自相关性并不一定是序列本身具有强烈自相关导致的，可能是由于序列具有异方差效应，收益率序列的波动率聚集性与 Jarque – Bera 检验的结果也表明序列可能存在显著的异方差效应，序列的异方差效应导致了序列的强自相关性，仅从自相关检验不能够判定序列自相关性来源。其次，ADF 检验仅给出了概率统计上的可能性，并没有对过去价格与现在的价格关系进行建模研究，ADF 检验结果的显著性可能会受到其他因素的影响，ADF 检验结果对碳排放权交易市场有效性的判定只能起到一定的参考作用，直接根据 ADF 检验进行市场有效性判定的准确度较低。

研究市场是否达到弱式有效，即研究过去交易价格与现在交易价格之间是否显著相关，可以考虑建立自回归（AR）模型。由于时间序列往往具有强自相关性，利用 AR 模型建模会导致滞后项过多。为了避免模型滞后项过多的问题，人们提出了自回归移动平均（ARMA）模型，通过在 AR 模型中添加信息项的滞后项来降低模型滞后阶数。考虑到我国碳排放权交易价格可能存在异方差效应，本章参考博勒斯列夫（Bollerslev，1986）提出的广义自回归条件异方差（GARCH）模型对 8 个试点市场碳交易价格建立 $ARMA(p,q) – GARCH(m,s)$ 模型，考虑到模型要求样本数据平稳，后面的实证数据选取平稳性更好的对数收益率序列。$ARMA(p,q) – GARCH(m,s)$ 模型形式如下：

$$\begin{cases} r_t = \omega_0 + \sum_{i=1}^{p} \alpha_i \cdot r_{t-i} + \sum_{j=1}^{q} \beta_j \cdot \varepsilon_{t-j} + \varepsilon_t \\ \sigma_t = \varepsilon_t / z_t; \ z_t \sim N(0,1) \\ \sigma_t^2 = \omega_1 + \sum_{i=1}^{m} \gamma_i \cdot \sigma_{t-i}^2 + \sum_{j=1}^{s} \delta_j \cdot z_{t-j}^2 \end{cases} \qquad (4-1)$$

其中，r_t 表示收益率，σ_t 表示条件标准差，参数 γ_i，$\delta_j > 0$，p、q、m、s 分别表示均值方程和方差方程滞后项阶数，$N(0,1)$ 表示均值为 0 方差为 1 的标准正态分布。在对 8 个碳交易试点市场收益率序列建立式（4 - 1）模型前，需要分别确定对不同收益率序列建模时的滞后阶数。在 ARMA 模型中，收益率滞后阶数通常根据序列偏自相关性确定，新息项滞后阶数通常根据序列自相关性确定。在 GARCH 模型中，滞后阶数通常根据参数显著性和模型拟合效果确定。综合考虑 8 个收益率序列自相关性、偏自相关性、参数显著性和模型拟合效果后，分别确定对不同收益率序列建立 ARMA(p,q) - GARCH(m,s) 模型时的滞后阶数，模型滞后阶数由表 4 - 2 给出。

表 4 - 2　　　　　　　　　　　　模型定阶结果

样本	LBEA	LSHEA	LGDEA	LSZA	LHBEA	LTJEA	LCQEA	LFJEA
ARMA(p,q)	(1, 1)	(1, 1)	(1, 1)	(2, 1)	(1, 1)	(1, 1)	(1, 1)	(1, 1)
GARCH(m,s)	(1, 1)	(1, 1)	(1, 1)	(1, 1)	(1, 1)	(1, 1)	(1, 1)	(1, 1)

三、模型参数估计

表 4 - 3 给出不同收益率序列建模时的参数估计结果。在方差方程中，大部分参数估计值均显著，表明八种收益率序列均具有显著的异方差效应，对方差建模是必要的。在均值方程中，自相关参数 α_1 在不同市场中显著性不同，在广东、湖北、天津三个市场中表现为不显著，表明在这三个市场中当前价格并不受到过去价格的影响，市场基本上能够达到弱式有效。异方差效应的存在和均值方程自相关参数的不显著表明，显著的异方差效应可能会影响收益率序列的自相关性检验。通过建模分析得到的有效市场与通过 ADF 检验确定的有效市场有所出入，表明确定市场有效性不能片面地根据价格序列的自相关检验与 ADF 检验结果决定。大部分模型的参数 β_1 均通过了显著性检验，表明当前市场受到的冲击不仅能够影响当期价格水平，还能对未来的价格水平造成影响。表 4 - 3 还给出了不同模型估计的似然函数值、AIC 值和 BIC 值，除了重庆碳交易市场，基于其他碳交易市场收益率序列的模型均有一个较高的似然函数值和一个较低的 AIC 值、

BIC 值，表明模型拟合效果较好。其中，对广东、湖北、天津三个市场收益率序列建模时的 AIC 和 BIC 水平更低，表明对有效市场建模时的模型拟合效果更好。

表 4 – 3　　　　　　　　　　　模型参数估计结果

参数	LBEA	LSHEA	LGDEA	LSZA	LHBEA	LTJEA	LCQEA	LFJEA
ω_0	− 0.002 * (0.001)	0.000 (0.001)	0.000 (0.000)	− 0.001 (0.001)	0.000 (0.001)	− 0.001 (0.001)	− 0.008 (0.011)	− 0.006 * (0.003)
α_1	0.419 ** (0.165)	0.452 *** (0.132)	0.526 (0.340)	0.756 ** (0.346)	0.079 (0.197)	− 0.204 (0.219)	0.585 *** (0.154)	0.409 ** (0.179)
α_2				0.054 (0.163)				
β_1	− 0.728 *** (0.097)	− 0.670 *** (0.107)	− 0.675 ** (0.292)	− 0.919 *** (0.309)	− 0.380 ** (0.163)	0.099 (0.247)	− 0.396 ** (0.159)	− 0.246 (0.188)
ω_1	0.000 (0.000)	0.000 (0.000)	0.000 (0.000)	0.000 *** (0.000)	0.000 * (0.000)	0.000 (0.000)	0.004 * (0.002)	0.000 (0.000)
γ_1	0.364 *** (0.118)	0.187 *** (0.053)	0.228 *** (0.047)	0.405 *** (0.082)	0.665 * (0.358)	0.411 *** (0.059)	0.229 *** (0.053)	0.218 ** (0.087)
δ_1	0.635 *** (0.113)	0.812 *** (0.078)	0.771 *** (0.051)	0.575 *** (0.079)	0.285 (0.244)	0.588 *** (0.066)	0.660 *** (0.092)	0.733 *** (0.128)
Loglik	1539.834	1545.616	2758.541	874.311	3402.805	1342.720	232.992	710.453
AIC	− 2.705	− 2.870	− 3.776	− 2.332	− 4.294	− 4.126	− 0.858	− 2.624
BIC	− 2.679	− 2.842	− 3.754	− 2.288	− 4.274	− 4.084	− 0.810	− 2.576

注：括号内为估计标准误差，括号上方为参数估计值，Loglik 表示似然函数值，AIC 表示赤池信息准则，BIC 表示贝叶斯信息准则，*** 、** 、* 分别表示在 1% 、5% 、10% 的水平上显著。

综合来看，不同碳排放权交易试点市场的有效性程度不同。其中，广东、湖北与天津三个碳交易市场基本上能达到市场弱式有效，其他市场的有效程度较低。这意味着我国各个碳交易试点市场的发展状况和市场有效性均有所差距，对我国碳排放权交易市场的有效性研究也不能一概而论。

第三节　我国碳排放权交易市场的减碳效应

研究我国碳排放权交易市场的建立对碳排放是否有显著影响，可考虑双重差分法（difference in difference，DID）来展开，即同时考虑试点地区与非试点地区在建立碳排放权交易市场前后不同年份碳排放强度的变化。这种方法既考虑了试点地区与非试点地区在同一年份碳排放的差异，又考虑了同一地区在建立碳排放权交易市场前后不同年份碳排放的差异，研究结论的准确性相对更高。本节将建立双重差分模型对我国碳排放权交易市场的减碳效应进行实证研究。

一、双重差分模型论述

双重差分模型常常被用作对政策效应的研究，通过政策是否实施将样本分为实验组与对照组，实验组为政策实施样本，对照组为未实施政策样本，分别研究政策实施前后实验组与对照组被解释变量是否发生显著性变化，并且通过对实验组与对照组被解释变量在政策实施前后的变化量做差分来得到政策效应。一般来说，双重差分模型有如下基本形式：

$$Y = C + \alpha_1 \cdot P + \alpha_2 \cdot T + \alpha_3 \cdot P \cdot T + \varepsilon \qquad (4-2)$$

其中，Y 为被解释变量，P 为政策变量，实验组取值为 1，对照组取值为 0，T 为时间变量，实施政策前的时间内取值为 0，实施政策后的时间内取值为 1；$P \cdot T$ 为交叉变量，通常表示政策效应，可由 P 和 T 的乘积得到，C 为常数项系数，ε 为随机误差项。在式（4-2）中，实施政策对 Y 的影响可表示为如下差分形式：

对实验组（$P=1$），实施政策前后差分效应 D_1 为：

$$
\begin{aligned}
D_1 &= E[Y|P=1,T=1] - E[Y|P=1,T=0] \\
&= C + \alpha_1 + \alpha_2 + \alpha_3 - (C + \alpha_1) \\
&= \alpha_2 + \alpha_3
\end{aligned}
\qquad (4-3)
$$

对对照组（$P=0$），实施政策前后差分效应 D_2 为：

$$
\begin{aligned}
D_2 &= E[Y|P=0,T=1] - E[Y|P=0,T=0] \\
&= C + \alpha_2 - C \\
&= \alpha_2
\end{aligned}
\qquad (4-4)
$$

对全样本，实施政策前后双重差分效应 DD 为：

$$DD = D_1 - D_2$$
$$= \alpha_2 + \alpha_3 - \alpha_2$$
$$= \alpha_3 \tag{4-5}$$

在式（4-3）、式（4-4）和式（4-5）中，D_1 表示实验组在实施政策后对 Y 产生的影响；D_2 表示对照组在实施政策后对 Y 产生的影响，可以用来消除实验组在实施政策后非政策因素对 Y 产生的影响；DD 表示实施政策对 Y 产生的净影响。在双重差分模型一般形式即式（4-2）中，实施政策对 Y 的净影响可以通过交叉项系数 α_3 来表示。

二、模型与变量设计

为了构建双重差分模型研究我国碳排放权交易市场的减碳效应，将式（4-2）扩展为如下形式：

$$LCI = C + \alpha_1 \cdot P + \alpha_2 \cdot T + \alpha_3 \cdot P \cdot T + \sum_{i=1} \beta_i \cdot X_i + \varepsilon \tag{4-6}$$

其中，X_i 表示第 i 个控制变量，被解释变量 LCI 为碳排放强度（CI）的对数形式。在式（4-6）中，被解释变量选择碳排放强度而不是直接利用碳排放量（CE）建模是因为一个地区的碳排放量往往与地区经济发展程度有关，而且影响碳排放量的因素相较更多，直接利用碳排放量建模一方面会因为地区发展差异性而导致模型估计效果不佳或得出错误的结论；另一方面也会加大对控制变量的需求，加大建模难度，降低研究可行性。同时，为了保证样本数据平稳，实证部分对碳排放强度取对数形式。为了增加模型可信度，式（4-6）中还引入了以下控制变量：

（一）经济发展水平

关于地区经济发展水平是否能够影响当地碳排放，不同学者的观点不一。一部分学者认为地区经济发展水平对当地碳排放的影响是显著的（Li，2010；郑长德和刘帅，2011），也有部分学者认为地区经济发展水平对当地碳排放并不具有显著作用（Lantz and Feng，2006；丁志国等，2012）。环境库兹涅茨曲线（EKC）假说认为，环境与经济发展之间的关系并不是一成不变的，而是呈现倒"U"型的相关性关系。根据环境库兹涅茨曲线假说，一个地区碳排放与经济发展并不是没有相关性，而是先表现为正相关，后表现为负相关，总体上分为两个阶段，这表明经济的发展需要消耗更多的能源，产生更多的碳排放，而当经济发展到一定程度，随着经济体系的升级与能源技术的进步，又会降低当地碳排放。考虑到经济发展水平与碳排放之间可能存在的关系，本章在式（4-6）中加入经济发展水平指标作为控制变量。对于经济发展水平的衡量指标，本章选择能体现一个地区经济发展总体水平的地区经济增长总值（GDP），为了保证数据的平稳性，实证建模时利用经对数化处理后的地区经济增长总值（LGDP）代替 GDP。

（二）产业结构

大量的研究表明，一个地区的碳排放还会受到产业结构（SIK）的影响，更高级的产业结构能够有效降低当地的碳排放量（王群伟等，2010；李健和周慧，2012）。在三大产业中，第一产业（农业）能够适当降低当地的碳排放量，第三产业（服务业）中的碳排放大部分来源于生活排放，对排放的影响比较有限，只有第二产业（工业）中的碳排放来源于工业生产与能源消耗，在碳排放中占比最高，对碳排放的影响也最重。如果一个地区是工业主导型的发展模式，相对于第一产业主导或第三产业主导的地区来说碳排放会显著上升。为了在模型中体现产业结构对碳排放的影响，本章选取碳排放占比最大的第二产业增加值与地区经济增长总值比值（百分数）作为衡量地区产业结构的指标。

（三）政府环境治理力度

一个地区最终的碳净排放量，一方面取决于碳排放来源，另一方面也与当地碳排放的治理力度（EG）有关。如果一个地区因经济发展产生足够多的碳排放，同时对碳排放的治理力度也足够大，那么该地区最终的碳净排放量不一定偏高；反之，即使该地区的碳排放量不算太高，但因为政府对碳排放治理不够，该地区的碳净排放量也不会太低。许多研究表明政府对环境治理治理力度对当地环境保护与经济发展具有显著影响（Blackman et al.，2006；张红凤等，2009）。为了对我国政府环境治理力度是否有利于碳排放的降低进行研究，在式（4-6）中引入政府环境治理力度作为控制变量，政府环境治理力度通过地区工业污染治理完成投资额与地区经济增长总值的比值（百分数）表示。

通过在式（4-6）中依次加入以上控制变量，本章建立如下模型：

模型1：

$$LCI = C + \alpha_1 \cdot P + \alpha_2 \cdot T + \alpha_3 \cdot P \cdot T + \varepsilon \qquad (4-7)$$

模型2：

$$LCI = C + \alpha_1 \cdot P + \alpha_2 \cdot T + \alpha_3 \cdot P \cdot T + \beta_1 \cdot LGDP + \varepsilon \qquad (4-8)$$

模型3：

$$LCI = C + \alpha_1 \cdot P + \alpha_2 \cdot T + \alpha_3 \cdot P \cdot T + \beta_1 \cdot LGDP + \beta_2 \cdot STR + \varepsilon$$

$$(4-9)$$

模型4：

$$LCI = C + \alpha_1 \cdot P + \alpha_2 \cdot T + \alpha_3 \cdot P \cdot T + \beta_1 \cdot LGDP + \beta_2 \cdot STR$$

$$+ \beta_2 \cdot EG + \varepsilon \qquad (4-10)$$

考虑到我国碳排放试点省份与非试点省份数量差额较大，建模过程中非试点省份样本权重过大，可能会对模型拟合效果产生影响。下面实证部分将在模型4的基础上通过降低对照组样本数构建实验组和对照组样本数量相等的模型5，通过比较模型4与模型5的建模效果来分析实验组与对照组的样本大小对建模效果是否有影响。

三、数据来源与分析

（一）样本数据来源

为了研究我国碳排放权交易市场的减碳效应，基于我国省际面板数据，以碳排放权交易市场所在省份为实验组，未建立碳排放权交易市场省份为对照组，建立双重差分模型。在选择样本数据时，为了保证数据的精确度，剔除了数据缺失额较大的7个省份（山西、福建、海南、重庆、贵州、青海、西藏），选择的实验组包括北京、天津、上海、湖北、天津5个省份数据，对照组包括我国其余19个省份数据。样本周期同样选自数据完整性较好的16年（2004~2019年），实证建模过程中对样本数据的部分缺失值通过前后均值插值法进行补全。本节样本数据均来自 EPS 数据库。

（二）各省份碳排放量和碳排放强度测算与分析

由于我国没有对各省份二氧化碳排放量与排放强度进行专门测量与统计，也没有统一的方法计算各省份的二氧化碳排放量与排放强度，在以往学术研究中关于我国省份碳排放量与碳排放强度的测算方法也不尽相同。本章根据 2006 年联合国政府间气候变化专门委员会（IPCC）的方法，测算我国各省份二氧化碳排放量，测算公式如下：

$$CE = \sum_{i=1} E_i \cdot \eta_i \qquad (4-11)$$

其中，E_i 为产生二氧化碳排放的第 i 种能源消耗量，η_i 为根据 IPCC 给出的方法计算得到的第 i 种能源二氧化碳排放系数。本章选择对二氧化碳排放影响较大的七种能源（原煤、焦炭、原油、柴油、煤油、汽油、燃料油）消耗测算我国各个省份二氧化碳排放量，七种能源的二氧化碳排放系数由表 4-4 给出。

表 4-4　　　　　　　不同能源碳排放系数　　　　单位：千克-二氧化碳/千克

项目	原煤	焦炭	原油	柴油	煤油	汽油	燃料油
碳排放系数	1.9003	2.8604	3.0202	3.0959	3.0179	2.9251	3.1705

表 4-5 给出样本期内我国各省份碳排放量测算的部分结果。总体来看，样本期内我国大部分省份碳排放量均呈现持续上升趋势，表明随着经济发展，我国碳排放量一直处于增长状态，碳排放量与经济发展水平之间的关系仍处于环境库兹涅茨曲线假说中的第一阶段，这与我国仍处于发展中国家的性质有关，我国经济发展水平还未达到发达国家饱和值，我国的碳排放也没有达到峰值，仍然处于并将在未来一段时间内处于碳排放增加过程。在建立碳排放权交易试点市场之前（2004~2013 年），试点地区与非试点地区碳排放量均呈现快速增长趋势，在建立碳排放权交易试点市场之后（2014~2019 年），相较于试点地区，非试点地区碳排放量增长趋势更为明显，并且部分试点地区碳排放量呈现下降趋势（如北京、天津、广东），表明碳排放权交易权交易市场的建立对当地碳排放量的降低有积极影响，能够促进当地碳排放达峰的进程。相较于其他省份，北京的碳排放

量自 2014 年起便呈现持续降低的趋势，表明北京可能会比其他省份或者全国更快实现碳达峰目标。从不同省份碳排放量来看，较为发达和较为不发达的地区碳排放量总体水平较低，正处于快速发展的省份碳排放量总体水平更高，这可能是因为较为发达的地区由于经济发展与技术创新降低了碳排放需求，欠发达地区由于发展较为缓慢，故对资源消耗与碳排放需求则更低，而快速发展地区一方面因为经济快速发展产生了对能源消耗与碳排放的需求，另一方面又没有比较先进的技术创新来降低对能源消耗与碳排放的需求。从碳排放的分布来看，中东部一些省份和部分面积较大省份碳排放水平更高（如内蒙古、辽宁、新疆、河北、江苏、浙江、河南等）。综合来看，我国碳排放总体上处于上升阶段，未来仍将继续上升，在追求经济水平发展的同时，有必要加大对碳排放的控制与管理。

表 4-5　　　　　　　　**2004～2019 年各省份碳排放量数据**　　　　　　单位：万吨

省份	2004 年	2005 年	2013 年	2014 年	2015 年	2018 年	2019 年
北京	11086.51	11288.14	9775.19	9873.29	8786.68	7366.29	7251.03
天津	11434.71	12220.04	20147.98	19252.56	18583.53	17150.65	17162.24
河北	45894.53	57403.93	91870.41	87177.54	90761.22	91374.80	91097.37
内蒙古	25080.98	31063.66	75625.23	77494.06	76989.55	93564.08	103909.41
辽宁	43146.94	48540.73	69506.58	69447.16	67648.17	74749.97	81687.57
吉林	14888.18	17284.44	26688.72	26487.00	22547.49	22683.24	23409.76
黑龙江	21665.69	24404.02	35318.94	35811.42	32680.40	33608.27	35329.53
上海	21342.24	22558.04	27026.63	24457.25	24428.90	24161.63	24911.31
江苏	36916.29	47710.76	78193.61	77599.21	79702.14	79152.48	80764.27
浙江	25675.27	29896.92	43121.27	42203.99	42675.43	42575.02	43406.57
安徽	18607.65	19618.24	37368.95	38456.98	38516.54	41014.80	41217.05
江西	10651.10	11713.54	20230.73	20550.29	21364.75	22923.68	23398.43
山东	51343.30	70941.80	115340.70	123375.15	135738.88	143687.36	146720.71
河南	34636.79	41955.59	60009.72	60697.06	56959.04	54666.05	50284.81
湖北	21573.94	23942.74	34726.66	34938.91	33054.33	34449.38	36545.47
湖南	16293.15	21477.03	30622.87	29638.06	29447.91	30990.88	30839.67
广东	34458.42	38442.85	58525.20	58609.86	58492.19	64694.85	63602.96
广西	9004.93	9858.76	22861.92	22681.87	21299.34	24397.75	25734.01

续表

省份	2004 年	2005 年	2013 年	2014 年	2015 年	2018 年	2019 年
四川	19930.53	21015.44	33883.88	34834.24	28571.46	25840.74	27748.70
云南	14962.85	17534.03	25200.26	22605.94	20420.20	23732.44	24638.28
陕西	14685.34	17538.27	44616.60	47009.56	46136.01	47125.21	51011.27
甘肃	11715.21	12728.89	20646.30	20754.48	20031.39	20243.88	20440.63
宁夏	6398.39	7224.58	19360.34	19766.08	20443.91	27838.07	30138.04
新疆	12283.69	14139.11	40317.35	44234.53	46590.18	54377.92	58045.25

关于碳排放强度的测算，目前采用较多的方法是利用碳排放量与当地经济增长总值（GDP）或者当地人均经济增长总值的比值测算，由于本章研究是基于我国不同省份数据展开的，考虑到不同省份人口比例差距较大，直接采用当地 GDP 水平不能客观反映不同省份碳排放强度的差异，所以本章测算不同省份碳排放强度的方法选择碳排放量与当地人均 GDP 的比值。相较于碳排放量，碳排放强度可以更加直接地反映一个地区的碳减排能力和碳排放经济效益。

表 4-6 给出样本期内我国各省份碳排放强度部分测算结果。总体来看，样本期内各个省份碳排放强度均呈现出明显的下降趋势，表明随着经济水平的发展和能源技术的创新，我国的碳减排能力在逐年提升。由表 4-6 可知，内蒙古、辽宁、宁夏和新疆的碳排放强度相对其他省份更高，而经济发展相对更为发达的地区碳排放强度相对更低（如北京、上海、江苏、浙江、广东等），表明地区的碳减排能力随着地区经济发展水平的上升而提升，同时也再次印证了环境库兹涅茨曲线假说。在建立碳排放权交易市场前后，试点省份碳排放强度比非试点省份降低得更明显，且试点省份碳排放强度总体水平在降低后更低，基本上不超过 1，表明碳排放权交易市场的建立可能会降低当地的碳排放强度，有助于实现低碳生活。比较不同省份的碳排放强度，可以发现各个地区碳排放强度不一，一方面表明不同地区的碳排放量的差异；另一方面也表明我国不同地区资源利用产生的经济效益有所差距，碳排放强度越高，则在生产生活中排放二氧化碳的同时带来的经济增长越低。综合来看，我国的碳排放强度呈现持续降低的趋势，碳排放强度水平随着经济发展水平的上升而降低，我国的

碳减排能力逐年提高，但不同地区的碳排放强度水平有所不同，碳减排能力存在明显差距。

表 4-6　　　　　　　　2004～2019 年各省份碳排放强度数据

省份	2004 年	2005 年	2013 年	2014 年	2015 年	2018 年	2019 年
北京	1.829	1.620	0.494	0.463	0.382	0.243	0.205
天津	3.676	3.129	1.395	1.224	1.124	0.912	1.217
河北	5.414	5.733	3.230	2.963	3.045	2.537	2.595
内蒙古	8.247	7.955	4.471	4.361	4.318	5.412	6.037
辽宁	6.467	6.032	2.554	2.426	2.360	2.953	3.279
吉林	4.769	4.774	2.046	1.919	1.603	1.505	1.996
黑龙江	4.561	4.426	2.443	2.381	2.167	2.054	2.595
上海	2.644	2.439	1.239	1.038	0.972	0.739	0.653
江苏	2.460	2.565	1.309	1.192	1.137	0.855	0.811
浙江	2.204	2.228	1.142	1.051	0.995	0.758	0.696
安徽	3.910	3.667	1.943	1.845	1.750	1.367	1.111
江西	3.081	2.887	1.404	1.308	1.278	1.043	0.945
山东	3.418	3.862	2.088	2.076	2.155	1.879	2.065
河南	4.049	3.963	1.864	1.737	1.539	1.138	0.927
湖北	3.830	3.633	1.401	1.276	1.119	0.875	0.797
湖南	2.888	3.256	1.244	1.096	1.019	0.851	0.776
广东	1.827	1.704	0.937	0.864	0.803	0.665	0.591
广西	2.623	2.475	1.582	1.447	1.268	1.199	1.212
四川	3.124	2.846	1.284	1.221	0.951	0.635	0.595
云南	4.855	5.065	2.130	1.764	1.499	1.327	1.061
陕西	4.624	4.458	2.753	2.657	2.560	1.928	1.978
甘肃	6.938	6.582	3.261	3.036	2.950	2.455	2.345
宁夏	11.912	11.793	7.511	7.182	7.021	7.513	8.040
新疆	5.561	5.429	4.775	4.770	4.996	4.458	4.269

　　图 4-3 为样本期内我国各个省份碳排放量和碳排放强度平均水平变化趋势图。由图 4-3 可知，我国各个省份碳排放量平均水平逐年上升，碳排放强度平均水平逐年下降，这与表 4-5 和表 4-6 中反映的变化趋势一致。

从碳排放量平均水平的变化趋势来看，2004~2011年，我国碳排放量呈现快速上升趋势，这是由于这段时间我国处于经济快速增长阶段，同时也处于资源促进经济发展阶段，对各种资源的利用逐年递增，造成了碳排放量的快速上升。2011~2019年，我国碳排放量呈现平缓上升趋势，一方面可能是因为我国经济发展模式开始出现转变，由资源促进经济增长到创新促进经济增长、由高速发展模式向高质量发展模式转变，降低了对能源消耗的需求；另一方面也可能有建立碳排放权交易试点市场的原因，通过建立碳排放权交易试点市场，可以有效管控当地的碳排放量，鼓励企业进行技术升级与创新，降低碳排放需求，并且碳排放权交易市场还可能对其他地区的碳排放造成一定影响，放缓我国各省份碳排放量平均水平的上升趋势。2004~2019年，我国的各省份碳排放量平均水平呈现出对数函数变化形式，表明我国碳排放量处于倒"U"型的前半段，未来我国碳排放量会持续平缓上升至碳达峰，然后通过各种碳中和技术实现碳排放量的持续下降，直至完成净碳排放为0的目标。从碳排放强度平均水平变化趋势来看，我国各省份碳排放强度平均水平变化可以分为三个阶段：第一个阶段为2006年以前，碳排放强度平均水平呈现低速下降趋势，这个阶段我国的经济发展相对较为落后，经济增长驱动力大部分来源于资源利用，并且在碳排放技术与新能源利用技术上没有取得显著成就，减碳能力比较差；第二个阶段为2006~2015年，碳排放强度平均水平呈现快速下降趋势，这个阶段我国经济发展水平得到显著提升，资源利用效率得到提升，碳排放技术得到改善，碳排放带来的经济效益较高；第三个阶段为2015年以后，这个阶段碳排放强度平均水平较为平稳，没有出现大增或大减，这并不能说明我国碳减排技术和由碳排放、能源利用带来的经济效益停滞不前，而是在这一阶段，我国碳排放强度平均水平相对较低，在1值水平上下波动，此时碳排放量与经济发展水平的变化对碳排放强度水平的影响已经不明显，表明在这一阶段，与碳排放量增长相比，经济增长对碳排放强度的作用更大，碳排放量的增长已经赶不上经济的增长速度，这种现象一方面是由于碳排放技术的改善导致的；另一方面是因为在这一阶段，我国互联网经济与新能源经济发展迅速，依靠能源消耗的传统行业在经济增长中的占比相对较低，导致碳排放量增长始终低于经济水平的上升。

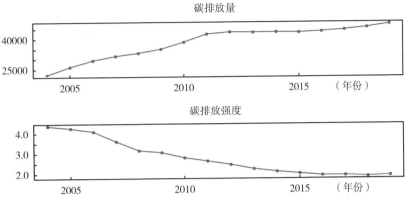

图 4 - 3 平均碳排放趋势

（三）平行趋势检验

双重差分模型的一个假设前提是被解释变量均值在实验组和对照组中具有共同的变化趋势（平行趋势），在建立双重差分模型检验我国碳排放权交易试点市场的减碳效应前，需要验证试点省份与非试点省份碳排放平均水平是否具有共同变化趋势。为了对我国试点省份与非试点省份碳排放平均水平进行平行趋势检验，分别给出我国试点省份与非试点省份的碳排放量与碳排放强度平均水平变化趋势，如图 4 - 4 所示。

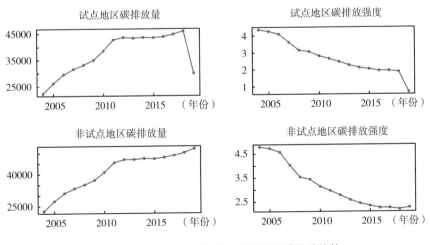

图 4 - 4 试点地区与非试点地区平均碳排放趋势

由图 4 - 4 可知，样本期内我国试点省份与非试点省份的碳排放量与碳排放强度平均水平变化均表现出了共同趋势，总体上符合平行趋势假设前提。在建立碳排放权交易试点市场前，试点省份与非试点省份的碳排放量平均水平较为一致，在建立碳排放权交易试点市场后，试点省份的碳排放量平均水平要低于非试点省份。从碳排放强度平均水平来看，试点省份与非试点省份的碳排放强度平均水平在建立碳排放权交易试点市场前后的差距并不显著，这可能是因为在建立碳排放权交易试点市场后，试点省份与非试点省份的碳排放强度平均水平均处于较低水平，难以看出试点省份与非试点省份碳排放强度平均水平的差异。需要注意的是，无论是碳排放量还是碳排放强度，试点省份在 2019 年均有明显的下降，这可能是因为全国性碳排放权交易市场的筹建提升了碳排放权交易试点市场的减碳效应。综合来看，利用双重差分模型检验我国碳排放权交易市场的减碳效应是可行的。

（四）样本数据描述性特征分析

表 4 - 7 给出样本数据的描述性统计特征。从碳排放强度来看，实验组碳排放强度显著低于对照组，这种差异的存在为建模研究提供了可能性前提。实验组与对照组中的 LGDP 水平基本一致，表明无论是实验组还是对照组，经济发展水平总体情况比较相似，不存在实验组经济发展水平更高或者更低。实验组与对照组中的产业结构同样没有表现出较大差异，但是从标准差来看，实验组明显高于对照组与全样本，表明在实验组中，不同地区产业结构两极分化较为严重，这与每个城市发展水平不同有关，越是发达的城市对第二产业的依赖度越低，加上实验组样本量相对较低，最终导致了不同地区产业结构的两极分化。从政府环境治理力度来看，实验组治理力度更低，这表明碳排放权交易市场的建立可能会分担一部分政府治理环境的压力。

表 4 -7　　　　　　　　　　样本数据描述性统计

变量	全样本			实验组			对照组		
	观测数	均值	标准差	观测数	均值	标准差	观测数	均值	标准差
LCI	384	0.805	0.687	80	0.191	0.623	304	0.966	0.608
P	384	0.208	0.407	80	1.000	0.000	304	0.000	0.000

变量	全样本			实验组			对照组		
	观测数	均值	标准差	观测数	均值	标准差	观测数	均值	标准差
T	384	0.375	0.485	80	0.375	0.485	304	0.375	0.485
$LGDP$	384	10.443	0.693	80	11.005	0.605	304	10.295	0.637
STR	384	46.039	7.855	80	41.189	11.082	304	47.316	6.175
EG	384	0.147	0.127	80	0.101	0.082	304	0.159	0.134

四、模型参数估计

表4-8给出双重差分模型中碳排放强度对解释变量与控制变量的回归结果。总的来看，大部分模型参数估计结果均显著，并且从模型1到模型5，相关变量的参数估计水平基本一致，表明参数估计效果较好。在前五个模型中，交叉项的系数均显著为负，表明建立碳排放权交易市场能够显著降低碳排放，排放权交易市场的净减碳效应显著。在模型2到模型5中，$LGDP$的系数估计结果估计显著且均小于0，表明经济增长越高，碳排放强度越低，经济增长与碳排放强度负相关，一方面可能是由于本章碳排放强度是利用碳排放量与人均经济增长总值的比值测算的，造成碳排放强度与经济增长之间的负相关；另一方面也可能是由于随着经济水平的上升，每单位碳排放所产生的经济效益更大，碳减排能力得到提升。经济增长与碳排放强度之间的负相关关系也表明没必要因为在追求经济发展的过程中造成碳排放量的上升而对经济发展产生顾虑，因为随着经济水平的发展，碳排放量增长的速度远远低于经济增长的速度，经济增长对碳排放的依赖性越来越低。同时，随着经济水平的上升，企业技术创新能力上升，能源利用效率增大，碳排放技术得到提升，最终导致碳排放量在达到一定峰值后呈现下降趋势，直至实现碳中和，形成碳排放促进经济增长，经济增长降低碳排放的发展路径。产业结构的系数估计值均显著为正，意味着对第二产业依赖度更高的地区碳排放强度越高，与前面对产业结构同碳排放关系分析的结论一致。在模型4和模型5中，碳排放强度对政府环境治理力度的回归结果均显著为正，表明政府环境治理力度越大，碳排放强度越大，这不符合政府环境治理的一般规律，造成这种回归结果的原因可能是因为

碳排放强度与政府环境治理力度的因果关系在模型中颠倒了。一般来说，政府对环境治理力度越大，碳排放强度越低，但是碳排放强度越高，政府对环境的治理力度也会越大，当政府对环境治理力度与碳排放强度因果关系转变时，二者间的相关性相反。目前，我国碳排放量仍然处于持续上升阶段，在碳排放与政府环境治理力度之间，占主导地位的仍是碳排放（即政府环境治理力度随碳排放的变化而变化），而在表 4 - 8 的模型中，解释变量为政府环境治理力度，这就造成了模型中政府环境治理力度对碳排放强度反而有正向影响。表 4 - 8 还给出不同模型的拟合优度（$Adj - R^2$），一个模型拟合效果越好，拟合优度的值应该越接近于 1 而远于 0。在模型 1 到模型 4 中，拟合优度普遍不高，表明模型拟合效果一般，考虑到模型回归参数基本显著，造成模型拟合效果不佳的原因可能是因为碳排放强度的变化还受其他因素（其他控制变量）的影响，前四个模型中的解释变量不能完全解释碳排放强度的变化。从模型 1 到模型 4，拟合优度依次升高，表明随着控制变量的依次加入，模型的拟合效果会逐步改善，模型中控制变量的选择与设计具有一定的合理性。与模型 4 相比，模型 5 的拟合优度显著提升，表明模型 5 的拟合效果较模型 4 更好，证明了前面关于实验组与对照组样本容量差异过大对建模效果有影响的猜测。

表 4 - 8   DID 模型回归结果

变量	模型 1	模型 2	模型 3	模型 4	模型 5	模型 6
C	1. 172 *** (0. 039)	5. 092 *** (0. 513)	4. 519 *** (0. 516)	2. 946 *** (0. 457)	3. 426 *** (0. 568)	4. 530 *** (0. 455)
P	- 0. 665 *** (0. 085)	- 0. 371 *** (0. 088)	- 0. 255 *** (0. 089)	- 0. 273 *** (0. 076)	- 0. 594 *** (0. 064)	0. 310 *** (0. 060)
T	- 0. 547 *** (0. 063)	- 0. 224 *** (0. 072)	- 0. 085 (0. 077)	- 0. 129 ** (0. 065)	- 0. 041 (0. 076)	0. 111 (0. 070)
$P \cdot T$	- 0. 294 ** (0. 138)	- 0. 336 *** (0. 129)	- 0. 309 ** (0. 126)	- 0. 309 *** (0. 107)	- 0. 352 *** (0. 093)	- 0. 138 (0. 091)
$LGDP$		- 0. 393 *** (0. 051)	- 0. 421 *** (0. 05)	- 0. 272 *** (0. 045)	- 0. 303 *** (0. 051)	- 0. 494 *** (0. 043)
STR			0. 017 *** (0. 004)	0. 011 *** (0. 003)	0. 016 *** (0. 003)	0. 021 *** (0. 003)

变量	模型 1	模型 2	模型 3	模型 4	模型 5	模型 6
EG				2.194 *** (0.181)	1.867 *** (0.264)	2.205 *** (0.184)
Adj $- R^2$	0.398	0.477	0.503	0.641	0.859	0.629
观测数	384	384	384	384	160	384

注：括号内为估计标准误差，括号上方为参数估计值，Adj $- R^2$ 表示调整后的拟合优度，*** 和 ** 分别表示在 1% 和 5% 的水平上显著。

五、稳健性检验

为了保证实证模型估计结果的可靠程度，还需要对双重差分模型进行稳健性检验。第一种稳健性检验的方法是对相关控制变量进行替换与增加，通过替换控制变量重新估计模型，若在新的模型中政策变量仍然显著，则表明模型估计稳健。第二种稳健性检验的方法是在难以对相关控制变量进行处理时对样本区间进行适当调整，通过新的样本区间内模型政策变量的显著性来判断原模型估计的稳健性。第三种稳健性检验的方法是对样本变量进行调整，假设部分对照组同样受到了实验组政策影响，重新估计模型，若在新的模型中政策的变量不显著，则表明该假设不成立，原模型估计稳健。从模型 1 到模型 5，依次加入的控制变量系数和交叉项系数均估计显著，拟合优度逐渐升高，这相当于在一定程度上通过了第一种方法的检验，表明模型估计稳健。考虑到本章所选样本区间较短，如果利用第二种方法进行稳健性检验，建模样本数据较少，得出的结论可能会存在偏误。所以，本章利用第三种方法，假设一部分非试点省份同样建立了碳排放权交易市场，在模型 4 基础上构建模型 6，如果模型 6 中交叉项系数仍然显著，则表明模型 4 的估计稳健性较差；如果模型 6 中交叉项系数不显著，则表明假设不成立，即模型 4 通过了稳健性检验。在模型 6 中，为了使假设的非试点省份与试点省份样本数权重相当，随机假设在五个非试点省份也建立了碳排放权交易市场。

模型 6 的估计结果由表 4 - 8 给出。与模型 4 相比，控制变量系数的估计结果没有表现出明显差异，均表现显著，模型拟合优度也无明显变化，表明模型 6 估计结果较为合理。在模型 6 中，交叉项系数估计并不显著，系数估计值与前几个模型相比也有一定差距，表明此时碳排放权交易市场的建立对碳排放强度并无显著相关性，说明非试点省份建立了碳排放权交易市场的假设不成立，即模型 4 中以是否建立碳排放权交易市场为政策变量是可靠的，表明模型 4 的估计结果通过了稳健性检验。

综合来看，无论是通过依次加入控制变量的方法还是通过建立模型 6 来检验，本节所构建的双重差分模型的实证估计均稳健，模型估计结果有效性较高。

第四节　结论

本章分别从市场有效性与减碳效应两个方面对我国碳排放权交易市场展开研究，通过研究不同试点市场的有效性来分析不同市场发展现状与特征，通过减碳效应研究来检验我国碳排放权交易市场是否能够促进碳减排。在实证建模分析后，得到如下结论。

第一，在建立 GARCH 模型研究我国各碳排放权交易试点市场的有效性时发现，不同市场的有效性程度有所不同。

第二，在分析我国碳排放现状时发现我国碳排放量处于持续上升趋势，但上升的速度逐渐降低，而且碳排放强度逐年下降，表明我国碳排放虽然还未达到峰值，但是碳排放量已经较为接近于峰值，实现碳达峰目标的时间不会太远。

第三，在双重差分模型中，交叉项系数的估计值均显著为负，表明建立碳排放权交易市场能够有效降低当地碳排放强度，碳排放权交易市场的减碳效应显著。

本章在对我国碳排放权交易市场进行研究时，也存在一定的局限性。在测算碳排放强度时，本章是直接通过碳排放量与人均 GDP 的比值计算的，这种方法对一些人口流入或者人口流出较大的省份误差较大，对人口流入较大的省份来说，会低估当地的碳排放强度，而对人口流出较大的省份来说，会高估当地的碳排放强度。

参考文献

［1］曾诗鸿、刘琦：《碳金融：理论模型与探索》，知识·产权出版社2013 年版。

［2］王倩、王硕：《中国碳排放权交易市场的有效性研究》，载《社会科学辑刊》2014 年第 6 期。

［3］徐铭浩：《深圳碳排放交易市场有效性研究》，载《中外能源》2017 年第 7 期。

［4］李曼娜：《我国碳排放权交易市场有效性研究》，天津财经大学，2018 年。

［5］吕靖烨、曹铭、李朋林：《中国碳排放权交易市场有效性的实证分析》，载《生态经济》2019 年第 7 期。

［6］管河山、王培、王谦：《我国碳排放权交易市场的有效性研究》，载《金融经济》2020 年第 11 期。

［7］沈洪涛、黄楠：《碳排放权交易机制能提高企业价值吗》，载《财贸经济》2019 年第 1 期。

［8］严政：《碳排放权交易的波特效应研究 》，成都理工大学，2019 年。

［9］马晓伟：《碳排放权交易政策对环境效率影响的统计研究》，安徽财经大学，2020 年。

［10］陆伟伟：《碳排放权交易政策对全要素生产率增长的影响——基于 SBM - DDM 模型的实证研究》，上海财经大学，2020 年。

［11］姬新龙、杨钊：《碳排放权交易是否"加速"降低了碳排放量和碳强度?》，载《商业研究》2021 年第 2 期。

［12］郑长德、刘帅：《基于空间计量经济学的碳排放与经济增长分析》，载《中国人口资源与环境》2011 年第 5 期。

［13］丁志国、程云龙、孟含琪：《碳排放、产业结构调整与中国经济增长方式选择》，载《吉林大学社会科学学报》2012 年第 5 期。

［14］王群伟、周鹏、周德群：《我国二氧化碳排放绩效的动态变化、区域差异及影响因素》，载《中国工业经济》2010 年第 1 期。

［15］李健、周慧：《中国碳排放强度与产业结构的关联分析》，载《中国人口资源与环境》2012 年第 1 期。

［16］张红凤、周峰、杨慧等：《环境保护与经济发展双赢的规制绩效实证分析》，载《经济研究》2009 年第 3 期。

［17］A. Blackman, R. Morgenstern and L. Montealegre, et al, Review of the Efficiency and Effectiveness of Colombia's Environmental Policies. Report. Washington, DC: Resources for the Future, 2006.

［18］A. Montagnoli and De. F. P. Vries, Carbon Trading Thickness and Market Efficiency. *Energy Economics*, Vol. 32, No. 6, 2010, pp. 1331 – 1336.

［19］E. F. Fama, Efficient Capital Markets: A Review of Theory and Empirical Work. *The Journal of Finance*, Vol. 25, No. 2, 1970, pp. 383 – 417.

［20］G. Daskalakis and R. N. Markellos, Are the European Carbon Markets Efficient. *Review of Futures Markets*, Vol. 17, No. 2, 2008, pp. 103 – 128.

［21］G. Ibikunle and A. Gregoriou, *Liquidity and Market Efficiency in Carbon Markets*. London: Palgrave Macmillan, 2018, pp. 165 – 200.

［22］G. Milunovich and R. Joyeux, Testing Market Efficiency and Price Discovery in European Carbon Markets. No. 0701, 2007.

［23］M. Li, Decomposing the Change of CO_2 Emissions in China: A Distance Function Approach. *Ecological Economics*, Vol. 70, No. 1, 2010, pp. 77 – 85.

［24］T. Bollerslev, Generalized Autoregressive Conditional Heteroskedasticity. *Journal of Econometrics*, Vol. 31, No. 3, 1986, pp. 307 – 327.

［25］V. Lantz and Q. Feng, Assessing Income, Population, and Technology Impacts On CO_2 Emissions in Canada: Where's the EKC? . *Ecological Economics*, Vol. 57, No. 2, 2006, pp. 229 – 238.

［26］X. Zhao, L. Wu and A. Li, Research On the Efficiency of Carbon Trading Market inChina . *Renewable and Sustainable Energy Reviews*, Vol. 79, No. 11, 2017, pp. 1 – 8.

第五章

碳中和背景下居民个人碳排放行为

自从工业革命发生以来，人类各种活动所排放的温室气体浓度上升速度惊人，对全球经济社会的发展造成了严重的威胁。我国作为近些年来碳排放总量最多的国家，有义务也有能力为全球碳排放的减少和环境的改善贡献出自己的力量。力争在 2030 年前实现碳达峰、2060 年前实现碳中和，是我国根据当前的全球环境状况做出的一项重要决策，它有利于全球环境的改善，有利于保护我们共同的地球家园。

随着中国经济的转型，我国居民的能源消费方式和生活消费方式也在不断发生变化。居民对于能源的需求不断增加，生活能耗巨大；生产的最终目的是消费，居民日常消费对于环境污染的影响更是不容小觑，而居民的各种消费行为正是碳排放的主要源头。居民的生活水平还将不断改善和提高，这会带来居民碳排放的持续增加。如今，生活部门已经成为我国的第二大能源消耗部门，因此，在碳中和的背景下，对于居民个人的碳排放行为进行研究是非常有必要的，这有利于促使居民选择低碳消费方式，促进碳排放的减少。

第一节 居民碳排放现状

居民个人碳排放包括居民对各种能源的使用产生的直接碳排放和居民在生活中对各种商品和服务的消费产生的间接碳排放。有数据表明，在全球的碳排放总量中，有70%左右[1]的碳排放是由于居民的消费所引起的。我国居民生活消费对二氧化碳排放的影响不容忽视，而且一般来说，越是经济发达的地区，居民二氧化碳排放量占总排放量的比例越高。

一、各国人均碳排放量

人均碳排放是指一国在单位时间内（通常是一年），各种活动所产生的碳排放总量与总人口的比值（徐丽，2019）。我国人口众多，碳排放总量巨大，近年来，人均二氧化碳排放量呈现不断上升的趋势。从图5-1中可以看出，美国的人均碳排放量一直是最多的，近几年有逐渐下降的趋势；而韩国的人均碳排放量仅次于美国，位居第二位，与俄罗斯的人均碳排放量不相上下，但是近几年韩国的人均碳排放量有上升的趋势，与俄罗斯人均碳排放量的差距在不断扩大；在图5-1列举的国家中，印度的人均碳排放量最低，这可能与其经济发展水平较低有关；在20世纪90年代，我国的人均碳排放量还处于相对较低的水平，但是经过几十年的发展，人均碳排放量不断增加，截至2018年，我国的人均碳排放量已经达到了7.405吨。因此，为了尽快实现碳达峰碳中和的目标，对于居民碳排放量的控制迫在眉睫，必须采取有力的措施来促进居民碳排放量的减少。

二、我国居民能源消费结构

能源消费结构是指在一段时间内（通常是一年），生活或生产中消费的各种能源占总的能源消费量的比例。居民能源消费结构可以在一定程度上反映居民碳排放的情况，相对来说，越多地使用高污染能源，居民碳排放就越多，而越多地使用清洁能源，就会产生越少的碳排放。

---

[1] 彭璐璐：《中国居民消费间接碳排放时空分布及电子商务驱动下的排放趋势分析》，北京林业大学2020年版。

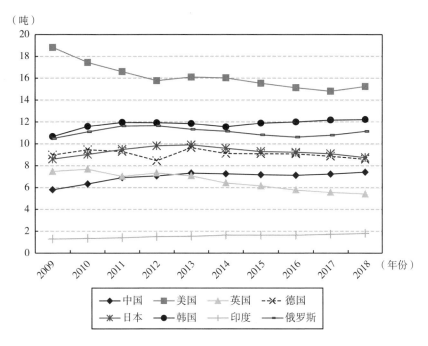

（吨）

（年份）

◆ 中国	■ 美国
▲ 英国	-*- 德国
✳ 日本	● 韩国
＋ 印度	— 俄罗斯

图 5-1　2009~2018 年各国人均碳排放量

资料来源：世界银行。

从图 5-2 中可以看出，我国居民的能源消费品种主要包括煤炭、汽油、天然气、液化石油气等。在居民的各类能源消费品中，煤炭消耗所占比例最高，但是到 2018 年，与 2009 年相比，居民对煤炭的消耗所占比例大幅下降，而居民对天然气的消耗占比呈现不断上升的趋势。天然气等能源的使用对于减少二氧化碳排放和环境的改善大有裨益，因此国家大力倡导对天然气等能源的使用，用清洁能源来代替会产生较大污染的煤炭等能源，以逐渐改善我国居民的能源消费结构，助力碳中和目标的早日实现。

我国人均碳排放不断增加，因此，想要减少碳排放，早日实现碳达峰、碳中和的目标，除了对生产部门采取一定低碳减排措施，还需要采取相关的政策措施在消费环节对居民能源消费和日常生活消费所产生的碳排放进行控制，以改善居民的能源消费结构，提高居民的节能减排意识以及对低碳减排的重视，让广大居民自觉加入这场环境保卫战中。

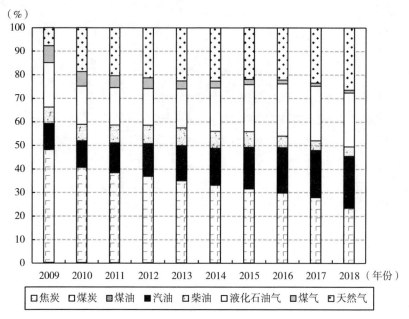

图5-2 2009~2018年我国居民能源消费结构
资料来源：2010~2019年《中国能源统计年鉴》。

第二节 影响居民碳排放的因素

联合国人口基金会发布的报告提出，温室气体的排放量与经济发展情况、人口增长速度、收入水平、城镇与乡村人口的比例、家庭规模的大小、人口的性别以及人口在地理空间上的分布等因素都有着非常密切的关系，这些因素对气候变化产生着重要的影响。

一、经济发展因素

GDP是重要的宏观经济指标之一，2020年，尽管受到疫情等因素的影响，我国的GDP总量还是达到了101.6万亿元之多（范建双、周琳，2018）。我国经济飞速发展，人均GDP逐年加总，经济增长方式正在从依靠投资和出口转向依靠居民消费拉动，因此更会引发居民消费领域二氧化碳排放量的增加。

人均 GDP 反映了一个国家的经济发展状况，相对而言，人均 GDP 越高，居民的消费能力越强，产生的二氧化碳排放量越多。从图 5 - 3 中可以看出，2015～2020 年，我国的人均 GDP 从 5 万元增长到了 7.2 万元，持续上涨的人均 GDP 意味着我国居民的消费能力不断提高，在一定程度上会增加居民生活消费领域的碳排放，对于碳中和目标的如期实现是一个极大的挑战。

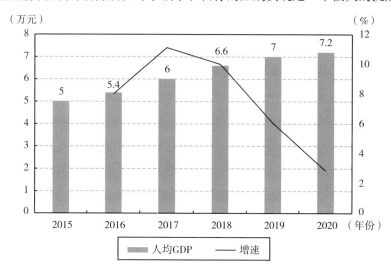

图 5 - 3 2015～2020 年我国人均 GDP 与增速

资料来源：国家统计局。

经济的增长和社会的发展使我国的人均 GDP 逐渐提高，居民消费支出持续增长，生活条件不断改善，与此同时，也带来了居民碳排放的不断增加，而居民日常生活产生的碳排放对环境的破坏力是巨大的。因此，在制定经济发展政策时，必须考虑到环境因素，经济发展绝不能以牺牲环境为代价。

二、城镇化因素

城镇化是指农村人口转化为城镇人口的过程。城镇化促使居民的生活方式发生改变，对居民能源消耗和生活消费产生深远的影响，是提高我国能源消耗量和促进碳排放增加的重要原因之一（刘晓宇，2019）。

城镇化率是指一个地区的常住城镇人口与该地区人口总数的比例，它直接反映了一个地区的城镇化程度。从图 5 - 4 可以看出，我国的城镇化率不断提高，从 2011 年的 52.27% 增长到了 2020 年的 63.89%，短短十年就增长了 11.62% 左右。城镇化率的提高意味着城镇居民的增加，而城镇居民是城镇化发展的核心，数据显示，在全国碳排放总量中，有大约 75% 的碳排放来自城镇居民（赵立祥、王丽丽，2018）。

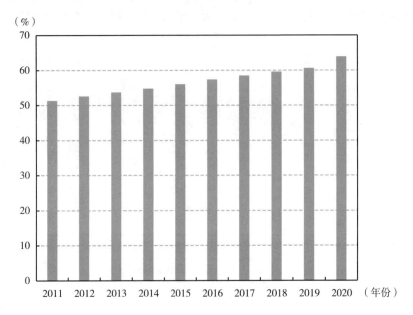

图 5 - 4　2011 ~ 2020 年中国城镇化率

资料来源：《中国统计年鉴》（2012 ~ 2021 年）。

当前，城市发展速度越来越快，城市的规模和数量在不断扩大，中国城镇居民的能源消费和碳排放将会持续增加，城市对于能源消费和温室气体排放将会有更大的影响。但是传统的城镇化发展方式已经不再适合我国当前的发展情况，因此，我们应该尽快探索新型的城镇化发展模式，以改善当前城镇居民的生活方式，促使居民采取绿色低碳消费方式，并从消费端影响到与消费品相关的生产部门的低碳发展，从居民消费和工业部门的生产两方面降低能源消耗量和温室气体的排放量。

三、收入规模因素

经济的不断发展带来居民收入水平的不断提高，收入的增加导致居民对需求的增加，居民对日常消费的支出变得更多，而居民日常消费支出的增加会极大地促进二氧化碳排放量的增加。

从图5-5可以看出，2016～2020年，我国城镇居民人均可支配收入和农村居民人均可支配收入均呈现出不断上升的趋势。城镇居民人均可支配收入从33616元增长到了43843元，年均增长率为6.08%；农村居民人均可支配收入从12363元增长到17131元，年均增长率为7.71%。

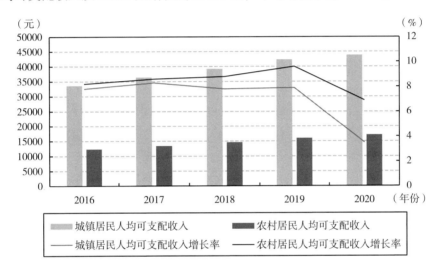

图5-5　2016～2020年我国城乡居民人均可支配收入

资料来源：国家统计局。

居民的人均可支配收入不断增加，使得居民的生活水平和消费水平不断提高，也导致居民日常消费所产生的碳排放不断增长，因为居民的衣、食、住、行等各方面都会产生碳排放，带来严重的环境污染：一是衣，调查显示，我国旧衣服的回收利用率较低，每年都会有大量的旧衣服被丢弃，而丢弃的旧衣服需要进行填埋或焚烧处理。大量的旧衣服填埋需要占用大面积的土地，衣服降解周期至少需要10年[①]；旧衣物的焚烧不仅非常耗费煤炭和电力等资源，还会向空气中排放非常多的有毒气体，对环境造成直接的破坏。二是食，相关数据表明，在日常生活中，如果有0.5千克的粮食被浪费，就相当于排放了0.5千克的二氧化碳，如果浪费的是肉类

---

① 《碳中和之消费领域专题报告：践行绿色发展，拥抱低碳消费》。

等食品，那么产生的二氧化碳排放量会更多。在全球，由于食物的浪费，每年大约会产生33亿吨的二氧化碳。三是住，如果住宅的保温功能比较差，那么该住宅对于空间加热或制冷的能源需求量就会比较多，因此会产生更多的碳排放（Tukker, Hong et al.）。在居民日常生活中，家用电器是必不可少的，而家电产品正是家庭能源消耗的第二大来源，使用家电产品产生的碳排放占居民碳排放总量的比例高达30%。四是行，德鲁克曼（Druckman）等学者从家庭时间分配的角度，将家庭活动分为18类，结果表明，在家庭各种活动产生的碳排放中，"通勤"所产生的碳排放位居第三位。

四、人口因素

我国人口基数较大，城镇化进程较快，在未来，居民碳排放量可能会由于人口规模的不断扩大而呈现快速增长的态势，给总体碳减排目标的达成带来巨大的压力。

（一）我国人口总规模与地区分布

如图5-6所示，第七次人口普查的数据显示，2020年，我国的人口总规模达到了将近14.2亿人，与2010年第六次人口普查的13.4亿人相比，大约增长了6.0%；从地区分布来看（见图5-7），东部地区是我国人口最集中的地区，东北地区是我国人口集中度最低的地区，且中部、西部以及东北地区的人口呈现出不断向东部地区迁移的趋势，因此东部发达地区的碳排放量相对较大。

（二）我国城镇人口数与乡村人口数

从城镇人口数与乡村人口数的对比来看，三次人口普查的结果显示（见图5-8），2000年，我国的城镇人口数还远远低于乡村人口数，但是经过20年的发展，城镇化水平大幅提高，城镇人口数已经远远超过了乡村人口数，与2010年相比，2020年城镇人口的比重上升了14.21%。因此相较于乡村地区，城镇居民会产生更多的碳排放。

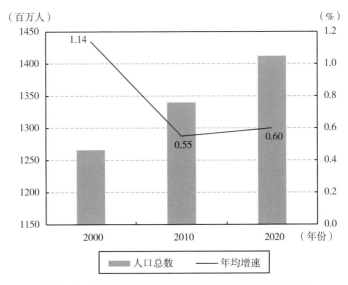

图 5 - 6　我国三次人口普查的人口总规模与年均增速

资料来源：国家统计局。

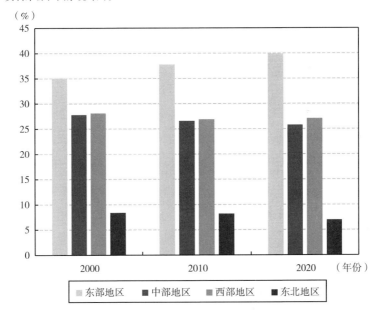

图 5 - 7　我国三次人口普查的人口按地域分布

注：东部地区是指北京、天津、上海、河北、江苏、浙江、山东、福建、广东和海南10省（市）；中部地区是指山西、安徽、河南、江西、湖北和湖南6省；西部地区是指内蒙古、广西、四川、重庆、贵州、云南、西藏、甘肃、陕西、青海、宁夏和新疆12省（区、市）；东北地区是指黑龙江、吉林和辽宁3省。

资料来源：国家统计局。

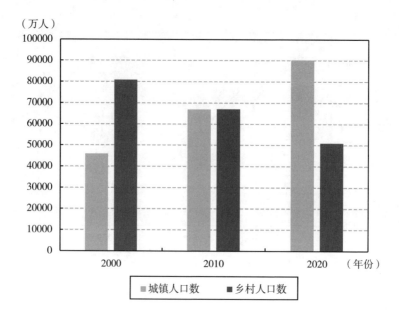

图 5-8　我国三次人口普查城镇人口数与乡村人口数
资料来源：《中国统计年鉴》2001 年、2011 年、2021 年。

此外，国家通过对各方面的综合考虑，在近期出台了三孩政策，三孩政策的实施在一定程度上会促进我国人口规模的进一步扩大。我国人口基数较大，人口增长速度较快，如果不采取有效的措施对碳排放加以控制，人口的增长会进一步促进我国碳排放的增加，对碳中和目标的如期实现也会造成一定的阻碍。

五、交通出行因素

交通部门是重要的二氧化碳排放部门，目前，在全球碳排放总量中，交通领域产生的碳排放占据 25%。随着交通工具数量和交通出行方式的种类不断增加，我国交通领域的能源消耗占比也呈现出逐步上升的趋势，因此，交通领域是我国节能减排的重要领域（曲建升等，2014）。

（一）交通领域碳排放来源

交通领域的二氧化碳排放量是巨大的，交通出行排放的尾气对于空气会造成极大的污染。目前，在全球交通领域中（见图5-9），乘用车是最主要的碳排放来源，占比达到了45.1%，而在中国交通领域中（见图5-10），公路交通是最大的碳排放来源，占比达到将近90%。

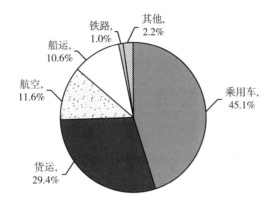

图5-9 全球交通领域碳排放来源

资料来源：国泰君安证券研究。

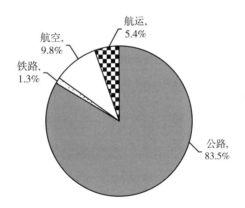

图5-10 我国交通领域碳排放来源

资料来源：国泰君安证券研究。

（二）私家车出行

当前，居民对交通出行方式的选择空间越来越大。出于社会认可以及舒适度等原因，越来越多的人开始购买私家车，不管是日常出行，还是短途旅游，都开始选择私家车这一交通工具，使交通领域二氧化碳排放量剧增。面对气候变化和环境恶化的压力，我们需要不断探索低能耗、环境友好的出行方式以减少二氧化碳的排放。

1. 私家车保有量

从图5-11中可以看出，随着经济的发展和收入的增加，2015～2019年，我国居民的私家车保有量在不断增加，截至2019年，私家车保有量已经达到了2.07亿辆。相对而言，驾驶私家车方便快捷又舒适，同时，选择私家车出行也是地位的一种象征，因而私家车的数量快速增加。

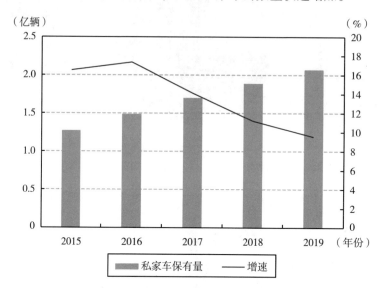

图5-11 2015～2019年中国私家车保有量

资料来源：Wind数据库。

2. 私家车销量

如图5-12所示，2019年，在全球各主要国家中，中国的私家车销量是最高的，达到了约21.5百万辆，比排名第二位的美国高出68%左右；但是在每千人私家车保有量上，美国的每千人私家车保有量最多，由于人口众多，我国的每千人私家车保有量较少。

3. 私家车碳排放量

在私家车、飞机、地铁等交通工具中，选择私家车出行这一交通方式产生的碳排放量是最高的（见图5-13）。根据相关数据，选择私家车出行，会产生高达21.6千克/100千米的碳排放量，而乘坐飞机、高铁、地铁以及轮船等交通工具产生的碳排放量仅分别为12.2千克/100千米、1.4千克/100

千米、1.3 千克/100 千米及 1.02 千克/100 千米，自行车出行产生的碳排放可以忽略不计。

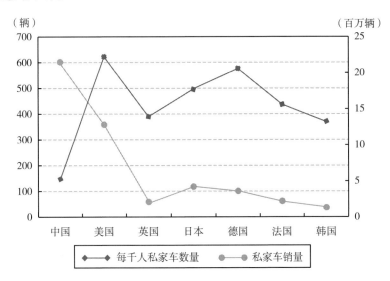

图 5 - 12　2019 年全球主要国家私家车千人保有量和私家车销量
资料来源：Wind 数据库。

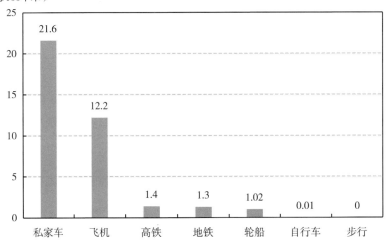

图 5 - 13　不同交通工具人均百公里碳排放量
资料来源：能源基金会。

交通工具选择方式越来越多，导致居民交通出行产生的碳排放不断增加。为了减少交通领域的碳排放，全球各主要国家纷纷采取了相关政策措施，但为了保障碳中和目标的早日实现，还应该继续对居民交通领域制定相应的低碳减排政策，以促进居民的绿色出行。

六、居民消费因素

我国正在努力扩大内需，鼓励居民消费，在促进经济增长的同时进一步提升居民的消费支出和消费水平，以提高居民消费对国内生产总值的贡献率。而居民在消费时购买的商品或服务在生产时会产生大量的能源消耗和碳排放，与此同时，居民的消费量和消费结构也直接影响到与之相关的行业的碳排放（Kittikun et al.，2018）。

（一）居民消费支出

如图 5-14 所示，2015～2019 年，我国居民人均消费支出不断增加，2020 年，受到疫情等因素的影响，居民人均消费支出略微有所下降，但也达到了 2.12 万元。居民消费支出的提高会导致居民购买的消费品以及与消费品相关的生产部门碳排放量的增加。

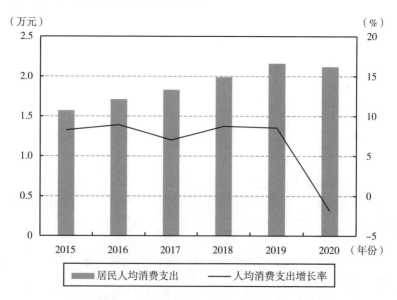

图 5-14 2015～2020 年中国居民人均消费支出与增长率

资料来源：国家统计局。

（二）居民消费结构

居民消费结构表示居民对各种类型的商品和服务的消费支出占居民消费总支出的比例。

居民消费结构受到各种因素的影响，会不断发生变化。一方面，从消费类别来看，居民不再仅满足于温饱的需求，居民的消费倾向逐渐从对食品的消费转移到对其他产品的消费，即恩格尔系数逐渐降低，如图5－15所示；另一方面，在相同类别的产品中，居民对于商品的选择会随着收入水平的提高而发生变化，如从对普通产品的消费转向对高档产品的消费。因此，居民消费行为的变化会导致相关行业的能源使用情况、生产水平等发生变化，从而会影响相关产品和服务的碳排放量，进而对居民消费碳排放产生影响。因此，居民的消费行为不仅与消费本身相关，还会影响到与之相关的生产部门，居民消费产生的碳排放量直接反映了相关行业的碳排放情况。

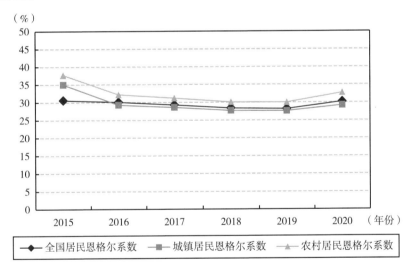

图5－15　2015～2020年我国城乡居民恩格尔系数

资料来源：国家统计局。

如图5－16所示，2015年，居民八项消费支出所占比重由高到低分别为食品烟酒（30.6%）、居住（21.8%）、交通通信（13.3%）、教育文化娱乐（11.0%）、服装（7.4%）、医疗保健（7.4%）、生活用品及服务

（6.1%）、其他商品和服务（2.5%）。到 2020 年，居民食品烟酒消费的比例下降到 30.2%，居住消费的比例上升到 24.6%，交通通信消费的比例下降到 13.0%，教育文化娱乐、服装、生活用品及服务消费的比例分别下降到 9.6%、5.8%、5.9%，医疗保健消费的比例上升到 8.7%。可见，近几年来我国居民的消费结构产生了一些变化，总体来看，在居民各种类型的消费支出中，食品消费支出出现小幅的下降，而居民对居住的消费支出有所增加，交通通信支出在居民消费支出中也占据不小的比例。

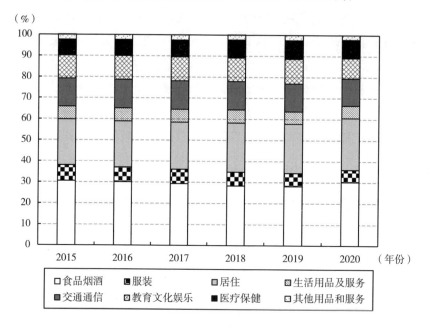

图 5 - 16　2015 ～ 2020 年我国居民消费结构
资料来源：国家统计局。

总体来看，居民在食品、居住以及交通方面的消费支出占比较高，因此，居民在这三个方面产生的碳排放会相对较多。

影响居民碳排放的因素很多，本章列举了经济发展、城镇化、收入规模、人口、交通出行以及居民消费等因素对居民碳排放的影响。工业生产部门的碳排放量是巨大的，但是要想尽快达到节能减排的目标，早日实现碳中和的目标，对于居民个人碳排放进行控制势在必行。应采取一定的措施牢固树立居民的节能意识和环保意识，促进居民的低碳消费行为和低碳出行行为，发挥全社会的作用，共同为全球碳排放的减少贡献力量。

第三节　居民个人碳排放测算与因素分解

目前，对于碳排放的测算还没有一个统一的方法和直接的数据。本节主要是对居民日常生活中消费的各种能源以及对各种类型产品的消费所产生的直接碳排放与间接碳排放进行研究，选取 2005～2018 年我国居民能源消费和生活消费的相关数据来探讨居民日常消费所产生的二氧化碳排放量。

一、居民能源消费直接碳排放

居民能源消费直接碳排放是指居民消耗的各种类型的能源所产生的碳排放，也包括家用电器以及家庭取暖设施的使用等所产生的碳排放（耿怡颖，2018）。本节的居民能源消费主要是指居民对焦炭、煤炭、煤油、汽油、柴油、液化石油气、煤气、天然气、电力、热力 10 种能源的消费。

（一）化石能源消费碳排放

查阅相关文献，采用《IPCC 国家温室气体排放清单指南》中所使用的居民对化石能源的消费产生二氧化碳的计算方法：

$$CO_2 = \sum_{i=1}^{8} E_i \cdot NCV_i \cdot CC_i \cdot COF_i \cdot \frac{44}{12} \qquad (5-1)$$

其中，CO_2 指居民消费的化石能源产生的碳排放量，E_i 指居民对 i 类能源的消费量（$i=1$，2，…，8，分别代表着焦炭、煤炭、煤油、汽油、柴油、液化石油气、煤气、天然气），NCV_i 表示 i 类能源的平均低位发热量，CC_i 表示 i 类能源的单位热值含碳量，COF_i 表示 i 类能源的氧化率，$\frac{44}{12}$ 表示二氧化碳与碳的转换系数。

为了便于统一计算，需要按照各种能源给定的折标煤系数将各能源的消耗量换算成标准煤。

各能源的折标煤系数以及其他相关数据如表 5-1 和表 5-2 所示。

表 5 – 1   各能源折标煤系数

能源	折标煤系数
焦炭	0.9714 千克标准煤/千克
煤炭	0.7143 千克标准煤/千克
煤油	1.4714 千克标准煤/千克
汽油	1.4714 千克标准煤/千克
柴油	1.4571 千克标准煤/千克
液化石油气	1.7143 千克标准煤/千克
煤气	0.59285 千克标准煤/立方米
天然气	1.3300 千克标准煤/立方米
电力	0.1299 千克标准煤/千瓦小时
热力	0.03412 千克标准煤/百万焦耳

资料来源：《中国能源统计年鉴（2020）》。

表 5 – 2   各化石能源相关数据

能源类型	平均低位发热量（千焦/千克）	单位热值含碳量（吨碳）	氧化率	二氧化碳排放系数（千克二氧化碳/千克）
焦炭	28435	29.5	0.93	2.8604
煤炭	20908	26.37	0.94	1.9003
煤油	43070	19.5	0.98	3.0179
汽油	43070	18.9	0.98	2.9251
柴油	42652	20.2	0.98	3.0959
液化石油气	50179	17.2	0.98	3.1014
煤气	17900(千焦/立方米)	12.1	0.99	0.7863
天然气	38931(千焦/立方米)	15.3	0.99	2.1266

资料来源：第 1 列数据来自《中国能源统计年鉴》，第 2 列与第 3 列数据来自《省级温室气体清单编制指南》，第 4 列数据由前 3 列数据计算得到。

（二）二次能源消费碳排放

电力和热力属于二次能源，因此电力和热力消费产生二氧化碳的计算方式与化石能源的消费有所不同。对居民电力消费所产生的二氧化碳排放量的计算方式是用电力的消耗量乘以电力的碳排放系数，全国电力碳排放系数采用均值进行计算；对居民热力消费所产生的二氧化碳排放量的计算方式是先将热力的消费量转化为标准煤，再乘以标准煤的碳排放系数，碳排放系数采用国家能源研究所的数据 0.67 千克/千克标煤，即 1 千克标准煤的含碳量为 0.67 千克，合 2.46 千克二氧化碳。

不同区域的电力碳排放系数如表 5 - 3 所示。

表 5 - 3　　　2005 ~ 2018 年我国不同区域电力碳排放系数及均值汇总

单位：千克二氧化碳/千瓦·小时

年份	华北区域	东北区域	华东区域	华中区域	西北区域	南方区域	均值
2005	1.2461	1.0960	0.9282	0.8012	0.9767	0.7143	0.9604
2006	1.0585	1.1983	0.9411	1.2526	1.0329	0.9853	1.0781
2007	1.1208	1.2404	0.9421	1.2899	1.1257	1.0119	1.1218
2008	1.1169	1.2561	0.9518	1.2783	1.1225	1.0634	1.1315
2009	1.0069	1.1293	0.8825	1.1255	1.0246	0.9987	1.0279
2010	0.9914	1.1109	0.8592	1.0871	0.9947	0.9762	1.0033
2011	0.9803	1.0852	0.8367	1.0297	1.0001	0.9489	0.9802
2012	1.0021	1.0935	0.8244	0.9944	0.9913	0.9344	0.9734
2013	1.0302	1.1120	0.8100	0.9779	0.9720	0.9223	0.9707
2014	1.0580	1.1281	0.8095	0.9724	0.9578	0.9183	0.9740
2015	1.0416	1.1291	0.8112	0.9515	0.9457	0.8959	0.9625
2016	1.0000	1.1171	0.8086	0.9229	0.9316	0.8676	0.9413
2017	0.9680	1.1082	0.8046	0.9014	0.9155	0.8367	0.9224
2018	0.9455	1.0925	0.7937	0.8770	0.8984	0.8094	0.9028

资料来源：各年省级温室气体清单编制指南。

居民能源消费直接碳排放计算公式如下：

$$直接碳排放计算 \begin{cases} 一次能源碳排放：CO_2 = \sum_{i=1}^{8} E_i \cdot NCV_i \cdot CC_i \cdot COF_i \cdot \dfrac{44}{12} \\ 电力碳排放：C_e = Q_e \times EC_t \\ 热力碳排放：C_h = Q_h \times 0.03412 \times 2.46 \end{cases}$$

其中，C_e 为居民对电力的消费所产生的碳排放量，Q_e 为居民对电力的消耗量，EC_t 为电力碳排放系数均值，C_h 为居民对热力的消费所产生的碳排放量，Q_h 为居民对热力的消耗量，0.03412 为热力的折标煤系数。

二、居民生活消费间接碳排放

居民生活消费间接碳排放是指居民在日常生活中对各种类型的消费品的消费所产生的碳排放。结合相关学者的研究，本节采用消费者生活方式方法（CLA 法），通过对居民各种类型消费品的支出进行分析，结合各消费品每一单位消费支出所产生的碳排放来计算出居民间接碳排放（尚梅、张凤斌、胡振，2021）。居民间接碳排放的测算方法为：

$$CO_2' = \sum_{j=1}^{8} S_j \times C_j \qquad (5-2)$$

其中，CO_2' 为居民生活消费产生的间接碳排放量，S_j 为居民对 j 类型消费品的消费支出（j 分别为食品烟酒，服装……其他用品和服务），C_j 为 j 类消费品单位支出产生的碳排放量。

居民对各种类型消费品的消费每支出一元产生的碳排放量如表 5-4 所示。

表 5-4 居民单位消费支出碳排放

居民消费支出类型	碳排放量（千克/元）
食品烟酒	0.095
服装	0.126
居住	0.192
生活用品及服务	0.158
交通通信	0.159
教育文化娱乐	0.160
医疗保健	0.177
其他用品和服务	0.064

资料来源：尚梅等，《家庭异质性视角下城乡居民家庭碳排放研究》，载《生态经济》2021 年第 2 期。

三、居民碳排放因素分解

通过查阅相关文献可知，对居民消费产生的碳排放进行分析的方法主要有投入产出法（I-O 法）、生命周期法（LAC 法）、LMDI 分解法等。投入产出法一般需要用到投入产出表，而我国的投入产出表通常是 5 年统计一次，因此，采用投入产出法会在一定程度上影响研究的时效性；生命周期法对于生命周期阶段的确定比较困难，因此可能会导致研究的系统性不那么完整；LMDI 分解法是一种不产生残差的完全分解方法，同时，由于指数运算的特殊性，LMDI 可以分为乘法分解和加法分解两种，两种形式可以相互转换，还可以用来处理零和负值，并且 LMDI 分解法易于理解，操作相对比较简单，因此 LMDI 分解法在研究居民碳排放的影响因素时应用较为广泛，也是本节对影响居民碳排放的因素进行分析所采用的方法。

（一）居民直接碳排放分解模型

本节的 LMDI 分解法是将影响居民碳排放的各因素相乘，来表示各因素对居民碳排放量的影响和影响程度。结合国内外的相关研究成果，将影响居民直接碳排放的因素主要分为能源碳排放强度、能源消费结构、能源消费强度、经济发展、人口规模五个因素。式（5-3）是居民直接碳排放主要影响因素的表达式：

$$CO_2 = \sum_i C_i = \sum_i \frac{C_i}{E_i} \times \frac{E_i}{E} \times \frac{E}{I} \times \frac{I}{P} \times P = \sum_i a_i \times b_i \times c \times d \times P$$

$$(5-3)$$

其中，CO_2 表示居民能源消费产生的直接碳排放总量，C_i 表示居民消费第 i 种能源产生的碳排放量，E_i 表示居民对第 i 种能源的消费量，E 表示居民消费的生活能源总量，I 表示 GDP，P 表示人口数。$a_i = \frac{C_i}{E_i}$ 表示第 i 种能源碳排放量与第 i 种能源消费量的比值，即居民在生活中消费 i 类能源所产生的碳排放量，代表能源碳排放强度因素；$b_i = \frac{E_i}{E}$ 表示第 i 种能源的消费量与能源消费总量的比值，代表能源消费结构因素；$c = \frac{E}{I}$ 表示能源消费总量与 GDP 的比值，即居民每单位 GDP 的能源消费量，代表能源消费强度因素；$d = \frac{I}{P}$ 表示 GDP 与人口数的比重，即人均 GDP，代表经济发展因素；P 表示人口数，代表人口规模因素。

用 0 和 t 分别表示基期和 t 期，则 $\Delta C = C_t - C_0 = \Delta C_a + \Delta C_b + \Delta C_c + \Delta C_d + \Delta C_p$。

其中，ΔC_a 表示能源碳排放强度效应，ΔC_b 表示能源消费结构效应，ΔC_c 表示能源消费强度效应，ΔC_d 表示经济发展效应，ΔC_p 表示人口规模效应。

在 LMDI 模型下居民能源消费直接碳排放增量被分解，具体的分解结果如下所示：

能源碳排放强度效应：

$$\Delta C_a = \sum_i \left(\frac{C_i^t - C_i^0}{\ln C_i^t - \ln C_i^0} \times \ln \frac{a_i^t}{a_i^0} \right) \tag{5-4}$$

能源消费结构效应：

$$\Delta C_b = \sum_i \left(\frac{C_i^t - C_i^0}{\ln C_i^t - \ln C_i^0} \times \ln \frac{b_i^t}{b_i^0} \right) \tag{5-5}$$

能源消费强度效应：

$$\Delta C_c = \sum_i \left(\frac{C_i^t - C_i^0}{\ln C_i^t - \ln C_i^0} \times \ln \frac{c^t}{c^0} \right) \tag{5-6}$$

经济发展效应：

$$\Delta C_d = \sum_i \left(\frac{C_i^t - C_i^0}{\ln C_i^t - \ln C_i^0} \times \ln \frac{d^t}{d^0} \right) \tag{5-7}$$

人口规模效应：

$$\Delta C_p = \sum_i \left(\frac{C_i^t - C_i^0}{\ln C_i^t - \ln C_i^0} \times \ln \frac{P^t}{P^0} \right) \tag{5-8}$$

第 i 类因素对碳排放的贡献率：

$$\beta_i = \frac{\Delta C_i}{\Delta C} \tag{5-9}$$

（二）居民间接碳排放分解模型

居民间接碳排放主要是居民在衣食住行方面以及其他服务消费中产生的碳排放，它与居民的能源消费状况无关（彭璐璐，2020）。结合相关文献，本节把影响居民间接碳排放的因素主要分为家庭消费结构、家庭消费率、家庭人均收入与人口规模。居民间接碳排放主要影响因素的表达式如下所示：

$$CO_2' = \sum_j C_j = \sum_j \frac{c_j}{C} \times \frac{C}{I} \times \frac{I}{P} \times P = \sum_j f_j \times s \times n \times p \tag{5-10}$$

其中，CO_2' 是指居民各种类型的消费产生的间接碳排放总量，C_j 为居民对 j 类消费品的消费产生的碳排放，c_j 为居民对 j 类消费品的支出，C 为居民的总消费支出，I 为居民总收入，P 为总人口数。$f_j = \dfrac{c_j}{C}$ 表示居民对 j 类消费品的支出占总消费支出的比重，代表家庭消费结构因素；$s = \dfrac{C}{I}$ 表示居民总消费支出与居民总收入的比例，代表家庭消费率因素；$n = \dfrac{I}{P}$ 表示居民总收入与总人口的比例，代表家庭人均收入因素；P 表示人口数，代表人口规模因素。

同样地，用 0 和 t 分别表示基期和 t 期，则

$$\Delta C' = C_t' - C_0' = \Delta C_f + \Delta C_s + \Delta C_n + \Delta C_p$$

其中，ΔC_f 表示家庭消费结构效应，ΔC_s 表示家庭消费率效应，ΔC_n 表示家庭人均收入效应，ΔC_p 表示人口规模效应。

在 LMDI 模型下居民生活消费间接碳排放增量被分解，具体的分解结果如下所示：

家庭消费结构效应：

$$\Delta C_f = \sum_j \left(\frac{C_j^t - C_j^0}{\ln C_j^t - \ln C_0^t} \times \ln \frac{f_j^t}{f_j^0} \right) \qquad (5-11)$$

家庭消费率效应：

$$\Delta C_s = \sum_j \left(\frac{C_j^t - C_j^0}{\ln C_j^t - \ln C_0^t} \times \ln \frac{s^t}{s^0} \right) \qquad (5-12)$$

家庭人均收入效应：

$$\Delta C_n = \sum_j \left(\frac{C_j^t - C_j^0}{\ln C_j^t - \ln C_0^t} \times \ln \frac{n^t}{n^0} \right) \qquad (5-13)$$

人口规模效应：

$$\Delta C_p = \sum_j \left(\frac{C_j^t - C_j^0}{\ln C_j^t - \ln C_0^t} \times \ln \frac{P^t}{P^0} \right) \qquad (5-14)$$

第 j 类因素对碳排放的贡献率：

$$\beta_j = \frac{\Delta C_j}{\Delta C} \qquad (5-15)$$

第四节　居民个人碳排放测算与分解结果

一、居民能源消费直接碳排放

（一）居民能源消费现状

1. 居民能源消费结构

本部分将研究的 10 种能源分为煤炭类、油品类、天然气、电力、热力5 种能源类型。其中，煤炭类能源包括焦炭、煤炭、煤气，油品类能源包括煤油、汽油、柴油、液化石油气。

从居民能源消费类别来看（见图 5 – 17），居民生活中对煤炭类能源的消费占比从 2005 年的 48.91% 下降到 2018 年的 15.84%，下降幅度较大；而电力和油品类能源消费的比例呈现出波动上升的趋势，分别从 2005 年的22.16% 和 22.58% 上升到 2018 年的 31.49% 和 35.66%，逐渐成为居民生活能源消费的主要品种；居民天然气消费所占比例也在不断提升，从 2005 年的6.33% 提高到 2018 年的 16.99%；目前，居民对于热力的消费量相对较低，所占比例只有 0.02% 左右，在研究期间热力消费占比没有较大变化。

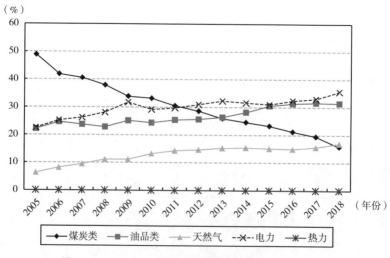

图 5 – 17　2005～2018 年中国居民能源消费结构变化

居民煤炭类能源消费比重大幅下降的原因主要是其燃烧会产生大量的碳排放，带来严重的环境污染问题，因此在日常生活中，政府不断采取相关措施倡导居民使用天然气等清洁能源，来逐渐代替各种煤炭类能源，以减少煤炭类能源燃烧带来的环境污染。

2. 居民能源消费总量

2005～2018 年，中国居民能源消费总量呈现不断上升的趋势（见图 5 - 18），从 2005 年的 165.97 百万吨标准煤增长到了 2018 年的 366.36 百万吨标准煤，年均增长率为 8.62%，在研究期间，居民能源消费增长率呈现出先上升后下降的趋势。

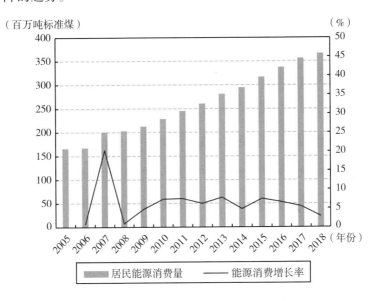

图 5 - 18　2005～2018 年中国居民能源消费量

2001 年，中国加入了世界贸易组织（WTO），中国经济的发展开始与世界经济相互影响。经济发展速度越来越快，使居民对能源消费的需求不断增加，因此，在刚加入 WTO 的几年内，居民能源消费增长率较高。但是逐渐地，环境问题引起了人们的重视，政府不断采取相关措施减少对环境的污染，提出了"循环经济""科学发展观"等概念，同时号召广大居民提高节能环保意识，积极参与节能环保活动，所以在接下来的几年里，居民能源消费增长率不断下降（徐丽等，2019）。

（二）居民能源消费直接碳排放现状

1. 居民各能源消费碳排放

2005～2018 年，居民各种类型的能源消费产生的碳排放量在持续增加，但是不同能源消费产生的碳排放量差异较大（见图 5 - 19）。具体来看，电力消费一直是居民能源消费直接碳排放的最大产生因素，随着电力逐渐成为居民能源消费的主要类型，其产生的碳排放量也在大幅增加，从 2005 年的 277.08 百万吨增长到 2018 年的 908.04 百万吨，年均增长幅度达到16.27%，远远超过居民对其他各种能源消费产生的碳排放；另外，居民对油品类能源消费支出的增加，导致油品类能源消费产生的碳排放呈现出不断上升的趋势，从 2005 年的 112.67 百万吨增长到 2018 年的 348.66 百万吨，增长幅度达到年均 14.96%，仅次于电力消费产生的碳排放；由于煤炭类能源对环境污染的影响较大，居民正在逐步减少对煤炭类能源的消费，对煤炭的依赖度大幅下降，因此近年来，煤炭类消费产生的碳排放在不断减少；随着天然气普及程度的不断扩大，居民天然气消费所产生的碳排放呈现稳步增长的趋势；而居民对热力的消费量较少，因此热力消费产生的碳排放量很少。

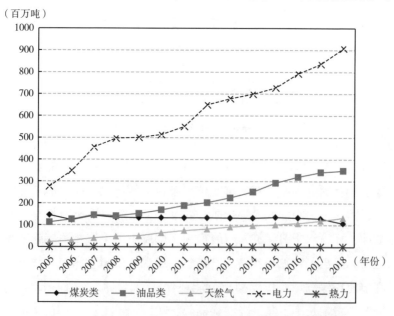

图 5 - 19 2005～2018 年中国居民各能源消费产生的碳排放

2. 居民能源消费碳排放总量

2005～2018 年，居民能源消费产生的直接碳排放总量不断增加（见图 5-20），从 2005 年的 557.67 百万吨增长到 2018 年的 1496.51 百万吨，年均增长率达到 12.03%。由于我国居民生活水平的提高、人口的增加、基础设施的日渐完善、私家车持有量的增加以及能源消费种类的不断丰富等原因，我国居民直接碳排放量不断增加。

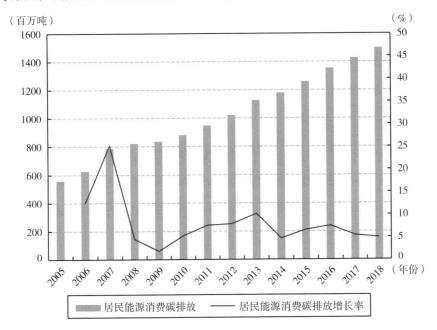

图 5-20　2005～2018 年中国居民能源消费产生的碳排放总量

二、居民生活消费间接碳排放

（一）居民生活消费支出现状

1. 居民各类型消费支出

2005～2018 年，中国居民对各类型的消费支出呈现出持续上升的趋势（见图 5-21），食品烟酒支出始终是居民家庭消费领域最大的支出，年均增长率达到 15.27%；近年来，居民在居住方面的消费支出大幅上涨，年均增长率高达 56.26%，与居民对食品烟酒支出的差距逐渐缩小，可见，房价的持续大幅上涨以及人们对住房的需求对居民的消费支出产生了非常大的影响；随着家庭收入的提高，居民在满足基本的生活后，越来越追求舒适便利的生活方式，尤其是在交通领域，居民对交通通信的消费支出越来越多，年均增长率达到 28.75%；随着生活条件的改善，居民对其他各类型消费的支出也在不断增加。

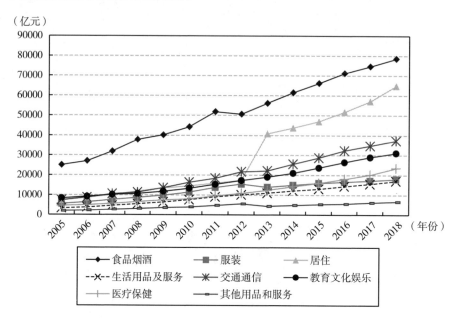

图 5-21　2005~2018 年中国居民各类型家庭消费支出

2. 居民家庭消费支出总额

2005~2018 年，居民家庭消费支出总额持续大幅上涨（见图 5-22），年均增长率达到 23.92%。我国经济发展速度较快，人们的收入水平有了很大幅度的提高，再加上国家大力倡导由居民消费来拉动经济增长，带动了居民消费支出的持续增加（邹静妹，2017）。

（二）居民生活消费间接碳排放现状

1. 居民各类型消费产生的碳排放

从图 5-23 中可以看出，2013 年以前，居民对于食品消费产生的碳排放最多。近年来，由于房价的飙升，居民对于居住的消费支出大幅上涨，加上每单位居住消费支出产生的碳排放量较高，导致在 2013 年后，居民对

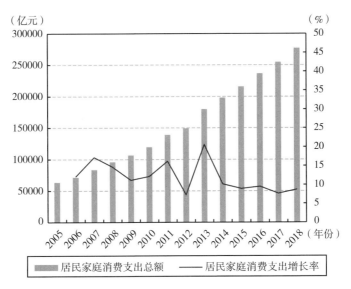

图 5 – 22　2005～2018 年中国居民家庭消费支出总额

于居住消费产生的碳排放超过食品消费产生的碳排放，居住消费一跃成为
目前碳排放量最多的消费类型。居民对于交通通信消费产生的碳排放也是
非常多的，仅次于居住和食品消费支出产生的碳排放。最后，从图 5 – 23
中可以看出，其他各种类型的消费所产生的碳排放量都呈现上升的状态。

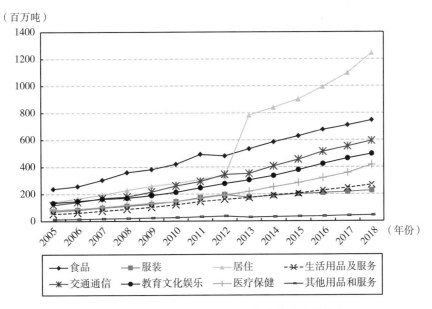

图 5 – 23　2005～2018 年中国居民各消费支出碳排放

2. 居民各类型消费碳排放总量

2005～2018 年，居民各类消费支出产生的碳排放总量不断增加（见图 5 – 24），从 2005 年的 848.24 百万吨增长到 2018 年的 4034.94 百万吨，年均增长率高达 26.83%。充分说明，随着经济的快速发展、家庭收入水平的提高、居民消费模式的升级，我国居民间接碳排放量不断增加。

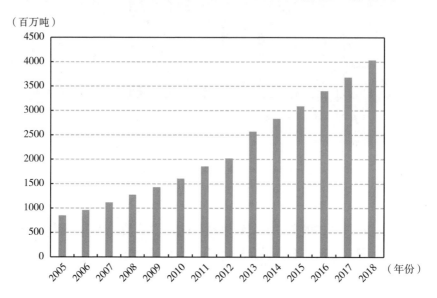

图 5 – 24　2005～2018 年中国居民家庭消费碳排放总量

三、居民直接碳排放与间接碳排放

总体来看（见图 5 – 25），2005～2018 年居民家庭直接碳排放占比呈现下降的趋势，年均下降比例为 3.33%，说明居民家庭正经历由温饱型生活向舒适、高品质型生活的转换；而居民家庭间接碳排放占比呈现持续上升的趋势，年均上升比例为 4.19%，说明随着经济的发展以及生活水平的提高，家庭消费领域产生的碳排放对居民碳排放总量的影响程度更大（范建双、周琳，2018）。

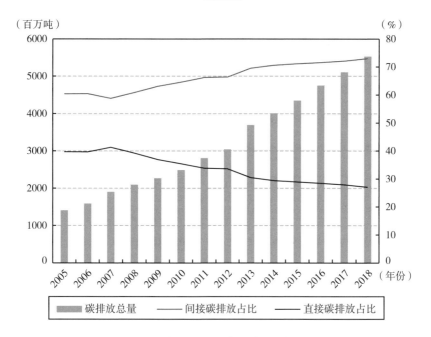

图 5 - 25　2005 ~ 2018 年中国居民直接碳排放与间接碳排放占比

四、居民个人碳排放驱动因素

(一) 居民能源消费直接碳排放分解

在我国居民生活能源消费碳排放 LMDI 分解模型中，从逐年效应来看（见表 5 - 5），经济发展效应、人口效应在各年均为正值，说明经济发展效应和人口效应对我国居民直接碳排放具有促进作用。2005 ~ 2018 年，我国居民人均 GDP 从 2005 年的 14365 元上升到 2018 年的 66006 元，增长了 3.5 倍左右。而我国的人口数量从 2005 年的 130756 万人上升到 2018 年的 139538 万，增长了 0.07 倍左右。经济发展和人口增加等因素导致居民的能源消费量不断增长，我国居民生活能源消费量从 2005 年的 165.97 百万吨标准煤增加到 2018 年的 366.36 百万吨标准煤，增长了 1.21 倍左右，能源消费量的增加促进了居民直接碳排放量的增加。从贡献率来看（见表 5 - 6），与人口因素相比，经济发展因素的年均贡献率达到 193.24%，而人口因素对碳排放的贡献率仅为年均 9.02%。由此可见，经济的不断发展是推动我国居民生活能源消费碳排放增加的主要因素。

表 5 – 5 　　　　　　居民能源消费直接碳排放 LMDI 分解结果 　　　单位：10^6 t

年份	能源碳排放强度效应 ΔC_a		能源消费结构效应 ΔC_b		能源消费强度效应 ΔC_c		经济发展效应 ΔC_d		人口效应 ΔC_P	
	逐年效应	累积效应	逐年效应	累积效应	逐年效应	累积效应	逐年效应	累积效应	逐年效应	累积效应
2005 ~ 2006	37. 18	37. 18	31. 29	31. 29	− 89. 15	− 89. 15	90. 17	90. 17	3. 12	3. 12
2006 ~ 2007	18. 23	55. 41	10. 10	41. 39	− 16. 10	− 105. 25	142. 40	232. 57	3. 63	6. 75
2007 ~ 2008	4. 10	59. 51	24. 35	65. 74	− 126. 84	− 232. 09	130. 16	362. 73	4. 08	10. 83
2008 ~ 2009	− 47. 93	11. 58	24. 80	90. 54	− 34. 40	− 266. 49	68. 64	431. 37	4. 04	14. 87
2009 ~ 2010	− 12. 29	− 0. 71	− 4. 31	86. 23	− 82. 92	− 349. 41	139. 76	571. 13	4. 11	18. 98
2010 ~ 2011	− 12. 40	− 13. 11	13. 09	99. 32	− 88. 22	− 437. 63	150. 02	721. 15	4. 38	23. 36
2011 ~ 2012	− 4. 02	− 17. 13	19. 48	118. 80	− 37. 74	− 475. 37	92. 45	815. 60	4. 88	28. 24
2012 ~ 2013	− 1. 78	− 18. 91	24. 78	143. 58	− 22. 21	− 497. 58	98. 03	911. 63	5. 29	33. 53
2013 ~ 2014	2. 34	− 16. 57	− 3. 48	140. 10	− 36. 29	− 533. 87	84. 51	996. 14	6. 00	39. 53
2014 ~ 2015	− 8. 47	− 25. 04	− 0. 82	139. 28	5. 99	− 527. 88	75. 95	1072. 09	6. 04	45. 57
2015 ~ 2016	− 16. 93	− 41. 97	28. 38	167. 66	− 15. 64	− 543. 52	91. 92	1164. 01	7. 66	53. 23
2016 ~ 2017	− 16. 52	− 58. 49	15. 16	182. 82	− 69. 49	− 613. 01	136. 20	1300. 21	7. 38	60. 61
2017 ~ 2018	− 18. 73	− 77. 22	47. 81	230. 63	− 93. 78	− 706. 79	128. 22	1428. 43	5. 56	66. 17

表 5 - 6　　　　　居民能源消费直接碳排放各因素贡献率　　　　单位：%

年份	β_a	β_b	β_c	β_d	β_P	β
2005 ~ 2006	51.21	43.09	-122.78	124.18	4.30	100
2006 ~ 2007	11.52	6.38	-10.17	89.98	2.29	100
2007 ~ 2008	11.44	67.92	-353.81	363.07	11.38	100
2008 ~ 2009	-316.37	163.70	-227.06	453.07	26.67	100
2009 ~ 2010	-27.71	-9.72	-186.97	315.13	9.27	100
2010 ~ 2011	-18.54	19.58	-131.93	224.35	6.55	100
2011 ~ 2012	-5.36	25.96	-50.29	123.18	6.50	100
2012 ~ 2013	-1.71	23.80	-21.33	94.16	5.08	100
2013 ~ 2014	4.41	-6.56	-68.37	159.21	11.30	100
2014 ~ 2015	-10.76	-1.04	7.61	96.52	7.68	100
2016 ~ 2017	-17.75	29.75	-16.40	96.36	8.03	100
2017 ~ 2018	-22.71	20.84	-95.55	187.27	10.15	100
2018 ~ 2019	-27.11	69.21	-135.76	185.61	8.05	100
年均贡献率	-28.42	34.84	-108.68	193.24	9.02	100

如图 5 - 26 所示，能源碳排放强度效应、能源消费结构效应以及能源消费强度效应在正负值之间波动。具体来看，能源碳排放强度效应在 2005 ~ 2008 年和 2013 ~ 2014 年为正，其余年份都为负，且年均贡献率为 - 28.42%，说明从整体来看，能源碳排放强度可以在一定程度上抑制居民能源消费碳排放的增加；能源消费结构效应在 2009 ~ 2010 年以及 2013 ~ 2015 年为负值，而其他各年份均为正值，贡献率为年均 34.84%。能源消费结构效应的正负变化主要是由于居民生活中对各能源消费所占的比例不同而引起的，一般来说，在各种类型的能源消费中，对高碳能源的消费所占比例越高，居民能源消费产生的碳排放量越多，反之，则会使碳排放量降低（赵立祥、王丽丽，2018）；能源消费强度效应除了在 2014 ~ 2015 年为正值，其余年份都为负，而且对碳排放的贡献率达到年均 - 108.68%，说明在各种因素中，能源消费强度因素对抑制我国居民能源消费碳排放的增加发挥主要的作用。

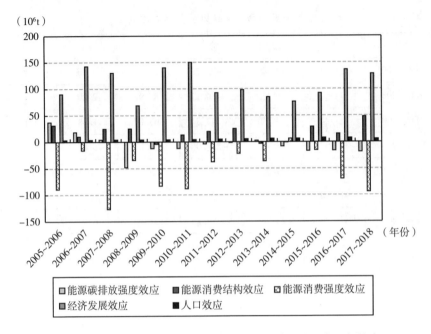

图 5 – 26　2005～2018 年中国居民能源消费碳排放因素逐年效应

从累积效应来看（见图 5 – 27），能源消费结构、经济发展和人口规模这三种因素对碳排放的累积效应表现为正值，说明能源消费结构、经济发展、人口规模对居民直接碳排放的增加具有一定的促进作用。从图 5 – 27 中可以看出，经济发展累积效应曲线远远超过能源消费结构累积效应曲线和人口累积效应曲线，表明与能源消费结构因素和人口因素相比，经济发展因素是促进居民能源消费碳排放量增加的主导因素；能源碳排放强度、能源消费强度效应主要表现为负值，表明能源碳排放强度和能源消费强度对居民能源消费碳排放量的增加具有一定的负向作用，其中能源消费强度累积效应曲线在能源碳排放强度累积效应曲线之下，说明与能源碳排放强度相比，能源消费强度对抑制我国居民直接碳排放量的增加发挥的作用更大。

总体来看，能源消费结构因素、经济发展因素、人口因素对居民直接碳排放具有正向作用，而能源碳排放强度因素和能源消费强度因素对居民直接碳排放具有负向作用，但是由于能源消费结构、经济发展和人口规模等因素对碳排放的正向贡献率大于能源碳排放强度、能源消费强度等因素对碳排放的负向贡献率，使2005～2018年中国居民生活能源消费产生的直接碳排放呈现持续增长的趋势。

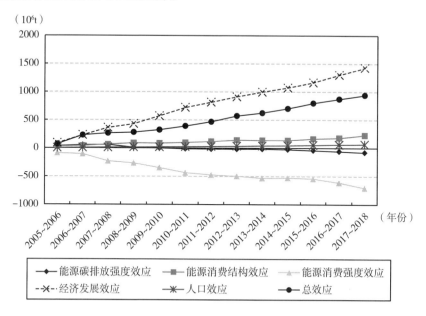

（10⁶t）

（年份）

图5-27 2005～2018年中国居民生活能源消费碳排放因素累积效应

（二）居民生活消费间接碳排放分解

从逐年效应来看（见表5-7和图5-28），家庭人均收入和人口规模是居民间接碳排放的正向驱动因素。2005～2018年，我国居民家庭人均收入不断增加，从2005年的14224.88元增加到2018年的65525.31元，增长幅度达到年均25.76%，未来，随着经济的不断发展以及鼓励居民消费政策的持续推进，居民的消费支出将会持续增加，收入的增加导致居民不仅仅满足于温饱的需求，人们对服装、旅游、教育、保健，以及对冬季的取暖设施、夏季的制冷设施等都有着更高的要求，这些都会导致居民间接碳排放的增加；我国的人口数量从2005年的130756万人上升到2018年的139538万人，增长幅度为年均0.48%，此外，我国发布了人口发展计划，未来，我国的人口数量还将持续增加，这也会在一定程度上促进居民间接碳排放量的增加。从贡献率来看（见表5-8），人口规模对居民间接碳排放的贡献率为年均4.55%，而家庭人均收入对碳排放的贡献率达到年均101.87%，可见家庭人均收入是促进我国居民间接碳排放增加的主要因素。

表 5 – 7　　　　居民生活消费间接碳排放 LMDI 分解结果　　　　单位：10^6t

年份	家庭消费结构效应 ΔC_f		家庭消费率效应 ΔC_s		家庭人均收入效应 ΔC_n		人口效应 ΔC_P	
	逐年效应	累积效应	逐年效应	累积效应	逐年效应	累积效应	逐年效应	累积效应
2005~2006	6.35	6.35	-44.61	-44.61	142.61	142.61	4.76	4.76
2006~2007	-2.80	3.55	-55.02	-99.63	214.10	356.71	5.25	10.01
2007~2008	-6.42	-2.87	-41.08	-140.71	198.53	555.24	6.07	16.08
2008~2009	10.73	7.86	35.26	-105.45	101.34	656.58	6.58	22.66
2009~2010	2.16	10.02	-75.98	-181.43	242.93	899.51	7.27	29.93
2010~2011	-8.19	1.83	-23.73	-205.16	174.92	1074.43	8.28	38.21
2011~2012	26.03	27.86	-68.23	-273.39	195.32	1269.75	9.59	47.80
2012~2013	126.61	154.47	219.51	-53.08	193.30	1463.05	11.13	58.93
2013~2014	0.76	155.23	15.11	-38.77	232.50	1695.55	14.05	72.98
2014~2015	4.63	159.86	67.58	28.81	171.21	1866.76	14.68	87.66
2015~2016	14.71	174.57	36.05	64.86	240.51	2107.27	19.04	106.70
2016~2017	18.38	192.95	-134.64	-69.78	377.12	2484.39	18.82	125.52
2017~2018	31.07	224.02	-42.79	-112.57	352.06	2836.45	14.67	140.19

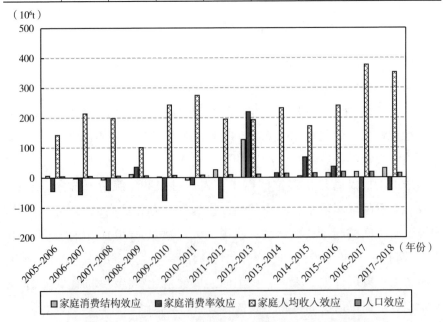

图 5 – 28　2005~2018 年中国居民生活消费碳排放驱动因素逐年效应

表 5 - 8　　　　　　居民生活消费间接碳排放各因素贡献率　　　　单位：%

年份	β_f	β_s	β_n	β_P	β
2005～2006	5.82	-40.89	130.70	4.36	100
2006～2007	-1.73	-34.06	132.55	3.25	100
2007～2008	-4.09	-26.15	126.37	3.86	100
2008～2009	6.97	22.91	65.84	4.28	100
2009～2010	1.22	-43.08	137.73	4.12	100
2010～2011	-3.26	-9.44	109.41	3.30	100
2011～2012	16.00	-41.93	120.04	5.89	100
2012～2013	23.00	39.87	35.11	2.02	100
2013～2014	0.29	5.76	88.60	5.35	100
2014～2015	1.79	26.13	66.40	5.68	100
2016～2017	4.74	11.62	77.51	6.14	100
2017～2018	6.57	-48.14	134.84	6.73	100
2018～2019	8.75	-12.05	99.17	4.13	100
年均贡献率	5.08	-11.50	101.87	4.55	100

在多数年份，家庭消费结构效应结果为正值，促进居民间接碳排放的增加，而家庭消费率效应在多数年份为负值，抑制居民间接碳排放的增加。具体来看，家庭消费结构效应在2006～2008年、2010～2011年为负值，其余各年份均为正值，且家庭消费结构对居民间接碳排放的贡献率为年均5.08%，居民对高品质生活的需求导致居民对医疗保健、家庭教育以及家用轿车等各方面消费支出的增加，最终导致家庭生活消费间接碳排放的增加；家庭消费率效应在2008～2009年、2012～2016年为正值，其余年份均为负值，且家庭消费率对间接碳排放的贡献率为 -11.50%，可见家庭消费率效应有抑制居民间接碳排放增加的作用。

从累积效应来看（见图5-29），家庭消费结构、家庭人均收入和人口规模对居民间接碳排放的累积效应为正值，可见家庭消费结构、家庭人均收入和人口规模对居民间接碳排放增加具有一定的正向作用。从图5-29

中可以看出，家庭人均收入累积效应曲线远远超过家庭消费结构累积效应曲线和人口累积效应曲线，表明与家庭消费结构和人口规模相比，家庭人均收入是促进居民间接碳排放量增加的主导因素；而家庭消费率累积效应为负值，表明其对碳排放量增加具有一定的负向作用。

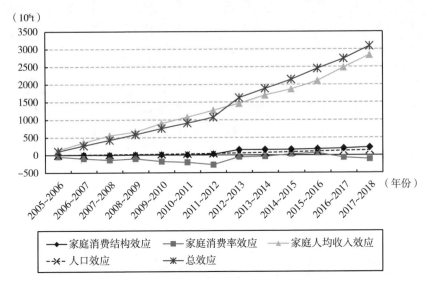

图 5 - 29   2005～2018 年中国居民生活消费驱动碳排放因素累积效应

总体来看，家庭消费结构因素、家庭人均收入因素、人口因素对居民间接碳排放具有正向作用，而家庭消费率因素对居民间接碳排放具有负向作用，但是由于家庭消费结构、家庭人均收入、人口规模等因素对碳排放的促进作用远远大于家庭消费率因素对碳排放的抑制作用，使 2005～2018 年中国居民生活消费产生的间接碳排放呈现持续增长的趋势。

综上所述，在影响居民直接碳排放的诸多因素中，能源消费结构、经济发展、人口规模等因素具有正向作用，能源碳排放强度、能源消费强度等因素具有负向作用；家庭消费结构、家庭人均收入、人口规模等因素促进了居民间接碳排放的增加，而家庭消费率因素对居民间接碳排放具有负向作用。由于经济的发展、收入的增加、居民消费水平的不断提高以及人口规模的持续扩大等原因，居民的能源消费和生活消费导致居民碳排放不断增加。

第五节 结论与建议

一、结论

本章利用碳排放系数法和消费者生活方式方法分别计算了 2005～2018 年我国居民对各种能源以及消费品的消费所产生的直接碳排放和间接碳排放总量。结果发现我国居民对煤炭类能源的消费持续下降，对电力和油品类能源的消费不断增加，使电力和油品类能源逐渐成为我国居民生活的主要能源消费品种，居民对天然气的消费量也在不断增加，导致居民能源消费总量的提高和能源消费所产生的居民直接碳排放的增加；此外，我国居民收入水平不断提高，使居民家庭消费支出持续大幅上涨，并且我国人口规模不断扩大，导致居民日常消费支出所产生的间接碳排放不断增加。

采用 LMDI 分解法分别对影响居民直接碳排放和间接碳排放的因素进行了分析。能源碳排放强度、能源消费结构、能源消费强度、经济发展以及人口规模均会对居民直接碳排放产生影响。其中，能源消费结构、经济发展和人口规模对居民直接碳排放具有正向作用，且经济发展因素是促进居民直接碳排放增加的主导因素，而能源碳排放强度、能源消费强度对居民直接碳排放具有负向作用，且能源消费强度对抑制居民直接碳排放增加发挥的作用最大。由于能源碳排放强度、能源消费强度对碳排放的抑制作用小于能源消费结构、经济发展和人口规模对碳排放的促进作用，使得我国居民能源消费产生的直接碳排放呈现持续增长的趋势；家庭消费结构、家庭消费率、家庭人均收入与人口规模等是影响我国居民间接碳排放的主要因素。其中，家庭消费结构、家庭人均收入、人口规模促进了居民间接碳排放的增加，且家庭人均收入对促进居民间接碳排放增加的贡献率最大，而家庭消费率对居民间接碳排放的增加会产生抑制作用。但是，由于家庭消费结构、家庭人均收入、人口规模对碳排放的促进作用远远大于家庭消费率对碳排放的抑制作用，使得我国居民生活消费产生的间接碳排放呈现持续增长的趋势。不断增加的直接碳排放与间接碳排放导致居民碳排放总量较大，因此应采取相关政策措施来促进居民碳排放的减少。

二、政策建议

（一）加强居民节能减排宣传教育

在居民中加强节能减排宣传教育，是推进各项环保措施有效实施的重要手段和有效举措，有利于提高广大居民的节能减排意识，促进环境友好型社会的建设。节能减排宣传教育是一项长期的行为，做好节能减排宣传教育工作，需要紧密结合各地的实际，创新宣传教育的方式，将节能减排工作融入居民生活的各个方面，逐步形成全社会自觉参与节能减排的氛围，减少居民碳排放，早日实现碳中和。

（二）改善居民消费结构，促进居民绿色消费

居民的消费行为与环境问题紧密相关，不合理的消费结构会产生大量的二氧化碳排放，造成严重的环境污染，因此居民应该不断改善消费结构，在提高生活质量的同时转向绿色消费。通过消费引导生产者增加对低碳产品和绿色产品的生产，使居民形成低碳消费方式和生活方式，实现生产与消费的双赢，从而达成低碳减排的目标。

（三）促进新能源汽车的使用

由于新能源汽车在环境保护方面可以发挥巨大的作用，因此目前新能源汽车在全球范围内的使用较为广泛。国家正在采取措施加强对新能源汽车的质量监管，健全充电、停车等各项基础设施服务，推动新能源汽车各项服务不断完善。促进新能源汽车的发展会对碳达峰碳中和的实现产生深远的影响，在交通领域推广新能源汽车，让居民更多地使用新能源汽车，能够有效减少碳排放，对改善空气质量发挥长久的作用，是交通领域碳中和的重要路径。

（四）发展清洁能源，促进经济、人口与环境的协调发展

政府应大力支持清洁能源的研发，为清洁能源的发展提供资金和技术

支持，降低清洁能源研发的成本和难度，促使居民更多地使用清洁能源；政府在制定经济发展与人口增长的总体战略时，应该注重经济发展对环境造成的影响，注重人口结构的合理性，在保证经济稳定发展和保持人口适度增长的前提下，促进对生态环境的保护，实现经济、人口与环境的协调发展。

（五）实行个人碳配额

在个人碳配额政策下，当居民购买消费品或者出行时，他们不仅需要花费金钱，还要从碳配额中扣除一定的碳额度。一方面，如果居民排放的碳超过了所分配的额度，他们将需要购买额外的碳配额；另一方面，排放的碳量低于限额的人可以把剩余部分在市场上出售，因此个人碳配额政策可以在一定程度上实现碳排放均衡。在个人碳配额计划下，由于每次碳排放都会扣除一定的碳额度，使得碳排放是"可见"的，这会提高居民对于碳的"认知"程度，使得人们有意识地减少碳排放，促进碳中和目标的早日实现。

参考文献

［1］董伊曼：《基于 LMDI 模型的居民能源消费碳排放研究》，天津大学，2018 年。

［2］范建双、周琳：《中国城乡居民生活消费碳排放变化的比较研究》，载《中国环境科学》2018 年第 11 期。

［3］耿怡颖：《我国农村居民直接生活能耗碳排放时空格局及影响因素研究》，兰州大学，2018 年。

［4］刘晓宇：《中国城镇居民碳足迹及城市低碳发展研究》，吉林大学，2019 年。

［5］彭璐璐：《中国居民消费间接碳排放时空分布及电子商务驱动下的排放趋势分析》，北京林业大学，2020 年。

［6］曲建升、刘莉娜、曾静静、张志强、王莉、王勤花：《中国城乡居民生活碳排放驱动因素分析》，载《中国人口资源与环境》2014 年第

8 期。

[7] 屈金凤、楚春礼、鞠美庭、董芳青、徐盛国：《居民生活能源消费碳排放驱动因素分解——以天津市为例》，载《生态经济》2017 年第 4 期。

[8] 尚梅、张凤斌、胡振：《家庭异质性视角下城乡居民家庭碳排放研究——以陕西为例》，载《生态经济》2021 年第 2 期。

[9] 徐丽：《中国地级以上市居民人均生活碳排放时空格局与影响因素研究》，兰州大学，2019 年。

[10] 徐丽、曲建升、李恒吉、曾静静、张洪芬：《中国居民能源消费碳排放现状分析及预测研究》，载《生态经济》2019 年第 1 期。

[11] 赵立祥、王丽丽：《消费领域碳减排政策研究进展与展望》，载《科技管理研究》2018 年第 38 期。

[12] 邹静姝：《居民消费碳排放研究》，暨南大学，2017 年。

[13] Kittikun Poolsawat, Wongkot Wongsapai, Effects of Household – related Factors on Residential Direct CO_2 Emissions in Thailand from 1993 to 2015: A Decomposition Analysis. *Chemical Engineering Transactions (CET Journal)*, Vol. 63, May 2018, pp. 337 – 342.

[14] Muhammad Khalid Anser, Majed Alharthi, Babar Aziz, Sarah Wasim, Impact of urbanization, economic growth, and population size on residential carbon emissions in the SAARC countries. *Clean Technologies and Environmental Policy*, Vol. 22, No. 13, May 2020, pp. 1 – 14.

第六章

碳信息披露机制推动碳达峰、碳中和

为积极应对气候变化、承担大国责任，党的十九大报告提出，要推进绿色发展，建立健全绿色低碳循环发展经济体系，加快生态文明体制改革，着力发展绿色经济、绿色服务等。绿色经济的发展，是面向气候变化的应对之策，也是我国可持续发展转型道路的垫脚石，绿色发展不仅要依靠市场对资源进行合理配置，还需要政府发挥引导作用，加快绿色技术创新、环境制度创新等。伴随着中国经济快速发展，各行业煤炭能源依赖度不断增加，我国二氧化碳排放量远超国际平均水平。根据世界能源统计报告显示，我国目前超越美国成为世界温室气体排放第一的国家，截至2019年，中国碳排放量为10199百万吨。① 为了减少煤炭能源产生的二氧化碳排放量，我国在2009年提出"国家新能源发展战略"，利用清洁能源替代煤炭能源，2012～2020年，我国清洁能源消费量占比从14.5%上升至24.3%，实现了能源供给侧的低碳减排。下一步如何从需求侧进行低碳技术创新，达成低碳减排目标成为每个企业新的考题。基于此，研究碳信息披露机制的创新提升效应对碳达峰、碳中和具有重要意义。

第一节　低碳政策背景与研究目的

随着全球气候变化，海平面上升，极端天气频频出现，如何实现可持

---

① 《2019年世界能源统计报告》。

续发展成为每个国家的重大命题。我国在"十二五"规划中正式提出低碳经济发展理念和碳减排目标，将地区节能减排绩效纳入政府评价考核，积极应对气候变化。随后我国推出了一系列试点政策，2010年国家发展改革委确定了五省八市作为第一批低碳城市试点地区，把低碳经济发展目标与居民日常生活相结合，通过节能技术创新、低碳生活理念等，打造可持续发展的低碳城市，并在2012年4月进一步拓展了低碳城市试点队伍，以6个省区、36个城市进行试点。2011年我国提出碳排放权交易试点，以北京、天津等两省五市作为首批试点，通过给碳定价鼓励企业利用绿色控排技术降低碳排放量，实现低碳减排目标。2014年国家发展改革委印发《国家应对气候变化规划（2014—2020年）》（以下简称《规划》）这一重大文件，为我国下一步气候应对做出新的指导，《规划》提出我国应扩大低碳试点范围，加大财政支持鼓励绿色转型，并进一步做好碳排放相关制度设计，组建气候变化领导小组，做好跟踪分析和督促检查。2016年中国人民银行、财政部等联合发布《关于构建绿色金融体系的指导意见》，构建了较为完善的绿色金融政策体系，提出了绿色信贷、绿色发展基金等一系列措施，进一步促进碳相关金融工具发展，同时提高环境信息作出强制披露要求，加强环境风险管理。2020年我国提出"碳达峰、碳中和"目标，其中碳中和是指在一定时间内我国产生的二氧化碳排放量与低碳措施的减排量相抵消，这意味着低碳减排将纳入生态文明建设整体布局，未来从能源供给侧角度需要大力发展清洁能源，从需求侧角度淘汰落后产能，研发绿色低碳技术，逐步实现净零排放。

为了考察我国温室气体排放量的变化，本章根据《中国能源统计年鉴》数据对我国碳排放量进行计算，并且为进一步考察碳排放量的地区差异性，将30个省份分为东部地区、中部地区与西部地区，分类情况如表6-1所示。自2011年"十二五"规划把低碳经济纳入政府考核任务起至2018年这8年间，我国二氧化碳排放量变化（除西藏地区）如图6-1所示，2013~2016年我国碳排放量相对平稳，其中2015年略有下降，但是2017年、2018年再次出现明显上升，2018年的增速达到2.3%是这8年中增量最大的一次，导致国际社会对中国的低碳发展倍感担忧。那么是哪个地区导致了温室气体排放量增加呢？从图6-1中数据可以看出，东部地区二氧化碳排放量在这 8 年比较平稳，并没有明显增加，原因可能在于东部地区经济发展领先，生产技术先进，并且相比于中、西部地区受环境政策的影响更为明显。与东部地区相反，中部地区碳排放量明显上升，2013 年中部九省的排放总量超过东部地区，2018 年中部地区碳排放量出现大幅增加，主要原因在于中部地区是我国煤炭的主要开采地区，其中山西是我国著名煤炭大省，全国 1/5 的煤炭储备量来自山西，安徽、河南煤炭资源也较为丰富，与东部地区相比中部地区落后产能较多，重污染企业也较集中，因此低碳减排成效不明显。西部地区是我国温室气体排放量最低的地区，虽然 2011～2018 年碳排放不断增加，但依然大幅低于东、中部，西部地区资源丰富，另外受地区发展影响开采量小，并且人口流失严重，制造业分布松散，所以碳排放量较低。近年来受国家产业政策扶持，西部地区国有企业与乡镇企业逐步发展，因此二氧化碳排放量有所上升。

表 6 - 1　　　　　　　　　　　地区分类

地区	省份
东部地区	福建、广东、北京、江苏、辽宁、海南、河北、天津、山东、上海、浙江
中部地区	广西、河南、黑龙江、湖北、湖南、吉林、江西、内蒙古、山西
西部地区	甘肃、贵州、宁夏、青海、陕西、四川、新疆、云南、重庆

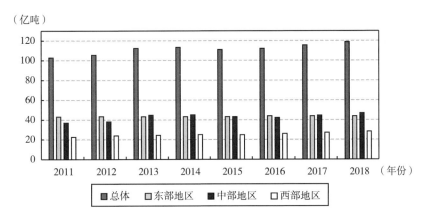

图 6 - 1　2011～2018 年中国碳排放量

资料来源：《中国能源统计年鉴》。

绿色技术创新作为企业实现可持续发展的重要工具，能够显著提高企业环境合法性，促进企业碳绩效（Du et al. , 2019），但是低碳技术创新往往受信息不对称导致的融资约束限制。我国低碳政策虽然在不断完善，但是对碳信息的披露缺乏统一有效的标准，以自愿性披露为主，且披露质量参差不齐、定量数据披露较少，导致资本市场难以对企业碳排放与治理情况做出准确判断。我国学者陈华等（2013）通过指数法对上市公司碳信息披露进行衡量，发现我国碳信息披露尚不存在第三方审计鉴证，碳信息真实性难以评估，并且各行业披露水平差异较大，对于碳减排的定量分析更是少之又少。此外，欧美国家广泛认可的 CDP 项目在我国也是频频遇冷，中国百强企业回复率低，披露内容质量较差，难以给投资者提供完整有效的环境信息。因此，制定符合我国国情、与环境政策相辅相成的碳信息披露制度，推进企业绿色技术转型，至关重要。

基于此，本章选择 2015～2017 年连续三年披露社会责任报告的企业为样本数据，通过和讯网与润灵网的社会责任评分对企业碳信息披露水平进行衡量，实证研究了碳信息披露对绿色技术创新的提升效应，并寻找可能的影响路径。进一步地，本章讨论了该影响在企业性质、行业性质以及环境规制角度的异质性。本章可能的边际贡献包括：一是从绿色创新视角考察碳信息披露制度的重要性，目前我国学者对碳信息披露的研究多集中于企业价值、财务绩效等角度，本章的研究对相关文献进行了补充；二是从媒体关注度与债务融资成本两个视角分析了碳信息披露水平提升企业绿色创新产出的影响机制，探明碳信息披露制度发挥作用的路径；三是从企业性质、行业性质以及环境规制角度进行异质性分析，对碳信息披露的创新提升效应进行多元解释，为我国制定灵活的碳信息披露标准、助力企业绿色转型提供更多视角。

第二节　碳信息披露对绿色技术创新的理论机制

一、碳信息披露与企业绿色技术创新

碳信息披露是指企业通过向外界披露碳排放量及在节能减排、绿色低碳等方面的环境绩效，向投资者与银行等金融机构展示企业环境治理情况。根据信号传递理论，企业自愿性碳信息披露能够降低环境信息不对称性程度，加强与市场和投资者之间的联系，为其提供投资决策的重要信息，对企业绿色创新产出产生重要影响（Inoue，2016）。现有文献中学者发现，碳信息的有效披露在提升企业价值与财务绩效、降低信息不对称、优化企业声誉等方面具有正面效应。弗里德曼和雅吉（Freedman & Jaggi，1992）提出观点，环境信息披露能够帮助企业吸引更多投资者的关注。自愿性碳披露与企业价值之间存在显著的正向影响，尤其是发展中国家，资本市场对于其能够积极披露碳信息的重污染企业估值更高（Jiang et al.，2021）；此外，碳信息有效披露能够有效提高企业现金流预期，对企业长期财务绩效产生正面影响（Abubakar et al.，2021）。那么碳信息披露是否能刺激企业绿色技术创新呢？

一方面，碳信息披露作为一种信号传递机制，能提高企业的信息透明度，预防企业高管为实现利益最大化目标而选择高污染生产技术，优化企业环境治理水平。良好的碳信息披露水平能将企业的碳绩效情况传递给资本市场，减少环境政策对企业股价的影响，降低环境监管与惩罚风险。在自愿披露理论的作用下，企业披露高质量碳信息，向资本市场传递"低碳环保"的正面信号，降低信息不对称，塑造重视环境保护、积极响应低碳减排的企业形象，进而在社会上形成良好声誉。正面声誉能够突出其与高污染企业的对比，加大企业市场竞争力，进一步提升企业价值与财务绩效，缓解企业融资约束，为企业绿色创新获取资金支持。另一方面，声誉机制对企业产生潜在公共压力，为获得较高的环保口碑，维持投资者对企业的信任，企业需要通过绿色技术创新获取环境合法性，避免因声誉受损对企业利益产生较大影响。

从监管机制角度出发，为了实现2030年二氧化碳控制排放目标，我国推出许多命令性环境规制政策。例如，设置行业环保准入标准，对于参与碳交易的企业严格检验其减排成效，提高制造业低碳标准的门槛。将控排企业的碳绩效履约情况纳入惩罚机制，若履约不达标或拒绝履约，不仅计入征信记录还将予以罚款。碳信息披露将企业低碳减排履约情况准确传递给政府，加大企业环境规制合法性压力，约束高碳企业美化碳排放情况、逃避环境监管惩罚的行为，倒逼企业进行绿色技术创新。此外，环境规制政策鼓励企业通过技术创新实现低碳发展目标，并对碳绩效显著项目进行政府补助。碳减排成效显著的企业可以通过披露碳信息，降低环境监管压力，争取政府补助资金应用于绿色技术创新，形成良性循环。据此，本章认为：碳信息披露对企业绿色技术创新存在提升效应。

二、媒体关注度与企业绿色技术创新

在这个信息化时代，媒体作为信息传播的媒介，也是重要的外部监督工具。媒体通过向市场和投资者传递企业相关信息，降低外部投资者与企业之间的环境信息不对称，进而引导社会公众监督和约束企业碳排放治理。投资者进行投资决策一方面受对企业的了解程度影响，另一方面则取决于企业的社会声誉。现有研究显示，媒体关注度对企业治理、信息披露等方面具有显著推动作用。布希等（Bushee et al.，2010）通过实证研究发现，媒体新闻报道能塑造良好的信息环境，有效减少信息不对称程度。安尼克洛普夫等（Enikolopov et al.，2017）对俄罗斯网络媒体博文进行研究分析发现，即使是传统媒体受到压制的国家，网络媒体报道也能够显著遏制企业内部腐败问题。国内学者也有类似研究结论，徐莉萍和辛宇（2011）发现，媒体关注度能明显提升企业治理环境，提高企业信息质量，保护中小投资者利益。李慧云等（2016）发现，碳信息披露可以通过媒体关注度这一路径影响企业价值，媒体报道通过传递企业履行社会责任这一信息，提升企业价值。吴芃等（2019）研究发现媒体负面报道数量越多，越能抑制企业财务舞弊，这一治理效应对非国有企业影响更明显。赵莉和张玲（2020）研究得出结论，媒体关注度通过监督机制能显著提高企业绿色创新项目的研发投入。

从"透明观"角度出发，新闻媒体报道可以有效提高环境信息透明度，降低环境信息不对称，缓解企业外部融资约束，进而为绿色技术创新项目提供资金支持。碳绩效优异的企业更愿意通过媒体报道披露碳信息，树立积极承担环保责任的形象，强化企业正面声誉。因此企业为提高行业竞争力，会选择主动披露更多碳信息，并通过媒体这一信息平台传递给投资者，降低企业权益资本成本。企业环境声誉也是银行发放绿色信贷的重要参考条件，为企业争取绿色资金提供有利条件。

另外，为实现碳达峰、碳中和目标，我国环境规制越发严格，新闻媒体作为外部监督者，能通过影响投资者态度改变公司环境治理模式。对于行业领先企业，其媒体关注度较高，投资者往往抱有较高的期待，为维持投资者的满意度，企业必须加强碳治理力度，履行低碳减排责任，对于高污染生产线寻求绿色技术创新。此外，面对碳污染惩罚力度增加、媒体机构对碳排放超标等事件的报道力度升级，管理层必须做出绿色转型提高碳绩效，以此降低企业环境成本。据此，本章认为：碳信息披露可以通过提高媒体关注度来促进企业绿色技术创新。

三、降低债务资本成本与企业绿色技术创新

为响应国家低碳经济发展目标，企业纷纷进行绿色转型，资金是企业开展绿色创新项目最重要的因素。债务融资是企业获取资金的重要渠道，绿色技术创新项目由于持续时间长、投入资金大并且收益难以预估等特点，往往面临严重融资约束，相比于传统技术创新项目，绿色创新项目需要更多资金的投入（Huang et al.，2019）。因此，碳信息的有效披露能否缓解融资约束、降低债务资本成本是影响其绿色技术研发的关键。

信息不对称是导致企业面临资本成本高、融资约束大的主要原因，外部债权人难以了解企业真实的碳排放、碳绩效等信息，无法准确评估企业是否存在环境违规风险。为避免企业碳排放严重超标受到停产等环保惩罚，进而影响债的按时履约，债权人往往选择收取更高的风险溢价保护自身利益。符少燕和李慧云（2018）发现，碳信息披露不足导致企业财务绩效下降，难以获取投资者的信任，因此债务融资成本相对较高；莱玛等（Lemma et al.，2018）通过实证研究也得到类似结论，碳信息披露能显著刺激企业股票的流动性，降低资本成本。库玛和菲罗兹（Kumar & Firoz，2018）通过对印度碳信息数据进行分析发现，碳信息披露水平达到一定程度时，能够有效降低企业债务融资成本。因此，企业可以通过披露企业碳减排成效，缓解环境信息不对称，提高企业认可度进而获得较低的债务资本成本，助力企业绿色创新项目。

另外，为配合国家低碳经济政策，各银行纷纷推出绿色信贷优惠利率措施，加大对绿色低碳企业支持力度。绿色信贷将碳绩效作为授信的重要标准，通过对贷款利率、信贷额度等方面进行差异化管理，引导资源向绿色低碳企业倾斜，对于高耗能企业贷款项目采取一票否决。此外，金融机构增加绿色专项再贷款、碳中和债等工具，设立专项资金用于企业绿色转型项目。银行等投放绿色信贷时必然优先考虑碳绩效良好的企业，企业可以通过完善碳信息披露内容，传递积极承担社会责任的良好形象，申请优惠利率、专项资金，以较低的债务资本成本获取更多的资金，缓解企业融资约束。并且绿色投资的增加能够为绿色技术创新项目提供更多的资金支持，从源头治理企业生产线高耗能，减少企业环境违规次数，改善企业环境绩效（陈宇峰和马延柏，2021）。据此，本章认为：碳信息披露可以通过降低债务资本成本来促进企业绿色技术创新。

影响机制分析如图 6 - 2 所示。

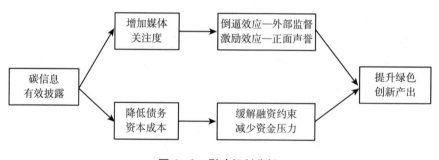

图 6 - 2　影响机制分析

第三节　研究设计

一、样本选择与数据来源

本章以我国 A 股上市企业 2016～2018 年的数据为研究对象，实证检验碳信息披露对企业绿色技术创新的影响。由于上市公司社会责任报告通常在第二年发表，具有延时性，因此本章采用滞后一期的碳信息披露数据，实际数据时间跨度为 2015～2018 年。

本章数据来源于：绿色技术创新数据源于国家知识专利数据库，并以国际专利分类为依据匹配绿色专利；碳信息披露数据源于润灵网与和讯网；财务数据主要源于国泰安数据库，并根据锐思数据库进行补充。此外本章对初选数据进行如下筛选：（1）剔除所有金融类上市公司；（2）剔除ST、*ST类上市公司，此类上市公司财务状况处于非正常情况，不适合作为本研究的观察对象；（3）为保持样本的连续性，剔除财务数据缺失或不连续的样本。同时为了避免数据极端值影响研究结果，本章对模型中相关连续变量在1%和99%的水平上进行缩尾处理，数据处理软件为Stata16。

二、变量定义

（一）被解释变量

企业绿色技术创新（gpti）是本章的被解释变量，通过上市公司绿色专利申请量衡量企业绿色创新产出。通过国家知识专利数据库获取上市公司专利申请数量与类别，并根据世界知识产权组织（WIPO）在2010年发布的"国际专利分类绿色清单"为依据，对样本数据中七大类绿色专利进行筛选。清单中七类绿色专利是依据《联合国气候变化框架公约》划分而成，分别包括：交通运输类（transportation）、废弃物管理类（waste management）、能源节约类（energy conservation）、替代能源生产类（alternative energy production）、行政监管与设计类（administrative regulatory or design aspects）、农林类（agriculture or forestry）和核电类（nuclear power generation）。利用上市公司绿色专利加一取对数的方法衡量绿色创新产出，此外本章进一步划分了绿色发明专利和绿色实用新型专利两大类别，用于稳健性检验。

本章未选用专利授权量作为基础数据，而是利用申请量衡量，原因在于专利在达到申请条件时已经投入大量研发资金，并对企业经营绩效产生影响，而专利授权需要一年的等待期，会产生滞后效应。

（二）解释变量

碳信息披露程度（cdi）为解释变量。由于中国碳信息仍属于自愿性披露项目，目前并没有统一的制度和披露口径，衡量方法主要有以下几种：声誉评分法、内容分析法。

声誉评分法是指通过向企业发放问卷了解企业碳排放、碳治理等相关信息，并根据相应指标进行评分得到声誉分数。这种方法存在较大的限制性，一方面，问卷调查受企业规模、品牌甚至调查人的身份等条件影响，具有较强的主观性；另一方面，问卷调查响应度低，不利于大样本使用。内容分析法是通过对公司年报、社会责任披露报告等文件对碳相关内容进行筛查与分析，并根据披露质量分项打分。我国学者主要是结合国外广泛认可的碳信息披露项目（CDP），对碳信息进行界定，主要包含：与碳排放有关的机遇和风险、管理目标及应对战略，碳减排措施与环境绩效，企业碳排放量，低碳环保教育与宣传，以及其他有关碳信息。内容分析法能够充分有效的反映企业碳信息披露水平，并且可用大样本研究。其缺点是对内容进行判断时具有主观性，并且工作量巨大。

由于我国上市公司极少对碳信息进行单项披露，因此部分学者通过第三方机构数据作为碳信息披露质量的替代变量。与内容分析法相比，选择第三方权威机构对环境信息的评分衡量碳信息披露质量更具客观性，并且评分标准口径一致。本章参考温素彬和周鎏鎏（2017）的方法，采用润灵环球网以及和讯网的社会责任报告评级量化碳信息披露质量。润灵环球网是我国首个通过自主研发社会责任报告评级系统对上市公司责任进行评价，包括整体性、内容性、技术性和行业四个维度的评级。其中内容性维度涉及环境管理与政策、污染防治、节能减排以及应对气候变化等，能够较好地总结碳信息披露水平。此外，和讯网作为上市公司社会责任信息评级的权威机构，关于环境的评级标准包括环保意识、环境管理体系认证、环保投入、排污种类、节约能源五大方面，囊括了企业披露的碳信息。因此本章计算润灵环球网责任报告评级中内容性评级与和讯网社会责任评级的平均值（满分72.5），作为碳信息披露（cdi）的替代变量。

（三）控制变量

本章参考李青原和肖泽华（2020）的研究，设定以下控制变量：（1）企业规模（ln*size*），本章采用上市公司员工总人数的自然对数进行衡量，指标越大企业规模越大；（2）资本密集度（*capital*），采用企业总资产与营业收入之比衡量，资本密集度越大，企业投资回报率越低，对绿色技术创新依赖性越小；（3）净资产利润率（*roe*），本章采用净利润占股东权益百分比衡量，*roe*越大表明企业获利能力越强；（4）股权集中度（*first*），企业股权集中度越高，股东往往为避免承受较大风险，拒绝无法确定收益的绿色技术创新项目，本章以第一大股东持股比例衡量上市公司股权集中度；（5）经营成长性（*growth*），本章选用本年主营业务收入相较于上年的增长率衡量上市公司经营成长性，经营成长性越好的企业往往资金充沛，更愿意投资绿色技术创新项目；（6）融资约束（*fc*），参考（Hadlock and Pierce，2010）的方法 $SA = -0.737 \times Size + 0.043 \times Size^2 - 0.04 \times Age$ 计算 SA 指数，并参考杜勇等（2019）采用 SA 指数的绝对值对企业融资约束（*fc*）进行衡量，*fc* 越大表示企业受到的融资约束越大；（7）两权分离度（*gap*），指企业控制权与所有权分离程度，两权分离度较高的企业往往面临严重的代理问题，不利于企业绿色技术创新。主要变量符号定义如表 6 – 2 所示。

表 6 – 2　　　　　　　　　　变量符号定义

变量名称		符号	变量说明
被解释变量	绿色技术创新	*gpti*	绿色发明专利申请量与绿色实用新型专利申请量之和加 1 取对数
中介变量	媒体关注度	*media*	取网络媒体报道数量加 1 取对数
	债务资本成本	*cod*	利息支出与负债总额之比
解释变量	碳信息披露指数	*cdi*	取润灵环球评分与和讯网评分的取平均值
控制变量	公司规模	ln*size*	公司员工总人数加 1 取对数
	资本密集度	*capital*	总资产与营业收入之比
	净资产利润率	*roe*	公司净利率与所有者权益的比值
	股权集中度	*first*	第一大股东持股比例
	经营成长性	*growth*	主营业务收入增长率
	融资约束	*fc*	取 SA 指数绝对值作为衡量企业融资约束的指标
	两权分离度	*gap*	实际控制人控制权与所有权的差额

三、模型设定

为检验碳信息披露与企业绿色技术创新之间的关系，本章构建了基准回归模型（6-1）进行多元回归分析：

$$gpti_{i,t} = \beta_0 + \beta_1 cdi_{i,t-1} + \beta_n controls_{i,t} + \sum YEAR + \sum INDUSTRY + \varepsilon_{i,t}$$

$$(6-1)$$

其中，$YEAR$ 和 $INDUSTRY$ 为年份和行业虚拟变量；t 表示对应年份；β 表示待估回归系数；ε 表示残差项；β_1 是本章实证关注重点，若 β_1 显著为正，则说明提高碳信息披露质量会促进企业绿色技术创新。

第四节　碳信息披露与绿色技术创新的机理分析

一、描述性统计与相关性分析

（一）描述性统计

表6-3给出本研究变量的描述性统计结果，样本数据中上市企业绿色技术创新（$gpti$）的平均值为0.904，整体平均水平不高，最大值为5.283，最小值为0，标准差为1.306，说明不同企业之间绿色技术创新水平差距较大，并且 $gpti$ 中位数为0，表示至少有一半企业没有绿色专利产出。碳信息披露质量（cdi）的均值为26.42，最小值为9.698，最大值为50.89，说明中国上市公司碳信息披露质量水平整体较低。资本密集度（$capital$）最大值为8.682，标准差为1.479，表明样本公司资本密集度差异较大，离散度较高。股权集中度（$first$）均值为0.362，中位数为0.350，表示我国上市企业第一大股东持股比例较高，股权相对集中。融资约束（fc）中位数为3.892，标准差为0.339，说明上市公司都存在不同程度的融资约束。两权分离度均值为0.0503，中位数为0，说明仅有小部分上市公司存在两权分离情况。

表 6 - 3　　　　　　　　　　　　描述性统计

变量	N	mean	sd	p50	min	max
gpti	1006	0.904	1.306	0	0	5.283
cdi	1006	26.42	11.07	24.02	9.698	50.89
lnsize	1006	8.812	1.380	8.710	5.864	12.55
capital	1006	2.208	1.479	1.760	0.458	8.682
roe	1006	0.0770	0.0835	0.0736	−0.293	0.327
first	1006	0.362	0.154	0.350	0.0742	0.763
growth	1006	0.319	0.635	0.162	−0.630	3.818
fc	1006	3.846	0.339	3.892	2.493	4.452
gap	1006	0.0503	0.0797	0	0	0.303

（二）相关性分析

表 6 - 4 体现了主要变量间的 Pearson 相关系数，绿色技术创新（gpti）与碳信息披露质量（cdi）的相关系数为 0.114，并在 1% 的水平上显著，说明碳信息披露质量越高，对企业绿色技术创新水平的正向影响越显著，初步验证了本章的假设。此外，绿色技术创新（gpti）与资本密集度（capital）、融资约束（fc）、两权分离度（gap）、股权集中度（first）相关系数显著为负，说明资本越集中、融资约束越大、两权分离程度越高、股权越集中均不利于企业绿色创新产出。相反地，规模（lnsize）越大、盈利能力（roe）越好的企业更愿意响应国家号召，进行绿色转型。

表 6 - 4　　　　　　　　　　　　Pearson 相关系数

变量	(1)	(2)	(3)	(4)	(5)	(6)	(7)	(8)	(9)
gpti	1								
cdi	0.114 ***	1							
lnsize	0.352 ***	0.122 ***	1						
capital	−0.169 ***	−0.076 **	−0.294 ***	1					
roe	0.132 ***	0.222 ***	0.169 ***	−0.219 ***	1				
first	−0.089 ***	0.018	0.312 ***	−0.086 ***	0.156 ***	1			
growth	−0.015	−0.015	−0.135 ***	0.181 ***	0.027	−0.011	1		
fc	−0.249 ***	−0.027	−0.578 ***	−0.005	−0.049	−0.381 ***	0.032	1	
gap	−0.060 *	0.045	0.005	−0.101 ***	0.062 *	0.097 ***	−0.092 ***	0.146 ***	1

注：***、**、* 分别表示在 1%、5%、10% 的水平上显著。

二、基准实证结果分析

进行下一步实证分析之前，为检验模型变量之间是否存在多重共线性，本章对变量进行了方差膨胀因子检验，结果显示，回归变量 VIF 值最大为 1.98，远小于 10，表明模型变量间不存在明显的多重共线性问题，样本数据符合回归要求。按照研究假设以及构建的模型（6 - 1），本节对碳信息披露质量与绿色技术创新的关系进行实证分析，回归结果如表 6 - 5 所示。表 6 - 5 第（1）列的实证结果显示，在控制了行业与年份效应，不加控制变量的情况下，cdi 的回归系数为 0.0166，t 值为 3.9126，并在 1% 的水平上显著，说明提高碳信息披露质量一定程度上能够促进上市公司绿色技术创新，验证了本章先前的假设。表 6 - 5 第（2）列展示了加入控制变量后控制行业固定效应与时间固定效应的双向固定效应的面板回归的结果，不难看出加入关于控制变量后，cdi 回归系数在 5% 的水平上显著为正，说明碳信息披露水平的提高，能降低企业环境成本与被惩罚风险，另外，碳信息的有效披露为企业获取更多绿色投资与政府支持，促使企业进行低碳减排转型、提高绿色技术创新产出。

表 6 - 5 　　　　　　　　　　　基础回归实证结果

变量	(1)		(2)		VIF
	回归系数	t 值	回归系数	t 值	
cdi	0.0166 ***	3.9126	0.0087 **	2.1863	1.43
$lnsize$			0.2665 ***	6.0576	1.98
$capital$			− 0.0574 *	− 1.7712	1.88
roe			1.0475 **	2.0166	1.38
$first$			− 0.3801	− 1.3254	1.18
$growth$			0.0840	1.2246	1.18
fc			− 0.4796 ***	− 2.8253	1.94
gap			− 0.4201	− 1.0098	1.12
$\_cons$	− 0.3693 ***	− 3.1562	− 0.1945	− 0.2292	
$INDUSTRY$	控制		控制		
$YEAR$	控制		控制		
N	1006		1006		
adj. R^2	0.053		0.180		

注：*** 、** 、* 分别表示在 1% 、5% 、10% 的水平上显著。

控制变量中，企业规模（ln$size$）、净资产利润率（roe）显著为正，说明其对上市公司绿色创新产出具有促进作用。相反地，资本密集度（$capital$）、融资约束（fc）不利于企业绿色创新。因为资本密集度高的企业往往投资需求大、固定设备多，不依赖创新项目，所以不利于企业绿色改革。企业绿色创新需要大量外部资金支持其研发工作，融资约束大的企业为避免风险，会选择放弃收益不确定的绿色创新项目，对绿色创新产生负向影响。

三、影响路径分析

碳信息披露是通过什么路径对绿色创新产出产生影响的呢？为了深入研究可能存在的影响机制，本章参照温忠麟（2014）的方法构建中间效应模型。首先，检验碳信息披露对中介变量的影响，若碳信息披露系数显著，说明碳信息披露会对中介变量产生影响；其次，建立中介变量与绿色技术创新的实证模型，检验中介变量是否会使企业绿色创新产生显著影响；最后，在模型（6-1）中加入中介变量再次进行检验，若碳信息披露的回归系数变小或显著性发生变化，表明该中介变量是碳信息披露提升企业绿色技术创新的路径之一。

（一）媒体关注度

根据理论分析，企业自愿性披露碳信息时，能够通过媒体这一信息传递平台在社会形成良好声誉，增强利益相关者的信心，为企业绿色创新获取更多资金支持。此外，媒体作为外部监督者，可以通过报道影响投资者情绪，进而监督、引导企业增加低碳减排投入。为检验"碳信息披露→媒体关注→企业绿色技术创新"这一传导机制，本章选用企业被媒体报道次数作为媒体关注的替代变量，表6-6报告了媒体关注度的中介效应。第（1）列中，碳信息披露水平（cdi）在1%水平上显著，系数为0.0084，模型拟合度水平较高，表明企业积极披露碳信息时，会借助媒体传播企业低碳节能的正面形象，获得较高的媒体关注度。第（2）列中媒体关注度（$media$）在1%水平上显著为正，说明媒体能够发挥外部监督功能，促进企业绿色创新。第（3）列中，*cdi* 与 *media* 的系数均显著为正，与理论分析假设一致，表明媒体通过声誉机制修正企业行为，激励企业进行绿色改革履行环保责任。为确保实证结果的准确性，本章进行了 Sobel 检验，结果显示媒体关注对碳信息披露与企业绿色创新产出的影响存在部分中介作用，中介效应占比约为 39%，支持了媒体关注度是影响路径之一这一结论。

表 6-6　　　　　　　　　　媒体关注度影响机制检验

变量	(1) media	(2) gpti	(3) gpti
media		0.1865 *** (4.8345)	0.1807 *** (4.6676)
cdi	0.0084 *** (2.6684)		0.0072 * (1.8246)
ln*size*	0.5056 *** (16.5879)	0.1807 *** (4.5330)	0.1751 *** (4.4265)
capital	0.0915 *** (3.5535)	−0.0755 ** (−2.2813)	−0.0739 ** (−2.2311)
roe	1.0666 ** (2.2897)	1.0014 ** (1.9648)	0.8547 * (1.6788)
first	−0.6359 *** (−2.9553)	−0.2774 (−0.9708)	−0.2652 (−0.9339)
growth	−0.1181 ** (−2.5344)	0.1067 (1.5510)	0.1054 (1.5477)
fc	−0.8055 *** (−6.6351)	−0.3122 * (−1.8222)	−0.3340 ** (−1.9637)
gap	−0.8113 ** (−2.0057)	−0.2385 (−0.5843)	−0.2735 (−0.6686)
_*cons*	2.9222 *** (4.1557)	−0.7152 (−0.8368)	−0.7226 (−0.8521)
INDUSTRY	控制	控制	控制
YEAR	控制	控制	控制
N	1006	1006	1006
adj. R^2	0.529	0.195	0.197

注：***、**、* 分别表示在 1%、5%、10% 的水平上显著。

（二）债务资本成本

根据前面的理论分析，企业碳信息有效披露可以降低债务融资成本，进而激励企业绿色创新。为识别"碳信息披露→债务资本成本→企业绿色创新产出"这一影响机制，本章参考皮特曼和福汀（Pittman & Fortin，2004）的方法，采用利息支出/期初期末负债总额平均值衡量企业债务资本成本并进行分步回归，检验结果如表6－7所示。第（1）列中碳信息披露质量（cdi）回归系数为－0.0001，并在1%水平上显著，表明碳信息披露能显著减少债务融资成本。在第（2）列中，债务资本成本系数为－8.7779，在1%水平上显著，说明债券资本成本越高，对绿色创新的抑制效应越大。最后，第（3）列的回归结果中，cdi 的系数在10%的水平上显著为正，且 cod 回归系数在1%水平上显著为负，符合理论预期。说明，碳信息的有效披露有利于减少企业信息风险释放积极信号，缓解企业与银行等债权人之间的信息不对称程度，进而降低企业债务资本成本，为企业绿色创新项目提供给更多的资金支持。此外，本章进行了 Sobel 检验，结果在1%水平上显著，中介效应占比约为10%。至此，债务资本成本是这一影响路径得以验证。

表6－7　　　　　　　　　债务融资成本影响机制检验

变量	(1)	(2)	(3)
	cod	gpti	gpti
cod		－8.7779 *** （－2.8420）	－8.1415 *** （－2.5977）
cdi	－0.0001 *** （－2.8910）		0.0078 * （1.9288）
lnsize	0.0014 *** （4.0556）	0.2882 *** （6.4250）	0.2781 *** （6.2329）
capital	0.0009 *** （2.7755）	－0.0504 （－1.5634）	－0.0499 （－1.5486）
roe	－0.0190 *** （－3.7627）	1.0457 ** （2.0025）	0.8927 * （1.7135）
first	－0.0092 *** （－3.6052）	－0.4780 （－1.6334）	－0.4550 （－1.5645）

续表

变量	(1)	(2)	(3)
	cod	*gpti*	*gpti*
growth	−0.0020 *** (−3.6151)	0.0670 (0.9640)	0.0675 (0.9849)
fc	0.0027 ** (2.0710)	−0.4375 ** (−2.5606)	−0.4578 *** (−2.7007)
gap	0.0072 (1.5673)	−0.3245 (−0.7842)	−0.3618 (−0.8709)
_cons	0.0036 (0.4274)	−0.1370 (−0.1610)	−0.1654 (−0.1960)
INDUSTRY	控制	控制	控制
YEAR	控制	控制	控制
N	1006	1006	1006
adj. R^2	0.172	0.182	0.184

注：***、**、*分别表示在1%、5%、10%的水平上显著。

四、异质性分析

上面的实证内容已经验证了碳信息披露水平对企业绿色创新具有提升效应，并探索了其影响机制，但这并不应该是全部的结论，我们仍然好奇，碳信息披露对于绿色创新产出的影响力的大小是否会随着某些特征变化而表现出异质性。鉴于我国不同产权性质、不同行业、不同地区环境规制存在明显的异质性，本部分将分别从企业性质、行业性质与环境规制三大视角考察碳信息披露对绿色创新的异质性影响。

（一）产权性质异质性

在我国国有企业不仅是企业、市场的重要组成部分，同时还是我国重要的政治基础，与民营企业存在显著的差异。产权性质是影响上市公司的研发创新产出的重要因素，根据现有文献，国有企业具有天然的政治优势，与民营企业相比，国有企业在资源要素配置、融资便利、税收优惠以及政府补贴等方面均有扶持（徐佳和崔静波，2020），因此国有企业研发创新资金投入相对稳定，受碳信息披露质量的影响较小。另外，受政治关联的影响，国有企业背负着社会发展、就业率等重要社会目标，在日常经营活动中往往以稳健为首要目标，政策负担使国有企业放弃收益不确定的绿色创新投资项目（姜双双和刘光彦，2021）。国有企业得益于父爱效应，在行业准入限制、环境规制等方面具有更大的议价能力，受环境政策的约束相比于民营更弱。与国有企业相比，民营企业对环境政策更为敏感，需要根据环境政策积极调整企业研发方向，及时披露碳信息提高企业市场竞争力，争取更多支持绿色技术创新项目的资金。因此，为了应对政府提出的"碳达峰、碳中和"目标，民营企业对绿色转型会表现出更高的积极性。

为考察碳信息披露质量是否会因产权性质对上市公司绿色技术创新产生不同影响，本章根据企业所有制将样本分为国有企业和民营企业两个部分，并进行分组回归。回归结果如表6－8所示。在民营企业样本中，碳信息披露质量（cdi）在10%的水平上显著为正，回归系数为0.0108。国有企业样本中，碳信息披露质量（cdi）的回归系数并不显著。此外控制变量中，民营企业受企业规模（lnsize）、股权集中度（first）、融资约束（fc）的影响比国有企业更大。说明，碳信息披露质量对企业绿色技术创新的正向影响存在产权性质层面的异质性，碳信息披露质量对民营企业绿色技术创新的促进效应更加显著，对于国有企业这种提升效应较弱。

表6－8　　　　　　　　　　　产权性质异质性检验

变量	(1)		(2)	
	民营企业		国有企业	
	回归系数	t值	回归系数	t值
cdi	0.0108 *	1.9568	0.0062	1.1081
lnsize	0.4013 ***	6.2294	0.1773 ***	3.3132
capital	0.0373	0.7018	− 0.1331 ***	− 2.9714
roe	0.6968	0.9918	1.0110	1.3700
first	− 0.8640 *	− 1.7642	− 0.0065	− 0.0151
growth	0.0167	0.1888	0.1256	1.3268
fc	− 1.1610 ***	− 3.7663	− 0.6312 ***	− 2.9629

变量	(1)		(2)	
	民营企业		国有企业	
	回归系数	t 值	回归系数	t 值
gap	− 0.5765	− 0.9235	− 0.3237	− 0.5238
_cons	1.5259	1.0636	0.5635	0.4743
INDUSTRY	控制		控制	
YEAR	控制		控制	
N	419		587	
adj. R^2	0.256		0.168	

注：*** 、** 、* 分别表示在 1%、5%、10% 的水平上显著。

（二）行业性质异质性

不同行业的污染排放与治理方面存在一定差异，导致各类型企业在面临环境规制时，具有不同的绿色改革目标，那么碳信息披露水平对企业绿色技术创新的影响是否存在行业性质层面的异质性呢？2010 年，环境保护部发布的《上市公司环境信息披露指南》中将火电、钢铁、水泥、电解铝、煤炭、冶金、化工、石化、建材、造纸、酿造、制药、发酵、纺织、制革和采矿业 16 大类行业列为我国重污染行业，为确保可持续发展目标，环境保护部要求重污染行业需定期披露其污染物排放、环境绩效等信息。由于重污染行业的特性，其受政府环境管制更加严格，如高额的环保惩罚、严格的准入标准等。为了应对环境政策对生产经营造成的打击，企业会积极选择绿色改革，但重污染行业对高污染生产线具有一定依赖性，低碳减排技术水平较低。此外受限于排污费、治理支出费等带来的财务压力，以及绿色信贷对高污染企业的"歧视"，导致缺少充足资金进行绿色技术创新。与重污染行业相比，清洁行业对环境污染程度较低，并且受益于政府鼓励政策的补助，绿色技术革新成本较低，能通过较少的绿色创新投入产生明显的减排效果，改善环保口碑获得市场竞争力。因此，本章认为碳信息披露对重污染行业、清洁行业均有正向影响效应，但对清洁行业的绿色创新产出影响更大。

为验证分析中的猜想，研究行业性质对碳信息披露与企业绿色创新产出影响的异质性，本章根据环境保护部公布的 16 个重污染行业并结合证监会 2012 年版行业分类，将样本分为污染企业、清洁企业两个子样本进行回归。分组回归结果如表 6 - 9 所示：第（1）列中 cdi 系数为 0.0061，第（2）列中 cdi 系数为 0.0096，可见碳信息披露对于清洁企业的正向影响更大，并且仅第（2）列 cdi 系数在 10% 水平上显著，进一步观察控制变量，清洁企业中净资产利润率（roe）对于绿色技术创新影响非常显著，说明清洁企业更愿意在盈利状况较好的情况下积极信息绿色创新。综上所述，相比于重污染行业，碳信息披露对清洁行业公司绿色创新产出的促进效应更为显著。因此政府应适当调整对重污染行业的规制政策，通过财政补助、环境奖励等有效方法激励重污染行业进行自愿绿色改革，并且金融机构可以灵活调整绿色信贷申请条件，为重污染行业转型提供资金支持。

表 6 - 9　　　　　　　　　　行业性质异质性检

变量	(1)		(2)	
	污染企业		清洁企业	
	回归系数	t 值	回归系数	t 值
cdi	0.0061	1.2882	0.0096 *	1.6627
lnsize	0.1944 ***	4.2861	0.2868 ***	5.6035
capital	- 0.1519 ***	- 3.3446	0.0363	0.8322
roe	- 0.3335	- 0.6137	2.6990 ***	3.463
first	0.3921	1.0739	- 1.0915 ***	- 2.715
growth	- 0.0735	- 1.111	0.1114	1.2536
fc	- 1.3635 ***	- 5.3267	0.0746	0.378
gap	0.5506	0.9586	- 0.915	- 1.5643
_cons	4.2462 ***	3.502	- 2.6177 **	- 2.3675
INDUSTRY	控制		控制	
YEAR	控制		控制	
N	434		572	
adj. R^2	0.331		0.201	

注：***、**、* 分别表示在 1%、5%、10% 的水平上显著。

（三）环境规制异质性

波特和林德（Porter and Linde）在 1995 年提出"波特假说"，认为环境规制的实施有助于推动企业技术创新，以此补偿规制成本提高自身优势。近年来许多文献也验证了这一说法，例如，博尔塞托和布拉尼克（Borsatto and Blzani，2019）通过实证分析 159 家工业企业数据，发现环境规制对上市公司绿色创新存在显著的正向影响，并且这种关系受企业规模的正向调节。崔等（Cui et al.，2018）实证研究发现，碳排放权交易试点政策显著促进了上市公司低碳技术创新产出。廖文龙等（2020）基于中国 30 个省份数据发现，市场型环境规制政策通过激励绿色技术创新，促进地区低碳经济发展形成良性循环。碳排放权交易作为市场型环境规制政策，会加大企业环境污染成本，倒逼企业停产重污染生产线或实施绿色技术创新，以此控制二氧化碳排放促进城市绿色转型（齐绍洲等，2018）。作为市场型环境规制的重要部分，良好的碳信息披露可以向市场传递企业碳减排成果，降低环境规制风险，在政府补助、低碳基金等方面优先获得支持。从监督机制角度出发，环境规制会加大企业环境合法性压力，避免因碳排放超标的惩罚，企业会积极进行绿色革新改善生产工艺。基于以上分析，本章认为碳信息披露对企业绿色技术创新影响存在环境规制层面的异质性。

2011 年国家发展改革委批准 7 个省市开展碳排放交易试点工作，分别为广东、深圳、北京、上海、天津、重庆、湖北。在国家发展改革委的指导下，深圳不断探索符合我国国情的碳交易机制，并在 2013 年正式启动交易。同年根据"十二五"规划的指导，碳交易试点全面启动。碳交易的试点为我国低碳减排、绿色经济提供了全新的思路，将环境规制带来的风险转变为真正的碳机遇。积极响应国家政策号召的企业将超额的碳排放权予以出售，成为其收入一部分，而对于产能落后的超排企业则需要购买相应的碳排放权，提高了生产成本，甚至面临碳超排带来的惩罚，碳交易通过市场化手段激励了高碳企业节能减排转型，并鼓励资金流入绿色低碳创新项目。为研究碳信息披露对企业绿色技术创新影响是否存在环境规制层面的异质性，本章根据国家发展改革委在 2011 年公布的 7 个碳排放权交易试点省市，将样本分为两个子样本并在模型（1）的基础上进行回归。表 6 - 10 报告了分组回归结果：第（1）列中 cdi 系数仅为 0.0008 且不显著，但第（2）列中 cdi 系数 0.0193 在 1% 水平上显著为正，远大于第（1）列 cdi 回归系数。说明相比于非碳排放权交易试点地区，碳排放权交易省市的碳信息披露对上市公司绿色创新产出的促进效应更为显著，这表明市场型环境规制可以更灵活、更有效激发上市公司绿色技术创新（陶锋等，2021）。

表 6 – 10　　　　　　　　　　环境规制异质性检验

变量	（1）		（2）	
	非市场型环境规制地区		市场型环境规制地区	
	回归系数	t 值	回归系数	t 值
cdi	0.0008	0.1758	0.0193 ***	2.9148
lnsize	0.2766 ***	6.6866	0.2918 ***	5.0428
capital	− 0.0883 **	− 2.4694	0.0037	0.0521
roe	0.8123	1.3837	1.5679 *	1.6877
first	− 0.1413	− 0.3855	− 0.6632	− 1.3590
growth	0.2341 ***	2.6044	− 0.1899 *	− 1.7577
fc	− 0.8384 ***	− 2.9384	− 0.1763	− 0.8003
gap	0.7606	1.4911	− 2.8738 ***	− 3.3271
_cons	1.0502	0.7993	− 0.2358	− 0.1788
INDUSTRY	控制		控制	
YEAR	控制		控制	
N	598		408	
adj. R^2	0.208		0.247	

注：***、**、* 分别表示在 1%、5%、10% 的水平上显著。

五、稳健性分析

为验证实证结果的可靠性，本章围绕其他绿色专利指标构建、其他碳信息披露指标构建、改变计量回归方法、部分样本回归四个维度进行稳健性检验。检验结果如表 6 – 11 所示。

表 6 – 11　　　　　　　　　　稳健性检验

变量	（1）	（2）	（3）	（4）	（5）
	gpti – ia	gpti – na	gpti	gpti	gpti
cdi	0.0061 * （− 1.7115）	0.0071 ** （− 2.3827）		0.0087 ** （− 2.1842）	0.0089 ** （− 2.0585）
cdi – d			0.0638 ** （− 2.1917）		

续表

变量	(1) $gpti-ia$	(2) $gpti-na$	(3) $gpti$	(4) $gpti$	(5) $gpti$
lnsize	0.2367 *** (-6.7965)	0.1631 *** (-6.0528)	0.2659 *** (-6.9755)	0.2665 *** (-6.2557)	0.2914 *** (-6.1766)
capital	-0.0619 ** (-2.1626)	-0.013 (-0.5625)	-0.0575 * (-1.7761)	-0.0574 (-1.6327)	-0.0507 (-1.3711)
roe	0.8174 * (-1.7389)	0.7588 ** (-2.0631)	1.0369 ** (-2.0014)	1.0475 ** (-2.1764)	0.8500 (-1.5384)
first	-0.4492 * (-1.7273)	-0.1364 (-0.6496)	-0.3934 (-1.3694)	-0.3801 (-1.3482)	-0.3673 (-1.1446)
growth	0.0861 (-1.3991)	0.0514 (-1.1995)	0.0856 (-1.2451)	0.0840 (-1.3284)	0.1181 (-1.6121)
fc	-0.4960 *** (-3.2965)	-0.4651 *** (-3.4753)	-0.4713 *** (-2.7700)	-0.4796 *** (-3.1568)	-0.4120 ** (-2.3447)
gap	-0.7143 * (-1.9163)	-0.0507 (-0.1638)	-0.3864 (-0.9320)	-0.4201 (-0.8587)	-0.3496 (-0.7820)
_cons	0.2463 (-0.3235)	0.3677 (-0.5709)	-0.1775 (-0.2091)	-0.1945 (-0.2146)	-0.7199 (-0.8005)
INDUSTRY	控制	控制	控制	控制	控制
YEAR	控制	控制	控制	控制	控制
N	1006	1006	1006	1006	901
adj. R^2	0.18	0.167	0.18		0.183
Pseudo. R^2				0.065	

注：*** 、** 、* 分别表示在1%、5%、10%的水平上显著。

（一）利用分类专利数量衡量绿色创新产出

为保证回归结果的稳健性，本章根据专利的申请难度分为绿色发明专利（$gpti-ia$）和绿色实用新型专利（$gpti-na$）两大类别，并替换模型（1）被解释变量进行回归，以此考察碳信息披露对于不同绿色专利申请的影响，回归结果如表6-11第（1）、第（2）列所示。回归结果表明，不论是发明专利还是实用新型专利，碳信息披露对其都具有显著的提升效应，其中对于绿色实用新型专利影响更大，与基准结果一致。

（二）分等级衡量碳信息披露水平

本章根据样本企业碳信息披露得分将样本分为五个等级，并根据模型（6-1）进行基准回归。第（3）列结果显示，碳信息披露水平（$cdi-d$）的回归系数在 5% 的水平上显著为正，t 值为 2.1917，表明碳信息水平的有效披露可以明显提高绿色创新水平，实证结果与本章的主要结论保持一致。

（三）改变计量回归方法

由于样本企业中超过半数无绿色专利申请，为此本章采用 Tobit 模型再次进行计量回归。根据表 6-11 第（4）列回归结果显示，碳信息披露水平（cdi）回归系数为 0.0087，在 5% 的水平下显著，与基础回归结果一致。

（四）部分样本回归

考虑到西部地区的经济发展、政策同步性与中东部相比较弱，为此本章剔除样本中西部上市公司数据，重新进行基准回归。检验结果如第（5）列所示，碳信息披露水平在 5% 水平下显著为正。基于以上分析，说明了本章回归结果的可靠性。

第五节 结论与建议

一、研究结论

碳信息是推动绿色金融与低碳经济发展的重要部分，本章基于 2016～2018 年我国 A 股市场上市公司的样本数据，利用上市公司的绿色专利申请量作为绿色技术创新产出的替代变量，实证研究了碳信息披露是否对绿色技术创新产出具有提升效应，继而推动企业低碳减排发展，助力 2030 年碳达峰、2060 年碳中和目标。基准研究结果表明，碳信息披露在一定程度上促进了企业绿色技术创新水平，该结论在进行了其他绿色专利指标构建、其他碳信息披露指标构建、改变计量回归方法、部分样本回归四个维度的稳健性检验后依然成立。从影响机制出发，媒体关注度和债务资本成本是碳信息披露促进绿色创新的两大渠道。一方面，碳信息披露水平较高的企业会选择通过媒体营造良好声誉，并且关注度高的企业在低碳减排方面受到更多的外部监督，进而促进企业绿色创新。另一方面，自愿性的碳信息披露能够降低企业信息风险，缓解企业与债权人之间的信息不对称程度，降低债务资本成本，进而减少企业融资约束促进绿色创新产出。此外，本章进行了异质性分析，从产权性质角度，碳信息披露对于民营企业绿色创新产出的提升效果更为明显；从行业性质角度，"清洁行业"中碳信息披露对绿色创新技术的促进效应更为突出；从环境规制角度，存在市场型环境规制的地区碳信息披露对绿色技术创新的诱发作用更为显著。

同时，本章也存在一些局限与不足。一方面，受限于数据，由于润灵环球网2019年更改了对社会责任报告中环境部分的评分标准，本章无法反映近两年的碳信息披露是否影响企业创新，因此，本章的研究结果虽然有一定参考价值，仍有很大的改进余地；另一方面，本章仅考虑了媒体关注、债务资本成本这两条影响路径，未来可进一步考察政府补助等其他可能潜在影响机制，以及地区等异质性影响的可能性。

二、政策建议

本章的研究结论为构建符合我国国情的碳信息披露标准，助力企业绿色创新提供了一些政策建议。

第一，碳信息的有效披露能够显著促进企业绿色创新产出，推动低碳节能经济发展。为了更好地引导企业绿色环保转型，促进碳交易市场规范运行，环境监管部门应当构建统一的碳信息披露标准体系，确保碳信息的有效性与可比性，避免为规避环境惩罚出现的假披露现象。对于重污染行业，其自愿性披露积极性较低，相关部门可以制定相应的强制性披露要求，对于碳排放量、减排措施等符合要求的企业给予适当政策优惠，倒逼企业提升低碳环保绩效。

第二，金融机构应当构建更加清晰的绿色信贷申请条件，为上市公司提供更多融资机会。将碳绩效改善水平作为绿色信贷发放标准之一，拒绝"一刀切"式投放绿色信贷。良好的碳信息披露水平有利于降低企业在申请绿色信贷时面临的信息不对称，引导资源向融资约束高但愿意积极承担低碳减排责任的企业倾斜，降低此类企业债务资本成本，激励企业绿色创新形成良性循环。

第三，发挥不同类型环境规制工具协同创新作用，命令型环境规制政策虽然能强制企业披露碳排放量与减排绩效，但会导致企业产生较高的环境成本，为规避环境惩罚，企业往往选择"投机取巧"隐藏真实情况。相比命令型环境规制，市场型环境规制运用更为灵活，通过激发企业自觉披露碳相关信息，争取政策优惠以及碳交易优势，进而促进企业绿色创新水平。因此，政府应当构建协调合作的环境规制体系，引导企业积极主动地参与绿色转型。

第四，利用新闻媒体外部监督与治理作用，持续加大对企业低碳减排等环保行为的报道强度，提高投资者对于企业环境治理的期待，督促企业不断披露高质量碳信息，以此倒逼企业进行绿色改革。此外对于碳绩效提升显著的企业着重宣传，树立企业间低碳环保风气，通过声誉机制引导企业自发进行绿色转型，形成媒体与企业间的联动协作，助力我国实现可持续发展战略与碳达峰、碳中和目标。

参考文献

［1］陈华、王海燕、荆新：《中国企业碳信息披露：内容界定、计量方法和现状研究》，载《会计研究》2013年第12期。

［2］陈宇峰、马延柏：《融资渠道、产品市场竞争与成本粘性——来自中国制造业上市公司的经验证据》，载《经济与管理研究》2021年第7期。

［3］杜勇、谢瑾、陈建英：《CEO金融背景与实体企业金融化》，载《中国工业经济》2019年第5期。

［4］符少燕、李慧云：《碳信息披露的价值效应：环境监管的调节作用》，载《统计研究》2018年第9期。

［5］姜双双、刘光彦：《风险投资、信息透明度对企业创新意愿的影响研究》，载《管理学报》2021年第8期。

［6］李慧云、符少燕、高鹏：《媒体关注、碳信息披露与企业价值》，载《统计研究》2016年第9期。

［7］李青原、肖泽华：《异质性环境规制工具与企业绿色创新激励——来自上市企业绿色专利的证据》，载《经济研究》2020年第9期。

［8］廖文龙、董新凯、翁鸣、陈晓毅：《市场型环境规制的经济效应：碳排放交易、绿色创新与绿色经济增长》，载《中国软科学》2020年第6期。

［9］齐齐绍洲、林屾、崔静波：《环境权益交易市场能否诱发绿色创新？——基于我国上市公司绿色专利数据的证据》，载《经济研究》2018年第12期。

［10］陶锋、赵锦瑜、周浩：《环境规制实现了绿色技术创新的"增量提质"吗——来自环保目标责任制的证据》，载《中国工业经济》2021年第2期。

［11］温素彬、周鎏鎏：《企业碳信息披露对财务绩效的影响机理——媒体治理的"倒U型"调节作用》，载《管理评论》2017年第11期。

［12］温忠麟、叶宝娟：《中介效应分析：方法和模型发展》，载《心理科学进展》2014年第5期。

［13］吴芃、卢珊、杨楠：《财务舞弊视角下媒体关注的公司治理角色研究》，载《中央财经大学学报》2019年第3期。

［14］徐佳、崔静波：《低碳城市和企业绿色技术创新》，载《中国工业经济》2020年第12期。

［15］徐莉萍、辛宇：《媒体治理与中小投资者保护》，载《南开管理评论》2011年第6期。

［16］赵莉、张玲：《媒体关注对企业绿色技术创新的影响：市场化水平的调节作用》，载《管理评论》2020年第9期。

［17］Borsatto J. M. S. L. and Blzani C. L. , Green innovation: Unfolding the relation with environmental regulations and competitiveness, *Resources, Conservation & Recycling*, Vol. 149, 2019, pp. 445 – 454.

［18］Bushee B. J. , Core J. E. , Guay W. , et al. , The Role of the Business Press as an Information Intermediary, *Journal of Accounting Research*, Vol. 48, No. 1, 2010, pp. 1 – 19.

［19］Cui J. , Zhang J. , Zheng Y. , Carbon Pricing Induces Innovation: Evidence from China's Regional Carbon Market Pilots, *AEA Papers and Proceedings*, Vol. 108, 2018, pp. 453 – 456.

［20］Du K. , Li P. and Yan Z. , Do green technology innovations contribute to carbon dioxide emission reduction? Empirical evidence from patent data, *Technological Forecasting and Social Change*, Vol. 146, 2019, pp. 296 – 303.

［21］Enikolopov R, Petrova M, Sonin K, et al. , Social Media and Corruption ［J］. *Social Science Electronic Publishing*, 2017, 10 (01): 150 – 174.

［22］Freedman M. and Jaggi B. , An investigation of the long – run relationship between pollution performance and economic performance: The case of pulp and paper firms, *Critical Perspectives on Accounting*, Vol. 3, No. 4, 1992, pp. 315 – 336.

［23］Hadlock C. J. , Pierce J. R. , New Evidence on Measuring Financial Constraints: Moving Beyond the KZ Index, *Review of Financial Studies*, Vol. 23, No. 5, 2010, pp. 1909 – 1940.

［24］Huang Z. , Liao G. , Li Z. , Loaning Scale and Government Subsidy for Promoting Green Innovation, *Technological Forecasting and Social Change*, Vol. 144, 2019, pp. 148 – 156.

［25］Inoue E. , Environmental disclosure and innovation activity: Evidence from EU corporations, *Discussion papers*, Vol. 12, 2016, pp. 1 – 40.

［26］Jiang Y. , Luo L. , Xu J. F. , et al. , The Value Relevance of Corporate Voluntary Carbon Disclosure: Evidence from the United States and BRIC Countries, *Journal of Contemporary Accounting and Economics*, Vol. 1, 2021, pp. 1079 – 1086.

［27］Kumar P. , Firoz M. , Impact of carbon emissions on cost of debt – evidence from India, *Managerial Finance*, Vol. 44, No. 12, 2018, pp. 1401 – 1416.

[28] Lemma T. T. , Feedman M. , Mlilo M. , et al. , Corporate carbon risk, voluntary disclosure, and cost of capital: South African evidence, *Business Strategy and the Environment*, Vol. 10, No. 22, 2018, pp. 42 – 53.

[29] Pittman J. A. , Fortin S. , Auditor choice and the cost of debt capital for newly public firms, *Journal of Accounting & Economics*, Vol. 37, No. 1, 2004, pp. 113 – 136.

[30] Porter M. and Linde C. , *Green and Competitive*, 1995.

[31] Siddique M. A. , Akhtaruzzaman M. , Rashid A. , et al. , Carbon disclosure, carbon performance and financial performance: International evidence, *International Review of Financial Analysis*, Vol. 75, 2021, pp. 63 – 72.

第七章

绿色金融助力碳达峰、碳中和

改革开放以来，我国经济迅猛增长，但随着工业及城市化发展，财富聚集及人口激增，经济增长带来的环境问题日益严重，我国在发展经济的同时注重对环境的保护，倡导"绿水青山就是金山银山"的经济发展理念。在此背景下，我国在 2020 年向世界承诺，2030 年前实现碳达峰、2060 年前实现碳中和，并于 2021 年开启碳中和的征程。为了实现我国经济的低碳可持续发展以及解决我国面临的环境问题，我国必须在产业结构、能源消费结构、消费观念和方式等方面进行改变，因此我国实现碳减排目标十分艰巨，并且刻不容缓。根据国内外主流机构测算，仅支持碳达峰相关行业的投资规模就高达 100 万亿元。如此巨大的投资规模，单靠政府的资金支持是远远不够的，大部分资金缺口都需要金融市场来弥补，绿色金融应运而生，通过制定统一的绿色金融标准，引导金融体系助力双碳目标的实现。本章首先介绍现有绿色金融体系；其次介绍绿色金融的发展历程，进而分析出我国绿色金融体系的发展特点，同时介绍美国、欧洲和日本的绿色金融发展模式，学习国外的成功经验；最后选取绿色信贷作为衡量绿色金融发展的指标，基于系统 GMM 模型对绿色信贷的碳减排效果进行实证研究，从理论和实证两个方面分析了绿色金融如何助力碳达峰和碳中和目标的实现。

第一节　我国绿色金融的发展现状

一、绿色金融的定义

目前关于绿色金融的概念描述较多，研究理论较为成熟，但国内外学者对于绿色金融的定义略有不同，这可能是由于不同的国家有着不同的工业发展阶段和国情。相对而言，国外学者较早关注到金融与生态环境之间的关系，早期被称为环境金融或者生态金融。在实践方面也远远早于我国，世界上最早的政策性环保银行成立于1974年，但西方学者们对绿色金融理论内涵的探讨比实践晚，萨拉扎（Salazar，1998）认为绿色金融是金融业务的创新发展，绿色金融可以减少工业快速发展对环境造成的污染，改善环境质量，实现经济的可持续发展。而韦伯（Weber，2005）发现了可以将可持续性成功融入银行金融业务的五种模式，即把握住政策、战略、产品、服务和流程的程度，绿色金融的目的是实现金融的可持续发展。法尔哈德（Farhad，2019）认为绿色金融主要资助可再生能源和绿色能源项目，以减少碳排放及其对健康的负面影响，为城市发展建设具有气候抗御能力的基础设施，并确保环境可持续性。因此，国外对绿色金融的定义主要关注气候环境的改善，认为环境保护的重要手段之一便是推进绿色金融的发展。

然而国内学者大多认为绿色金融是金融机构利用国家政府的政策优惠，通过绿色信贷等工具，把资金投放给拥有创新技术并且环保的企业；同时我国政府也给出了绿色金融的官方定义。而本章所阐述的绿色金融是指，金融机构在政府政策的指导下通过一系列适当的评定标准来评价一些绿色企业或者绿色项目是否合格，评定合格后，再利用绿色信贷、绿色投资等金融产品和服务，将更多的资金投向节能环保的绿色项目中，从而降低绿色环保企业的融资成本，同时减少对一些高耗能、高污染企业的资金支持，倒逼其开始绿色技术创新的投入。绿色金融从两方面入手，提高金融业的社会责任意识，进而达到改善环境的目标，实现未来经济的可持续发展。

二、中国绿色金融的发展历程

我国政府对于环境问题的关注最早可以追溯到 1984 年，经济迅速发展的同时导致了一系列环境问题的出现，因此我国政府也意识到环境对经济可持续发展的重要性。我国在 1984 年颁布了《关于环境保护资金渠道的规定通知》，该通知明确提出了与环境信贷有关的环保资金来源渠道，同时在 1995 年央行颁布《关于贯彻信贷政策与加强环境保护工作有关问题的通知》，该通知要求各级金融机构在信贷投放中要将支持环境保护与污染防治作为审核贷款的重要因素之一，这也为后面绿色信贷的发展奠定了基础。

实际上，中国的绿色金融主要是在 2007 年以后才开始发展起来，绿色金融的发展主要经历了初步发展、深化发展以及全面推进发展三个阶段。在发展过程中国家更加注重顶层设计，颁布了较多的政策文件，逐步规范了绿色金融的发展路径；并在 2020 年，为实现未来碳达峰和碳中和的目标，我国将绿色金融发展上升至国家战略，因此绿色金融的发展更加迅速与规范，绿色金融的具体发展情况如表 7 - 1 所示。

表 7 - 1　　　　　　　　　　　　具体政策措施

发展阶段	年份	政策名称	主要内容
绿色金融初步发展阶段（2007～2011年）	2007	《关于落实环境保护政策法规防范信贷风险的意见》	首次提出绿色信贷，要求金融机构根据规定进行贷款的审批与发放
	2007	《关于环境污染责任保险工作的指导意见》	选择部分行业、企业与地区，率先开展环境污染责任保险试点工作
	2008	《关于加强上市公司的环境保护监督管理工作的指导意见》	探索建立上市公司信息披露机制
	2009	《关于全面落实绿色信贷政策进一步完善信息共享的工作通知》	加强环保部门和金融机构的信息沟通
	2008	兴业银行	宣布采纳"赤道原则"
	2011	《关于碳排放权交易试点工作的通知》	明确在北京等 7 个省市开展碳排放权交易试点

发展阶段	年份	政策名称	主要内容
绿色金融深化发展阶段（2012～2015年）	2012	《绿色信贷指引》	对银行类金融机构的组织管理、流程管理、监督检查等方面做了明确要求
	2013	《关于开展环境污染强制责任保险试点工作的指导意见》	继续鼓励企业积极投保
	2014	《绿色信贷实施情况关键评价指标》	从定性和定量两个维度制定了评价指标
	2013	《深圳市碳排放交易管理暂行办法》	深圳是全国7个碳排放权交易试点城市之一，在全国率先启动碳排放权交易市场
绿色金融的全面发展阶段（2015年至今）	2015	《生态文明体制改革总体方案》	首次提出要建立绿色金融体系，支持经济绿色转型
	2015	《绿色债券支持项目目录(2015年版)》	界定了绿色债券的范围
	2016	《关于构建绿色金融体系的指导意见》	明确我国发展绿色金融的政策框架
	2016	《金融业标准化体系建设发展规划（2016—2020年)》	提出绿色金融的标准化发展
	2017	五省区建设绿色金融创新试验区总体方案	决定在浙江、江西等5个省（区）设立试验区
	2021	《碳排放登记管理规划（试行）》《碳排放权交易管理规划（试行）》《碳排放权结算管理规划（试行）》	全国碳排放权交易市场启动上线交易

三、发展特点

（一）自上而下的发展模式

从发展历程可以看出，政府已经成为我国绿色金融发展的领路人，引导金融机构参与绿色项目，倒逼污染企业进行改变，同时宣传绿色消费理念。与一些发达国家的模式不同，我国采取的是自上而下的发展模式，政府颁布一系列政策文件，制定国家未来发展战略，一方面对一些污染企业进行监管，强制逼迫其改变现有高污染的经营模式；另一方面又通过各种激励措施鼓励社会资本进入绿色金融市场，同时向居民个人宣传绿色消费等环保意识，带动全员参与碳减排活动。目前我国绿色金融的发展仍停留在政府主导的阶段，未来可以学习借鉴国外的发展模式，将两种模式相结合，共同推进未来"碳达峰、碳中和"目标的实现。

（二）广泛的国际合作

近几年，我国积极寻找合作机会，努力与国际绿色金融的发展接轨，从而提升绿色金融产品的国际认可度，逐步提高国际地位。国内许多商业银行也开始与国际银行之间展开合作，学习国际上一些较为成熟的绿色金融准则，并在国内进行实践。2016 年的 G20 峰会上我国将绿色金融纳入二十国集团议程，与其他国家共同讨论绿色金融未来发展的问题。此外，中国还与发展中国家交流经验，在"一带一路"的建设过程中，积极推动绿色"一带一路"发展，引导金融资源投向绿色基础设施建设，减少污染性投资。

（三）先试点后推广

我国在总结碳排放权交易试点城市建设经验的基础上，推动碳排放权交易市场由分散的试点探索转向全国统一发展。2021 年 7 月 16 日，国家层面的碳排放权交易市场正式启动，从试点市场向全国统一发展，全国碳交易系统将为实现"双碳"目标助力。在碳排放市场的未来发展中，以高污染和高能耗为主的传统工业企业和交通运输企业都将逐步进入碳排放交易市场，同时还包括其他高碳排放行业。在实践方面，与世界上其他支持绿色金融的国家有所不同，我国在部分城市设立绿色金融改革创新试验区和碳排放交易市场，在各试验区成功后积极推广至全国，目前我国在碳交易市场方面已经形成了可以在全国推广与复制的发展经验。

第二节　我国现有的绿色金融体系

一、绿色信贷

绿色信贷在绿色金融体系中起步较早，国家政策体系成熟且完善，因此发展速度较快，信贷规模逐年增长，发展态势良好。绿色信贷目前已经占据绿色金融的核心地位，成为推动绿色金融和生态经济协同发展的重要手段之一。由图7–1、图7–2可以看出，我国21家主要银行的绿色信贷余额逐年增加，2020年我国经济受疫情影响较大，但国内21家主要银行绿色信贷余额在2020年末仍高达11.95万亿元，[①] 居于世界第一，并且增长率还有所增加。此外，2021年我国经济快速回升，到第三季度末本外币绿色贷款余额已达到14.78万亿元，[②] 并不断保持高速增长，占绿色融资总额的90%。由于各个计算数据的差异，目前我国全年碳排放量大致在100亿~110亿吨，并且21家主要银行绿色信贷每年可支持节约标准煤超过3亿吨，减排二氧化碳当量超过7亿吨[③]，由此也可以看出绿色信贷的快速发展虽有明显的减排效果，但是仍有较大发展空间。总体来看，我国绿色信贷的发展在一系列政策文件的指导下，不断更新与完善，产品种类越来越多，制度越来越标准与规范，不良贷款率越来越低，发展规模也越来越大，目前居于世界第一的位置。

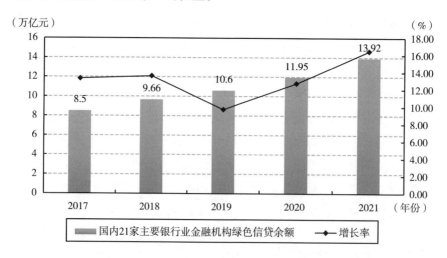

图7–1 国内21家主要银行业金融机构绿色信贷余额及增长率
资料来源：中国银行监督管理委员会。

① 中国银行监督管理委员会。
② 中国人民银行发布的《2021年三季度金融机构贷款投向统计报告》。
③ 银保监会政策研究局。

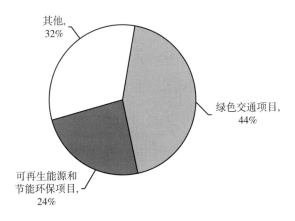

图 7 - 2　2020 年我国绿色信贷项目的分布比例
资料来源：中国银行监督管理委员会。

二、绿色债券

　　我国绿色债券虽起步较晚，但是发展较为稳定，并且效果突出。目前我国绿色债券发展有几大特点，首先，发行场所不断扩大，覆盖境内外，并且发行规模稳步提升。从图 7 - 3 可知，除 2020 年受疫情影响外，从 2016 年开始，绿色债券保持逐步增长的势头，发行规模存量从 2016 年至 2021 年 8 月已经超过 1.5 万亿元[①]；外币债券规模也在不断增加，2021 年上半年外币绿色债券的发行规模接近 2020 全年水平。其次，我国绿色债券品种也逐渐多样化，结构愈发均衡化，以中短期品种为主，5 年期以下的债券占比最大。再次，在经济较为发达的地区，绿色债券发行主体数量较多，且信用评级较高，主要集中在金融业、公用事业等行业，企业主要是以国有企业为主，其绿色债券的发行量高达 80%[②]。最后，绿色债券具有良好的环境效益，据测算，每年通过绿色债券融资的绿色项目可节约 5000 万吨的标准煤，相当于可以降低超过 1 亿吨的二氧化碳排放当量[③]。实际上绿色债券与一般债券的最大不同便是债券的"绿色"属性，但是绿色项目的绿色属性通常不太容易辨识，一些项目还可能存在"漂绿"的风险，

---

①②　Wind 数据库。
③　中国人民银行。

因此政府每年不断更新政策文件，对绿色债券分类进行细化，使绿色债券的界定能够更加明确。

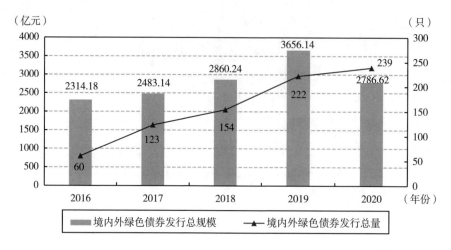

图 7 – 3　绿色债券发行状况

资料来源：Wind 数据库。

三、绿色保险

在整个绿色金融的发展体系中，绿色保险的发展相对缓慢，并且对于社会公众来说可能比较陌生。绿色保险是市场经济中管理环境风险的工具，从狭义来看，国际上较具有代表性的绿色保险以环境污染责任险和巨灾保险为主。从广义来看，绿色保险可以定义为保险机构在负债端开发多样化的绿色险种，向绿色企业或项目提供保险风险管理产品及服务；在资产端向节能环保、清洁能源等绿色产业提供的保险资金支持，为的是改善环境问题、提高生态环境效益。目前，我国环境污染责任保险已覆盖重金属、石化、医疗废弃物等 21 个高环境风险行业[1]，覆盖范围拓展至全国。调研数据显示，2018～2020 年，保险业总共为社会提供了高达 45 万亿元保额的绿色保险，支付了 533.77 亿元赔款[2]，但相比其他国家，我国绿色

---

①　银保监会政策研究局。
②　中国保险行业协会。

保险市场仍有较大的发展空间。在环境效益方面，2018～2020 年，保险业通过数字化转型节约用纸 8.2 万吨，相当于少砍伐树木 164 万棵，固碳量达 3 万吨①，并在绿色办公、节约能耗、推广绿色建筑、环保公益等方面取得实质性进展。2021 年，保险业协会还发布了保险业助力"双碳"目标的相关文件，决定将保险业和银行业合作发展，不断探索创新型绿色金融产品。

四、绿色基金

我国绿色基金在 2015 年和 2016 年飞速发展，近几年有下降趋势，然而在 2020 年新冠肺炎疫情对社会和经济发展造成的巨大冲击下，绿色基金增长势头却非常迅猛，增长率首次出现上涨。绿色基金也是中国绿色金融体系的重要组成部分，绿色基金一般不直接从事碳交易，也不适合扮演做市商的角色，主流的绿色基金主要是通过投资绿色低碳相关领域的企业，从而助力"碳达峰、碳中和"目标的实现。截至 2020 年末，全国已设立并备案的绿色基金已经超过 850 家。由图 7－4 可知，仅 2020 年，新增的绿色基金就有 126 只，按照募集方式划分，其中私募绿色基金 105 只，公募绿色基金 21 只，同比上升 64%。绿色基金的投资领域主要集中在低碳节能产业，2020 年新成立备案的绿色基金投向生态环保领域数量为 38 只，占比为 30%；投向低碳节能领域 86 只，占比为 68%；投向循环经济领域 2 只，占比为 2%②。与 2019 年相比，投向低碳节能领域的绿色基金比例进一步扩大，绿色基金对低碳节能领域的投资将有效促进我国低碳发展目标的实现。在我国"双碳"目标指引下，预计未来将会成立更多聚焦低碳节能领域的绿色基金。

五、碳金融

相比其他国家，目前我国碳金融市场发展较晚，目前体系仍不够成熟

---

① 中国保险行业协会。

② Wind 数据库。

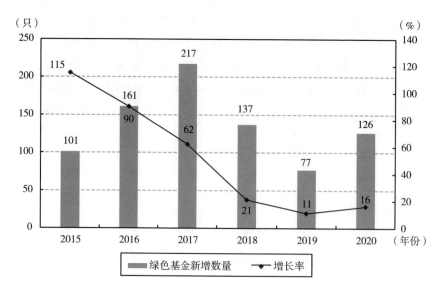

图 7 - 4　绿色基金新增数量及增长率

数据来源：Wind 数据库。

（见图 7 - 5）。碳金融最早是由各国签订的《京都议定书》演变而来的，现在越来越多的国家开展了碳排放交易市场。如图 7 - 5 所示，我国的碳金融开始于 2002 年，早期主要是与其他国家合作，参与国际项目为主，从 2011 年开始建设国内碳排放交易市场。目前，我国资本市场正在深度布局碳金融交易业务，探究如何对碳资产有准确的估值、有合适的流转通道，探究如何发挥市场在碳资产定价、流转和碳资源配置中的决定性作用，同时更好地发挥政府的协助作用，从而助力碳达峰和碳中和目标的实现。我国碳排放交易市场发展采取先试点后推广的策略，目前我国已有 8 个碳交易市场，并且于 2021 年开启全国碳交易市场，从此全国市场和地方试点双管齐下，共同助力双碳目标的实现。从环境效益来看，碳金融的碳减排效果较为显著，碳市场通过市场化手段将温室气体外部影响内部化和显性化。2013 年起到 2021 年 6 月，我国碳市场累计配额成交量 4.8 亿吨二氧化碳当量，成交额约 114 亿元，[①] 碳市场的发展极大地减少了我国二氧化碳等温室气体的排放量。由图 7 - 6 可知，2018～2020 年的交易期间，在

_____

① 中华人民共和国生态环境部。

我国八大碳交易试点城市中，配额交易量最高的是广东、湖北，交易比较活跃，而深圳和重庆的成交量相对较低。我国还开始了碳期货的开发工作，成立了广州期货交易所，在碳金融市场发展成熟后推出与碳交易有关的期货品种，碳期货可以起到规避碳价格剧烈波动的作用。

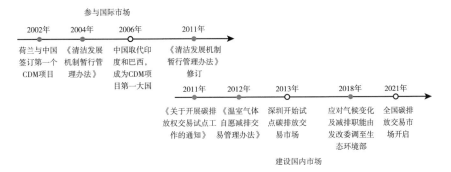

图 7-5　我国碳金融的发展历程

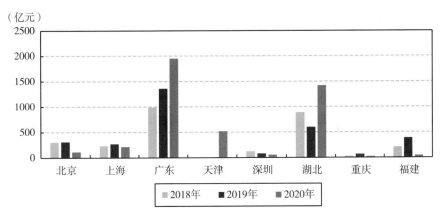

图 7-6　2018～2020 年我国碳交易市场各试点配额交易量

资料来源：中国碳交易网。

第三节　国外绿色金融的实践经验及启示

目前，随着环境问题的不断凸显，尤其是在 2020 年新冠肺炎疫情暴发以后，越来越多的国家加入碳中和的队伍。截至 2020 年 11 月，世界上有 126 个国家承诺在未来将实现碳中和的目标，有的国家还通过颁布政策条例等形式确立碳中和目标。从全球来看，发达国家对绿色金融的理论探索和实践行动都远远早于我国，因此其积累了丰富的经验，形成了相对成熟的绿色金融理念和较为完善的绿色金融制度，值得我国参考借鉴。本节介绍了美国、欧洲以及日本等国家和地区绿色金融的发展经验，以及从中可以获得的启示。

一、美国模式：法律制度完善和金融产品创新

美国作为世界第一大经济体，早期工业的快速扩张也给美国造成了较为严峻的环境问题，因此，美国绿色金融起步较早，尤其在环境污染方面治理效果较好，而这些成效都得益于美国完善的法律体系和多样化的金融产品（李云燕和孙桂花，2018）。首先，美国颁布了较多的绿色金融法律条例，法律体系十分健全，较为著名的有1980年的《超级基金法》，20世纪70年代，美国爱河区环境污染严重，居民健康受到损害，政府为解决这一问题制定了《超级基金法》。该法案对企业管制最有效的地方是它规定环境问题的责任具有追溯性，既可以追溯当地污染企业的责任，也可以追溯贷款商业银行的责任，奉行双重责任追究的原则。这大大地提高了污染企业和银行业金融机构的环境风险，因此银行业金融机构开始关注环境问题。美国法律制度不仅对污染企业进行环境污染的处罚，还对金融机构进行监督，进一步限制了高污染企业的资金可得性；美国的法律制度还妥善地处理了政府、金融机构与企业之间的三角关系，政府负责颁布绿色金融政策来推动绿色信贷等金融工具的快速发展，同时建立政府各部门与金融机构之间信息共享的平台，保障金融机构可以规避信息不对称的风险，对真正的绿色企业提供贷款资金。其次，美国商业银行管理模式也十分新颖独特，并非股东大会对商业银行事务进行管理，而是相关利益人管理模式。这种管理模式的好处是可以使各商业银行在综合考虑自身利益和社会责任之后决定是否对贷款企业进行融资。美国不仅绿色金融法律体系健全，在绿色金融产品方面也是不断创新，绿色金融工具种类丰富。例如，在绿色保险方面，美国除了常规的环境责任保险以外，还有针对绿色建筑、气候以及碳排放信贷担保等相关产品的保险。

综上，可得到以下启示。首先，需要全面落实绿色金融法治化，政府不仅要完善我国绿色金融的政策体系，还应该进一步监督政策的落实情况。目前，我国绿色金融法律法规体系尚不完善，环境污染责任归属还不明确，政府部门的可操作性不强。从美国经验可知，健全的法律体系能够明确各方责任主体，使多方主体的利益得到保护，加大对绿色企业和项目环境信息披露的监督与管理，对企业的"漂绿"行为进行处罚，从而降低信息不对称带来的环境风险。其次，我国要对绿色金融产品进行不断创新，我国绿色金融近几年虽然发展较快，但是绿色金融产品多样化程度较低，产品结构和种类较为单一。绿色金融产品的丰富，不仅要依靠政府的力量，更需要提高金融机构的积极性，促使金融机构为了获得额外的利益，进而积极主动地进行绿色金融产品的创新。

二、欧洲模式：深入人心的可持续发展理念和发达的碳交易市场

欧洲的碳排放交易体系较为发达，欧盟排放交易体系（EU ETS）成立于 2005 年，由近 30 个成员国家（及列支敦士登、挪威）组成，是世界上参与国最多、规模最大、最成熟的碳排放权交易市场。欧洲许多国家较早就提出了碳中和目标，并且欧盟作为一个整体，在 1990 年实现了碳排放达峰，峰值为 44 亿吨，此后二氧化碳总排放量开始下降。截至 2019 年，二氧化碳排放量下降至 33 亿吨，相较于 1990 年碳排放峰值水平约减排24. 34％，[①] 在碳达峰方面，欧洲走在世界的前列，并且欧洲国家的绿色金融理念早已融入其经济发展当中，尤其是银行业积极主动参与绿色金融的发展，促进节能环保产业的快速发展。欧洲国家工业革命开展得较早，因此在面对全球变暖等气候问题上有着更加深刻的认识，欧洲各个国家一致认为必须要积极地应对气候变化问题。因此在碳减排的政策措施方面，他们颁布了详细可靠的政策框架与激励措施，并且制定了不同阶段的减排目标和措施，根据阶段结果再不断优化调整下一步计划。相较于我国，欧盟

---

① ICAP，英国 BP 石油公司。

所实行的强制披露为主、自愿披露为辅以及两者相结合的环境信息披露制度也较为成熟与完善，值得我国进行学习与借鉴（洪卫，2021）。

综上，可得到以下启示。首先，我国应积极推广绿色金融的可持续发展理念，我国绿色金融的发展主要依靠政府的"顶层设计"，这一点同欧洲国家一致，但是绿色金融还没有形成广泛的认知，在部分区域绿色金融、绿色消费等观念普及度不高，这就造成了政府工作推进困难的局面。因此建议地方政府要严格落实中央政府颁布的绿色金融政策，同时国家加大舆论宣传，让更多的金融机构、企业、居民个人了解发展绿色经济的优势，让可持续发展理念深入人心，从而在消费观念和方式等方面都进行改变。其次，由于我国各个部门之间，尤其是政府部门和金融机构之间缺乏有效的信息联通机制，造成我国的信息不对称问题较为突出，环境信息披露制度不健全，因此要积极推进我国上市公司环境信息披露制度的发展。我国碳排放权交易市场虽在不断发展过程中，但仍普遍存在市场活力不足、配额分配不合理的现象，因此需要建立环境信息披露制度，盘活碳交易市场，提高配额分配效率，推进全国层面的碳排放交易市场的更好发展。

三、日本：政府产业政策和金融机构协同推进

日本绿色金融的发展属于稳步推进的类型，日本政府通过产业政策调整产业结构，政府与金融机构默契配合，协同发展，效率较高。日本还建立了注册资本超过100亿元的大型国家性政策投资银行，该银行不以营利为目的，重点引导国家经济发展方向，对日本绿色金融的发展具有积极的促进作用。该银行实施绿色信贷业务较早，并不断更新有关绿色低碳的业务内容，对如何降低碳排放量提出相应政策措施。日本绿色企业贷款流程是商业银行在收到企业贷款申请后，通过信息共享的平台将申请提交到日本政策投资银行的评估系统中，商业银行再根据日本政策投资银行的反馈结果，决定是否对企业提供贷款。日本的政策性银行，一方面与商业银行之间建立信息共享平台，对项目信息进行充分了解，从而降低项目存在的风险，降低不良贷款率；另一方面督促企业承担社会责任，提高绿色发展的意识，这两个方面已成为推动日本绿色金融发展的有效途径。

综上所述，可得到以下启示。日本的产业政策在世界上是落实最好的，其中最重要的一个原因是社会各机构的相互配合。日本政府通过国家层面制定相关政策保障绿色金融健康有序的发展，其政策性银行与商业银行进行有机的合作，极大地提高了金融机构对环保事业的支持。我国颁布的绿色金融政策在执行方面效率较低，实施效果往往差强人意，因此，我国中央政府要加强同地方政府、金融机构等主体的合作，提高各方主体参与度，同时发挥我国三大政策性银行在绿色金融方面的引领作用，建立绿色评级系统，加入市场的力量，从而保证政策的落实有充足的资金支持。

第四节　绿色金融助力碳减排的作用路径

一、路径分析

绿色金融主要通过政策导向效应、技术创新效应、产业结构的转型效应以及绿色金融产品的创新效应四个方面对碳减排发挥作用。机制路径如图7-7所示。绿色金融通过四种作用机制，一方面对高污染、高能耗的企业进行资金限制，淘汰传统污染性的生产技术，倒逼企业创新绿色低碳技术；另一方面积极推动绿色企业和绿色项目的发展，从而增加绿色产品供给，提高居民绿色消费意识，从两个方面助力碳减排，实现"双碳"目标。

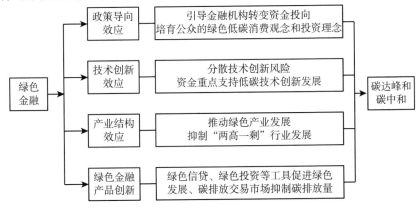

图7-7　绿色金融助力碳减排的作用路径

（一）政策导向效应

我国绿色金融发展较晚，需要政府加以引导，国家通过制定多种绿色政策向金融机构、企业以及居民个人等主体传递绿色信号，将资金资源投向绿色企业和项目，从而满足"双碳"目标实现所需的资金。各方主体积极响应政府号召，开展各种绿色活动，金融机构和企业之间相互合作，通过绿色信贷、绿色投资等金融工具的资金支助，在生产过程中逐步减少使用传统高污染的化石能源，加大绿色低碳技术创新，生产绿色产品；企业与个人消费者之间相互作用，企业生产绿色产品，带动居民的绿色消费。另外，国家的政策宣传使得绿色消费观念逐渐深入人心，并且国家对企业、居民的绿色消费提供政策优惠。

（二）技术创新效应

环境问题的改善、碳排放量的减少均离不开技术的进步，绿色金融能够改变传统金融支持方式，通过绿色信贷工具为企业开展清洁能源技术研发、节能项目推广利用提供一定的资金支持（殷贺、王露和刘楠楠，2019）。当一些高污染、高排放的企业在使用清洁能源能够得到更多的资金流入时，会大大地降低企业使用清洁能源的成本支出，企业就会提高其清洁能源的使用，从而减少了高污染企业的碳排放量。银行发展绿色金融为企业提供更加多样的融资渠道，同时给予绿色企业一些利率优惠，提升企业节能环保技术的研发效率。另外，银行等金融机构对部分企业碳中和技术创新的金融支持也大大降低了中国的二氧化碳排放量。

（三）产业结构效应

我国目前产业结构转型的关键是由传统的"两高一剩"行业向低碳绿色产业转型升级，推动新兴环保产业发展（高锦杰和张伟伟，2021）。绿色金融的发展在一定程度上推动了我国产业结构的绿色转型，一方面，绿色金融模式会提高污染行业的贷款利率水平，减少对"两高一剩"行业的贷款支持，进而提高融资成本，在一定程度上制约了高污染行业的持续性发展，降低其发展速度；同时倒逼部分企业为了实现未来的可持续发展而不得不进行绿色技术的研发创新，提高企业的研发投入，发展绿色生产工艺、发现绿色材料。另一方面，对于低碳环保行业，金融机构加大资金投入，并且以较低的贷款利率提供贷款，缓解其融资约束，企业绿色技术创新投入的回报周期较长，这大大地降低了绿色产业的后顾之忧，同时也提高了社会资金的配置效率，改变了我国产业的能源消费结构。总而言之，绿色金融对碳减排的产业结构效应主要体现在抑制"两高一剩"行业发展和推动绿色产业发展两个方面。

（四）绿色金融产品的创新效应

绿色金融产品的创新可以丰富金融支持低碳环保行业的途径，特别是碳排放交易市场的发展与应用，碳排放交易权限制了每个地区可排放二氧化碳等温室气体的总量，当一个地区的排放量超过限额时，可以通过购买其他试点地区的剩余额度，这就大大地提高了地区二氧化碳排放的代价，从而引导企业逐渐降低碳排放；同时一些丰富的绿色投资类产品，也会引导股票、债券以及基金等市场的投资者加大对绿色投资产品的关注与购买，推动绿色金融市场的繁荣发展。目前我国绿色金融产品多样化程度较低，创新程度还远远不够，因此未来碳排放的减少还要不断创新金融产品。

二、模型介绍以及原理

（一）面板数据

面板数据指的是在一段时间内跟踪同一组个体的数据，它同时包含了截面和时间两个维度，设 i（$i=1$，…，N）表示截面（个体），t（$t=1$，…，T）表示时间，设定如下线性模型：

$$Y_{i,t} = \beta X_{i,t} + \alpha_i + \lambda_t + \varepsilon_{i,t} \tag{7-1}$$

其中，$Y_{i,t}$ 为被解释变量；$X_{i,t}$ 为解释变量；α_i 表示个体效应，表示那些不随时间改变的影响因素；λ_t 表示时间效应，用于控制随时间改变因素的影响；$\varepsilon_{i,t}$ 为模型误差项。本章先使用静态面板中的固定效应进行分析，再通过系统 GMM 来分析动态面板数据，本节主要介绍下系统 GMM 方法。

（二）系统 GMM 介绍

系统 GMM 模型通常适用于动态面板数据，能很好地解决变量的内生性问题，在公式中的变化就是，在等号右边增加了因变量的滞后期，可能是一期也可能是多期，异质性被设定为个体效应，则模型可以表示为：

$$Y_{i,t} = \gamma_1 Y_{i,t-1} + \cdots + \gamma_p Y_{i,t-p} + \beta X'_{i,t} + \mu_i + \lambda_t + \varepsilon_{i,t} \qquad (7-2)$$

其中，$Y_{i,t}$ 为被解释变量；$Y_{i,t-p}$ 为被解释变量的 p 期滞后项；$X'_{i,t}$ 为控制变量；μ_i 表示个体效应，表示那些不随时间改变的影响因素；λ_t 表示时间效应，用于控制随时间改变因素的影响；$\varepsilon_{i,t}$ 为模型误差项。GMM 模型的使用是否合理还需要满足两个假设检验：一是随机扰动项的序列相关检验（AR 检验）；二是 Sargan 检验，用来检验工具变量是否有效，即若模型结果中 AR1 小于 0.1，AR2 大于 0.1，Sargan 检验值大于 0.1，表明通过检验，系统 GMM 可以使用。

第五节　绿色信贷对碳减排的影响

本节根据前面路径作用进行实证分析，首先根据 30 个省份（除西藏）、2009 ~ 2019 年的省级面板数据进行静态分析；其次再构建动态面板模型，采用系统 GMM 估计方法进行实证检验，从中选择出最优的模型（谢婷婷和刘锦华，2019）；最后基于地区碳排放强度的高低和经济水平的差异来做异质性分析。

一、模型构建与指标选取

（一）模型构建

目前，绿色信贷起步较早，体系成熟且完善，发展规模也较大，因此绿色信贷在绿色金融中占据主体地位，极具代表性。本章考虑到绿色金融数据的可取性以及代表性，以绿色信贷作为绿色金融的代表，研究绿色金融的碳减排效果。选用的是面板数据，在回归过程中需要考虑动静态面板模型的选择问题。为了使用静态面板的各个常用估计方法，于是首先构建静态模型：

$$\ln ES_{i,t} = \alpha_0 + \alpha_1 \ln GC_{i,t} + \alpha_j \ln X_{j,i,t} + \mu_i + \lambda_t + \varepsilon_{i,t} \qquad (7-3)$$

同时考虑到碳排放可能在路径上有依赖性和惯性，当期碳排放量会受上期的影响，模型也可能存在内生性问题。因此本章将滞后一期的被解释变量作为一个解释变量加入模型中，利用工具变量解决可能存在的内生性问题，从而提高估计结果的可信度。同时对两边取自然对数，来克服异方差问题，于是构建动态面板数据模型为：

$$\ln ES_{i,t} = \alpha_0 + \alpha_1 \ln ES_{i,t-1} + \alpha_2 \ln GC_{i,t} + \alpha_j \ln X_{j,i,t} + \mu_i + \lambda_t + \varepsilon_{i,t} \qquad (7-4)$$

其中，i 和 t 分别表示省份和年份；$\ln ES$ 是被解释变量，表示碳排放强度的对数值；$\ln GC$ 是核心解释变量，表示绿色信贷水平的对数值；X_j 为该模型的控制变量，主要包括人均实际生产总值（$RGDPPC$）、产业结构水平（STR）、研发投入强度（$R\&D$）、城镇化水平（UR）、外商直接投资（FDI）；μ_i 是个体的固定效应；λ_t 是时间的固定效应；$\varepsilon_{i,t}$ 为随机误差项。

（二）指标选取

1. 被解释变量

碳排放强度 $\ln ES$。碳排放强度是各省份碳排放量与其实际 GDP 的比值，代表单位实际 GDP 所对应的碳排放量（谭敏，2020）。相比碳排放总量或平均碳排放，碳排放强度指标对不同经济规模的样本更具有可比性，本章将碳排放强度对数化处理后作为被解释变量。参考 IPCC 发布的《国家温室气体清单指南》中提供的碳排放测算方法，核算中国的省级碳排放量，计算公式为：

$$C = \sum E_n \cdot \beta_n \cdot \alpha_n \cdot 12/44 \qquad (7-5)$$

其中，C 是碳排放量；E_n 表示第 n 种能源的消费量；β_n 为第 n 种能源的二氧化碳排放系数；α_n 是第 n 种能源的折标煤系数；$12/44$ 是碳乘数因子，表示碳对二氧化碳的分子质量比。本章共统计了 8 种化石能源的消费量，包括原煤、焦炭、原油、燃料油、汽油、煤油、柴油以及天然气，再按照式（7-5）计算出各省份总碳排放量。

2. 核心解释变量

绿色信贷 lnGC。国内学者对绿色信贷指标的衡量方法主要有四种，分别是国内 21 家主要银行绿色信贷余额占比、节能环保项目贷款占比、各省工业污染治理投资中的"银行贷款"以及反向指标六大高耗能产业利息支出占比，但本章考虑到数据的连续性和可得性，参考谢婷婷等（2019）的衡量方法，对反向指标六大高耗能产业利息支出占比进行修改，改为正向指标，具体公式为：$1 - \dfrac{各省六大高耗能产业利息支出}{各省工业产业利息总支出}$，六大高耗能产业具体情况见表 7－2。

表 7－2　　　　　　　　六大高耗能产业的高污染和高耗能

六大高耗能产业	高污染	高耗能
非金属矿物制品业	是	是
黑色金属冶炼及压延加工业	是	是
有色金属冶炼及压延加工业	是	是
石油加工炼焦及核燃料加工业	是	是
化学原料及化学制品制造业	是	是
电力热力的生产和供应业	是	部分

3. 控制变量

产业结构（STR），衡量产业结构转型的方法较多，国内研究产业结构的学者也较多。但考虑到本章主要研究绿色信贷的碳减排效果，而碳排放的主要来源便是我国第二产业经过能源消耗所释放的二氧化碳污染气体，同时上面的机制分析表示能源消费结构的转变、产业结构的优化确实可以减少二氧化碳的排放量。

研发投入强度（R&D），技术创新投入的增加可以提高污染企业的治污能力，减少二氧化碳的排放；同时可以提升绿色企业的科技创新能力，绿色产品的生产率不断提高，都对碳排放具有显著的抑制作用。

人均实际 GDP（RGDPPC），用人均实际 GDP 代表经济发展水平，经济的不断发展可能使得绿色创新技术不断增加，促使我国产业结构不断升级，从而减少碳排放的增加；但在早期经济的快速发展可能也会导致环境污染的加重。

外商直接投资（*FDI*），外商直接投资对碳减排的影响不容易确定，可能会随时间而变化，前期可能对污染行业的外商投资会增加碳排放量，但是后期随着我国对绿色产业的关注，可能降低碳排放量。

城镇化水平（*UR*），城镇化水平提高，使资源得以重新配置，是影响碳排放的间接因素之一，但是早期城镇化的快速发展，同时也伴随着碳排放量的增加。

各变量具体衡量指标参照表 7 – 3，并且数据均来自《中国统计年鉴》，因 2017 年《中国工业统计年鉴》未公开发布，因此 2017 年的数据缺失，所以采用线性插值法予以补充完整。

表 7 – 3　　　　　　　　　　变量具体情况

变量	变量名称	变量定义	预期符号
被解释变量	碳排放强度（*ES*）	碳排放量/实际 GDP	
核心变量	绿色信贷（*GC*）	$1 - \dfrac{各省六大高耗能产业利息支出}{各省工业产业利息总支出}$	–
控制变量	人均实际 GDP（*RGDPPC*）	GDP 平减指数计算人均 RGDP	+
	产业结构水平（*STR*）	第二产业产值/地区 RGDP	+
	研发投入强度（*R&D*）	各省规模以上工业企业的研发投入/各省 GDP	–
	外商直接投资（*FDI*）	实际利用外资额	+ / –
	城镇化水平（*UR*）	城镇人口占常住人口的比重	+ / –

二、实证结果分析

表 7 – 4 给出各研究变量的描述性统计结果，样本数据中碳排放强度对数均值为 4.263，标准差为 0.620，填补缺失值后绿色信贷的对数均值为 3.746，标准差为 0.406。由表 7 – 4 统计数据可知，各变量对数的标准差较小，说明样本分布较为均匀，离散程度较小，并且样本数量较少，不存在极端值问题（连莉莉，2015）。

表 7 – 4   变量的描述性统计结果

变量	Obs	Mean	Std. Dev	Min	Max
$\ln ES$	330	4.263	0.620	2.817	5.867
$\ln GC$	330	3.746	0.406	2.235	4.345
$\ln RGDPPC$	330	10.31	0.512	8.924	11.59
$\ln STR$	330	3.769	0.234	2.782	4.078
$\ln FDI$	330	5.388	1.704	− 1.243	7.748
$\ln UR$	330	4.009	0.216	3.398	4.495
$\ln R\&D$	330	0.285	0.594	− 1.079	1.842

资料来源：《中国统计年鉴》。

为了方便比较各个模型的优劣和提高估计结果的可信度，首先，本章采用静态数据模型对数据进行实证分析，结果如表 7 – 5 所示。混合 OLS 回归模型的核心解释变量并不显著，并且核心变量与被解释变量本应该是负相关，但是根据表 7 – 5 结果为正相关，说明混合 OLS 估计本就不适合用于面板数据估计，同时 F 检验的 P 值为 0.0000，即拒绝原假设；其次，对式（7 – 3）进行豪斯曼检验，根据表格 7 – 6 的估计结果可以看出，固定效应模型更适合静态面板数据。最后，利用系统 GMM 模型对式（7 – 4）进行动态估计分析。

表 7 – 5   绿色信贷对碳减排的效果探究：各个模型结果

变量	（1）OLS	（2）RE	（3）FE	（4）SYS – GMM
$L.\ln ES$				0.4421 *** （4.8959）
$\ln GC$	0.072 （0.80）	− 0.275 *** （− 4.99）	− 0.310 *** （− 5.57）	− 0.5571 *** （− 5.9055）
$\ln R\&D$	− 0.365 *** （− 5.64）	− 0.062 （− 0.99）	− 0.024 （− 0.35）	− 0.1968 *** （− 5.3126）
$\ln STR$	0.766 *** （6.84）	0.521 *** （5.90）	0.403 *** （3.11）	0.3853 *** （5.8875）
$\ln UR$	1.576 *** （4.88）	0.150 （0.68）	0.410 * （1.70）	1.0985 *** （5.6970）

续表

| 变量 | (1) | (2) | (3) | (4) |
	OLS	RE	FE	SYS - GMM
ln*RGDPPC*	−0.681 *** (−5.30)	−0.549 *** (−6.59)	−1.052 *** (−4.62)	−0.3823 *** (−4.8774)
ln*FDI*	−0.136 *** (−5.65)	−0.011 (−0.90)	−0.008 (−0.70)	0.0149 (1.2215)
Constant	2.653 *** (2.84)	8.459 *** (11.68)	12.939 *** (7.54)	2.520 *** (4.74)
Obs	330	330	330	330
Numberofid		30	30	30
AR (1)				0.0000
AR (2)				0.417
Sargan 检验				0.601
是否控制个体效应	否	是	是	是
是否控制时间效应	否	否	是	是
F 检验	0.0000	0.0000	0.0000	
调整后的 R^2	0.529		0.746	
F 值	62.62		63.16	

注：括号内为 t 统计量；*** 、** 、* 分别表示在 1%、5%、10% 的水平上显著。

由表 7 - 5 估计结果可知，首先 AR 检验和 Sargan 检验均通过，即该数据运用系统 GMM 估计方法是合理的。其次是对解释变量的分析，绿色信贷系数为 −0.5571，并在 1% 的水平上显著，说明在控制其他变量不变的情况下，绿色信贷指标（GC）每增加 1 单位，相应的碳排放强度将会降低 0.5571%，即绿色信贷对碳排放强度有明显的抑制作用，随着我国绿色金融的繁荣发展，绿色信贷抑制碳排放的功能也在不断增强。并且滞后一期的碳排放强度系数显著为正，证明二氧化碳排放确实具有连续性和滞后性，即上一期的碳排放强度对本期碳排放强度具有提升作用。同时研发投入强度（R&D）的系数也在 1% 的显著水平上为负，即研发投入的增加可以减少碳排放，研发投入的增加意味着技术创新的提高，这也恰恰印证了上面机制作用分析中绿色信贷可以通过增加技术创新投入来有效抑制碳排放的思路。同理，产业结构水平（STR）在 1% 的显著水平上为正，本章选取的是第二产业占比，即第二产业增加会提高碳排放，这也说明若优化产业结构水平确实可以减少碳排放量的增加。我国虽然早就开始逐步实施产业结构转型升级，但目前中国的第二产业仍然集中在"两高一剩"行业，因此绿色信贷占比的提高能够不断优化产业结构水平，从而达到碳减排的目标。人均实际 GDP（$RGDPPC$）的系数显著为负，说明以前粗放式的经济增长局面已经得到改善，目前通过提高金融业等第三产业水平，经济水平以及人均 GDP 也会增加，人们绿色消费的能力及观念也会提升，从而抑制碳排放量的增加。外商直接投资（FDI）对碳排放强度的影响并不显著，这可能是因为 FDI 与碳排放之间的影响并不直接的，而是受经济发展水平、发展方式以及时间变迁等各种因素的影响。

综上所述，静态面板的固定与随机效应模型、系统 GMM 模型的估计结果都表明绿色信贷对碳排放强度有显著抑制作用。通过对比分析发现，系统 GMM 模型的效果更好，基本上在 1% 置信水平上显著，这说明模型的内生性问题在一定程度上得到了解决。由表 7 - 5 第（4）列的结果可知系统 GMM 中被解释变量的滞后一期系数为 0.4421，而表 7 - 7 中固定效应模型的系数为 0.361，混合 OLS 模型的系数为 0.984，系统 GMM 的系数正好位于两系数之间，因此动态面板的系统 GMM 模型估计方法合理，后面稳健性检验和异质性分析都采用此方法。

表 7 - 6   F 检验、豪斯曼检验结果

被解释变量	F 检验		豪斯曼检验	
	F 统计量	P 值	χ^2	P 值
lnES	62.62	Prob > F = 0.0000	25.68	Prob > chi2 = 0.0006

表 7 - 7   固定效应和混合 OLS 动态估计结果

变量	(1)	(2)
	FE	OLS
$L.\ln ES$	0.361* (1.75)	0.984*** (31.32)
lnGC	-0.198* (-1.84)	0.021 (1.03)

变量	(1)	(2)
	FE	OLS
$\ln RGDPPC$	-0.426***	-0.012
	(-5.22)	(-0.28)
$\ln STR$	0.260	0.058
	(1.23)	(1.52)
$\ln FDI$	-0.010	-0.012
	(-1.67)	(-1.55)
$\ln R\&D$	0.013	-0.023
	(0.18)	(-0.84)
$\ln UR$	0.063	0.085
	(0.23)	(0.54)
$Constant$	6.666***	-0.431
	(4.63)	(-1.34)
Obs	300	300
Numberofid	30	
R-squared	0.789	0.961
是否控制个体效应	是	

注：括号内为 t 统计量；***、**、*分别表示在1%、5%、10%的水平上显著。

三、稳健性检验

为进一步考察绿色信贷的碳减排效果是否显著，本章需要进行稳健性检验，因为在原模型中，核心解释变量绿色信贷指标的可替代指标比较难找，所以本章先对被解释变量碳排放强度进行替换，指标替换为人均碳排放量。如表7-8所示，更换被解释变量后，核心解释变量绿色信贷的回归系数的符号以及显著水平都与原模型结果一致，在1%的水平上显著为负，控制变量中产业结构水平（STR）以及研发投入强度（R&D）也符合上文作用机制分析的假设，同时与原模型的回归系数一致，只有人均实际 GDP 与上述不一致，回归系数为正，可能是由于人均 GDP 的增加会导致产生碳排放的消费增加，从而人均碳排放增加，但是实证结果并不显著。总体来说，绿色信贷的发展会使二氧化碳排放量减少，与上述结论一致。并且由估计结果可知 AR（2）和 Sargan 检验的 P 值均大于 0.1，以上两个检验均通过，表明该估计方法是合理的。

表7-8　　稳健性检验结果（方法1：被解释变量替换为人均碳排放）

变量	lnES
$L.$ lnES	0.8234 *** （18.2152）
lnGC	−0.2656 *** （−2.6108）
ln$R\&D$	−0.0685 ** （−2.3372）
lnSTR	0.1620 *** （3.2077）
lnUR	0.3837 ** （2.4722）
ln$RGDPPC$	0.0561 （0.9742）
lnFDI	0.0135 （0.8650）
Obs	300
AR（1）	0.000
AR（2）	0.151
Sargan 检验	0.120
是否控制个体效应	是
是否控制时间效应	是

注：括号内为 t 统计量；*** 和 ** 分别表示在 1% 和 5% 的水平上显著。

　　由于上面的描述，相较于固定、随机效应等估计方法，系统 GMM 方法已是本章动态面板数据的最优方法，因此稳健性检验不再常规地替换计量方法，为保证本章所得结论不因控制变量的选取而发生变化，因此使用依次剔除变量法来进行稳健性检验，并且最终删除所有控制变量，只留下核心解释变量绿色信贷占比和被解释变量碳排放强度的滞后一期项，依次进行估计。由表7-9结果可知，对于式（7-4）的稳健性检验，在保留核心解释变量绿色信贷（GC）和碳排放强度的滞后一期（$L.\ln ES$），依次剔除控制变量进行回归的过程中，绿色信贷系数以及碳排放滞后一期的符号都与原模型一致，系数值虽然出现一些变化但波动幅度较小，显著水平也一致，P 值皆为 0.000，进一步说明了绿色信贷与碳排放强度指标存在负相关关系，即确实能够有效抑制碳排放。因此，上面所设定的模型以及回归分析的结果是稳健可行的。

表 7 - 9　　　稳健性检验及回归结果（方法 2：依次删除控制变量）

变量	(1) 剔除 ln$RGDPPC$	(2) 剔除 lnSTR	(3) 剔除 lnFDI	(4) 剔除 lnUR	(5) 剔除 lnRD	(6) 全部剔除
$L.\ln ES$	0.4714 *** (5.30)	0.4850 *** (5.65)	0.4388 *** (4.92)	0.4948 *** (5.72)	0.4547 *** (5.18)	0.4952 *** (5.89)
lnGC	− 0.5036 *** (1.8560)	− 0.6150 *** (− 6.03)	− 0.5510 *** (− 5.57)	− 0.4812 *** (− 5.41)	− 0.666 *** (− 6.37)	− 0.6574 *** (− 6.60)
ln$RGDPPC$		− 0.2394 *** (− 3.75)	− 0.3457 *** (− 4.14)	0.0315 (1.31)	− 0.3445 *** (− 4.68)	
lnSTR	0.3047 *** (5.50)		0.3967 *** (5.39)	0.2443 *** (4.94)	0.3630 *** (5.81)	
lnFDI	− 0.0026 (− 0.21)	0.0320 ** (2.56)		− 0.0013 (− 0.11)	0.0084 (0.68)	
lnUR	0.3097 *** (4.90)	0.6722 *** (4.60)	1.0392 *** (5.39)		0.7497 *** (5.08)	
ln$R\&D$	− 0.1799 *** (− 5.05)	− 0.1696 *** (− 4.89)	− 0.1772 *** (− 4.15)	− 0.1213 *** (− 4.24)		
Obs	300	300	300	300	300	
AR（1）	0.000	0.000	0.000	0.000	0.000	
AR（2）	0.365	0.491	0.412	0.351	0.582	
Sargan 检验	0.396	0.758	0.544	0.382	0.732	
是否控制个体效应	是	是	是	是	是	是
是否控制时间效应	是	是	是	是	是	是

注：括号内为 t 统计量；*** 和 ** 分别表示在 1% 和 5% 的水平上显著。

四、异质性分析

（一）基于碳排放强度分组的实证分析

地区碳排放强度的不同可能会导致绿色信贷的碳减排效应不同，因此为进一步研究不同碳排放强度地区绿色信贷的碳减排效果是否存在显著性差异。本章参考邢毅（2015）的研究方法，计算各省份 2009～2019 年碳排放强度的均值，然后再计算全部省份的平均值，基于该平均值对数据分类，高于平均值的省份划为高碳组，反之则为低碳组。如表 7 – 10 所示，第（1）列的回归样本为高碳排放地区，样本数为 110（10 个省份 2009～2019 年的数据）；第（2）列的回归样本为低碳排放地区，样本数也为 220（20 个省份 2009～2019 年的数据）。与此同时，两列均控制省份固定效应与时间固定效应，对控制变量也进行控制。

表 7 – 10 高、低碳排放组实证结果

变量	（1）	（2）
	高碳排放组	低碳排放组
$L.\ln ES$	1.0594*** (27.0283)	0.0828 (0.7408)
$\ln GC$	0.0561 (1.4233)	− 0.4375*** (− 3.6229)
其他变量	控制	控制
Obs	110	220
AR（1）	0.004	0.006
AR（2）	0.285	0.950
Sargan 检验	0.107	0.969
是否控制个体效应	是	是
是否控制时间效应	是	是

注：括号内为 t 统计量；*** 表示在 1% 的水平上显著。

由此可见，高碳排放组省份较少，只有 10 个，并且大多数为我国西部地区省份，因此高排碳排放省份较少可能是由于西部地区的实际 GDP 相对

于中东部地区较低，因此碳排放强度较高。由表 7 - 10 回归结果显示，高碳排放组的绿色信贷系数相对于低碳排放组来说并不显著，并且其他控制变量效果也不好，低碳排放组的绿色信贷系数在 1% 水平下显著为负，与省级面板结果相符合，由此可知绿色信贷对低碳排放区域的碳减排效果明显高于以西部地区为主的高碳排放区域。原因可能是：第一，低碳排放区域主要是中东部地区，经济发展水平较高，绿色信贷发展完善，各省的高新技术产业较多，研发投入较大，绿色金融发展较快，绿色信贷投放受阻碍较小，因此绿色信贷节能减排的效果更好。第二，高碳排放地区的绿色信贷制度尚不完善，绿色信贷规模较小，绿色技术创新资金较为缺乏，传统污染行业改造可能会受阻，因此可能导致高碳排放地区绿色信贷尚未通过产业结构和技术创新等路径作用于碳减排。第三，高碳排放地区省份较少，数据有限，也可能导致实证结果不显著。但两组的系统 GMM 检验均通过，说明模型使用较为合理，总体来看，个体数较多的低碳排放组实证结果与全国面板估计大体一致，高、低碳排放组差异较为显著，低碳排放组绿色信贷的碳减排效应更加显著。

（二）基于经济发展水平分组的实证分析

经济发展水平的差异会影响绿色信贷的发展，因此也会影响绿色信贷的碳减排效果，于是为进一步研究不同经济水平的碳减排效应是否存在显著性差异，以人均实际 GDP 为分组变量，参考上述方法，计算各省份 2009 ~ 2019 年人均实际 GDP 的均值，再通过年份平均值计算所有省份的总平均值，最后根据该平均值对总样本进行分类，将所有样本分为经济发达地区和经济欠发达地区。

由表 7 - 11 估计结果可知，对于碳排放强度而言，无论经济水平是否发达，绿色信贷政策依然对二氧化碳的排放存在显著的负向影响。表 7 - 11 中第（1）列、第（2）列反映了两地区绿色信贷对碳排放的影响，经济发达地区的绿色信贷对碳排放的作用虽然小于经济欠发达地区，但是依然是显著的；并且两地区上一期碳排放量都会影响本期的碳排放，滞后一期系数显著为正。上述结果说明，经济欠发达地区绿色信贷的碳减排效果更为显著，这可能是由于经济发达地区的经济发展水平较高，居民个人绿色消费观念较强，同时政府的环境规制严格，对于环保较为重视，碳排放的治理开展较早，并且经济发达地区碳排放交易市场发展较好，碳排放交易市场抑制碳排放的效果可能更好，其碳排放的减少受到较多因素的影响，因此发达地区绿色信贷对于碳排放的作用效果可能低于欠发达地区；另外，可能由于近几年经济欠发达地区的经济发展受到国家的高度关注，特别是在绿色金融方面，国家给予政策优惠；也可能是经济欠发达省份数量较多，数据较多，因此绿色信贷对碳排放效果更加显著。总体来说，在经济发达和欠发达地区，绿色信贷都对碳减排有显著的促进作用，但是在欠发达的地区显著性更好。

表 7 - 11　　　　　　　　　　经济水平差异估计结果

变量	(1)	(2)
	经济发达地区	经济欠发达地区
$L.\ln ES$	0.9459 *** (17.6069)	0.4187 *** (3.8658)
$\ln GC$	-0.1446 * (-1.9636)	-0.5251 *** (-4.2416)
其他变量	控制	控制
Obs	121	209
AR (1)	0.000	0.000
AR (2)	0.977	0.448
Sargan 检验	0.525	0.153
是否控制个体效应	是	是
是否控制时间效应	是	是

注：括号内为 t 统计量；*** 和 * 分别表示在1%和10%的水平上显著。

第六节　小结

一、主要结论

本章从我国双碳背景下碳排放污染的角度出发，研究绿色金融中绿色信贷的碳减排效果。首先，介绍了绿色金融目前的发展状况，分析了目前绿色金融体系是否完善，发现绿色金融中的绿色信贷发展较早，政策体系成熟，并且目前绿色信贷余额总量居世界第一位，因此本章在实证部分采用绿色信贷代表绿色金融来研究其碳减排效果；其次，介绍了绿色金融助力碳减排的作用机制，分别从政策导向、产业结构、技术创新以及绿色金融产品创新四个方面进行分析；最后，在此基础上，基于 2009～2019 年我国 30 个省份（除西藏外）的面板数据，从绿色金融角度出发，以绿色信贷为代表，通过静态和动态模型进行实证分析。

实证分析表明：（1）无论是全国的整体层面还是进行分组分析，或是替换指标，删除控制变量，绿色信贷与碳排放强度总体上呈显著的负相关关系，即绿色信贷可以降低我国的碳排放强度，从而提高我国的环境质量，尽早实现碳中和目标。（2）产业结构对碳排放强度的影响显著为正，表明我国高污染和高排放产业比重如果较大，确实会增加我国二氧化碳的排放量，因此产业结构优化环节必不可少，可以通过加大绿色信贷的投入来进行产业结构优化。（3）研发投入强度与碳排放强度的影响显著为负，说明技术创新的加大可以降低二氧化碳排放，因此金融机构可以通过绿色信贷投放约束倒逼高污染企业进行技术改革，并且加大对技术创新型企业的投入，跟随国家政策导向，实现低碳环保与金融发展的双赢。（4）为了稳健性考虑，本章还对样本进行分组分析，可以发现，相对于高碳排放组，低碳排放组的绿色信贷减排效果更佳，这可能是碳排放强度数据测算方法导致高碳排放组的数据较少、大部分地区的绿色信贷水平不高；并且经济发达地区和经济欠发达地区绿色信贷的减排效果总体上显著。

二、对策建议

（一）把握好政府与市场的关系，重视金融机构之间信息共享

目前，我国绿色金融的快速发展主要是依靠政府的导向作用，政府作为我国绿色金融的主要推动者，通过颁布一系列政策措施，来引导绿色金融机构参与绿色金融活动，但是有些政策的落实情况却并不显著，因此建议将政府这只"有形手"和市场"无形手"相结合，共同监督和促

进绿色金融的可持续发展。一方面，要重视市场对绿色金融体系的约束作用，发挥金融机构在市场中的主体地位，促进金融资源的合理配置（何茜，2021）；另一方面，政府要重视金融机构之间经常由于信息不对称等问题而影响绿色金融资金投放的匹配度，建议建设信息共享平台，使各个金融机构之间能够进行有效的信息互通，积极促使绿色及污染项目正负外部性内部化；同时进一步完善上市公司、重污染行业企业的环境信息披露制度。

（二）丰富绿色金融产品种类，提高创新能力

基于前面介绍可知，当前我国绿色金融体系产品种类较少、结构较为单一。不同种类绿色项目需要相匹配的金融产品进行投资，如技术创新型投资资金需求较大，回收周期长，因此这种项目需要匹配绿色信贷、绿色债券等金融产品。相比美国、欧洲等国家，我国目前绿色金融产品创新程度远远不够。首先，要认真借鉴国际经验，积极设计开发出种类更全面、覆盖范围更广的绿色金融工具，积极推动绿色证券、绿色保险等相关产品的开发；其次，绿色金融的发展可以借助科技的力量，目前我国金融科技发展较为迅速，积极发挥科技在绿色金融方面的作用。金融机构可以通过科学技术有效识别真正的绿色企业与绿色项目，有效防止部分企业的"漂绿"行为，还可以测算项目的环境效益等问题，防范和化解绿色金融风险。

（三）加大绿色技术创新的支持力度，推动产业结构优化

根据实证结果提出以下建议。首先，积极完善我国的绿色信贷政策。一方面，绿色信贷可根据"区别对待"的原则，对高污染和高排放行业建立绿色信贷资金约束机制，倒逼其开展技术创新来减少碳排放；另一方面，根据最新的《绿色产业指导目录》（2020 年版），细分出更多绿色产业分类，引导信贷资金向更多的绿色产业流动，使得产业结构更加优化与合理。其次，根据不同地区经济发展现状与特点、因地施政，结合经济发展水平、城镇化水平等多方面因素，根据当地具体情况，学习绿色金融示范区的优秀经验，制定具体措施，并匹配适当的绿色信贷政策。

（四）培育绿色消费观念，引导居民绿色投资

随着我国经济水平以及消费水平的提高，我国居民个人的碳排放量也有所增加，消费者的个人消费行为已经深深对影响到二氧化碳的排放。因此，碳减排不仅要改变我国的产业结构，加大技术创新，还要改变目前居民个人的消费观念和方式，壮大绿色投资者队伍，推动绿色金融的发展，需要将社会各界充分调动起来（巴曙松、杨春波和姚舜达，2018）。我国目前社会公众的绿色消费观念并不高，特别是消费水平不高的地区，因此首先需要加强各界的社会责任意识，营造绿色生产和消费的社会氛围，培育多元化的绿色投资群体，提高居民绿色消费与绿色投资的积极性；同时发挥优秀机构投资者的示范效应，促进绿色投资者群体的不断壮大。

参考文献

［1］巴曙松、杨春波、姚舜达：中国绿色金融研究进展述评，载《金融发展研究》2018 年第 6 期。

［2］陈向阳：金融结构、技术创新与碳排放：兼论绿色金融体系发展，载《广东社会科学》2020 年第 4 期。

［3］高锦杰、张伟伟：绿色金融对我国产业结构生态化的影响研究——基于系统 GMM 模型的实证检验，载《经济纵横》2021 年第 2 期。

［4］龚斯闻、赵国栋、马晓釜：绿色金融的发展逻辑与演进路径——基于要素解构的视角，载《经济问题探索》2019 年第 10 期。

［5］国务院发展研究中心"绿化中国金融体系"课题组、张承惠、谢孟哲、田辉、王刚：发展中国绿色金融的逻辑与框架，载《金融论坛》2016 年第 2 期。

［6］何茜：绿色金融的起源、发展和全球实践，载《西南大学学报（社会科学版）》2021 年第 1 期。

［7］江红莉、王为东、王露、吴佳慧：中国绿色金融发展的碳减排效果研究——以绿色信贷与绿色风投为例，载《金融论坛》2020 年第 11 期。

［8］蒋先玲、张庆波：发达国家绿色金融理论与实践综述，载《中国

人口·资源与环境》2017 年第 S1 期。

[9] 李诗洋、李晓明、杨楠：绿色金融在中国的实践与发展，载《国际融资》2021 年第 1 期。

[10] 李云燕、孙桂花：我国绿色金融发展问题分析与政策建议，载《环境保护》2018 年第 8 期。

[11] 连莉莉：绿色信贷影响企业债务融资成本吗？——基于绿色企业与"两高"企业的对比研究，载《金融经济学研究》2015 年第 5 期。

[12] 卢娜、王为东、王淼、张财经、陆华良：突破性低碳技术创新与碳排放：直接影响与空间溢出，载《中国人口·资源与环境》2019 年第 5 期。

[13] 谭敏：《绿色金融对我国二氧化碳排放的影响研究》，西南大学，2020 年。

[14] 吴姗姗：银行信贷如何影响碳排放？——基于增长模型及中国经验的研究，载《中南财经政法大学学报》2018 年第 6 期。

[15] 谢婷婷、刘锦华：绿色信贷如何影响中国绿色经济增长？，载《中国人口·资源与环境》2019 年第 9 期。

[16] 邢毅：中国能源融资效率研究——基于气候与环境保护的视角，载《财经问题研究》2015 年第 11 期。

[17] 殷贺、王露、刘楠楠：绿色信贷与碳排放：减排效果与传导路径，载《环境科学与管理》2019 年第 11 期。

[18] 张晓音：《绿色信贷是否改善了环境污染？》，山东大学，2020 年。

[19] 中国银保监会政策研究局课题组、洪卫：绿色金融理论与实践研究，载《金融监管研究》2021 年第 3 期。

[20] Chen H. , et al. , Green Credit and Company R&D Level：Empirical Research Based on Threshold Effects. *Sustainability*, Vol. 11, No. 7, March 2019, pp. 1918.

[21] Mensah C. N. , et al. , The effect of innovation on CO_2 emissions of OCED countries from 1990 to 2014. *Environmental Science and Pollution Research*, Vol. 25, No. 29, August 2018, pp. 29678 – 29698.

[22] Muganyi T. , Yan L. , Sun H. , Green finance, fintech and environ-

mental protection: Evidence from China. *Environmental Science and Ecotechnology*, *Vol.* 7, June 2021, pp. 100 – 107.

[23] Olaf Weber, Sustainability benchmarking of European banks and financial service organizations. *Corporate Social Responsibility and Environmental Management*, Vol. 12, No. 7, 2005, pp. 73 – 87.

[24] Salazar J., Environmental Finance: Linking Two World. Presented at a Workshop on Financial Innovations for Biodiversity Bratislava, 1998.

[25] Song M., et al., Impact of green credit on high – efficiency utilization of energy in China considering environmental constraints, *Energy Policy*, Vol. 153, April 2021, pp. 112 – 267.

[26] Taghizadeh – Hesary F., Yoshino N., The way to induce private participation in green finance and investment. *Finance Research Letters*, Vol. 31, April 2019, pp. 98 – 103.

[27] Zhang S., et al, Fostering green development with green finance: An empirical study on the environmental effect of green credit policy in China. *Journal of Environmental Management*, Vol. 296, July 2021, pp. 113 – 159.

第八章

绿色消费推进"双碳"目标

改革开放40多年以来，我国的经济发展水平显著提高，人民的生活条件变得优越。然而在过度追求 GDP 增长的同时，人们大肆开采和利用自然界的生态资源，破坏了自然界的生态平衡，污染日益严重化，生态赤字日益扩大，不仅经济发展受到阻碍，人类赖以生存的家园也受到影响。当被温室效应、酸雨增多、稀有物种濒临灭绝、荒漠化、水污染等日益严重的环境问题所困扰时，人们开始意识到以牺牲绿色家园来促进经济增长的方式并非目前的最优方式，只有在经济增长的同时绿色环境改善的发展方式才是上上之策。党的十八大重点突出生态文明建设，党的十九大强调此刻是经济转型的关键时期，可见生态环境的保护是当前刻不容缓的问题。绿色消费是生态文明建设框架中的一部分，是推动"双碳"目标实现和我国绿色发展的重要途径。随着我国生态资源消耗与环境污染的形势日益严峻，构建符合国情的绿色消费模式，加快绿色消费体系建设，是我国节能减排的必然选择，也是建设美丽家园的必由之路。

第一节　绿色消费相关概述

一、绿色消费

（一）绿色消费概念的提出

100 多年前，马克思主义就给出了关于可持续的绿色消费的思想，虽然当时对绿色消费的相关概念没有明确的解释，但已经构建了关于生态经济和生态消费的理论基础。马克思在《资本论》和《自然辩证法》中把社会的消费放在人与自然的物质循环的生产环节中，如果人类盲目地掠夺自然，必将自食恶果，随地球一起消失。马克思和恩格斯的生态经济思想和绿色消费思想，体现了人类早期的绿色消费理念。

20 世纪后期可持续发展的理念逐渐兴起，世界各国开始纷纷接受可持续发展的理念，当人们用可持续发展的理念来看待世界时，很自然地就对传统的消费模式产生质疑，并意识到传统的消费模式并不能贴合可持续发展理念，必须有一种新的消费模式来促进经济持续健康的发展，绿色消费就是在这种情况下被提出来的。

20 世纪末期，《21 世纪议程》将可持续发展由理论推向实际，各国政府纷纷采取行动参与可持续发展的行动计划，该议程倡导各国在发展中寻求绿色消费模式，为人类保护生态环境平衡提供行动蓝图，对人类的可持续发展具有重大的意义。在政府、广大学者的呼吁下，在广大消费者环境意识和健康意识日益增强的情况下，绿色消费这一全新的理念和方式得到了充分的关注，并逐步得到了快速的发展。

总的来说，绿色消费是经济增长与资源消耗、大气污染严重的矛盾日益突出中产生的，是在人们越来越关注人类自身健康，而人类健康又频繁受自然环境所影响的情况下逐渐兴起的。绿色消费理念所包含的保护人体健康、保护环境、节约资源等内涵正是人们在物质条件不断提高的情况下，追求更高生活质量所需要的，符合广大消费者的消费倾向，是 21 世纪各国在其经济发展中的必然趋势和潮流。

（二）绿色消费的内涵

绿色消费是一个新兴的消费概念，国内外的研究对其内涵有许多的界定。国际上把各类型的绿色消费概括后划分为 5R 的消费原则（见图 8-1），即节约资源，减少各类环境污染（reduce）；绿色生活，环保选购（re-evaluate）；重复使用，多次循环综合利用（reuse）；分类回收，再循环（recycle）；保护自然，万物共存（rescue）。

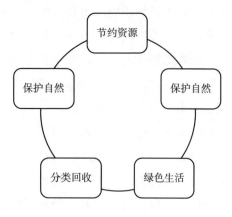

图 8 – 1 5R 原则

英国学者皮蒂将绿色消费定义为："所谓绿色消费，是购买时至少一部分是从环境、社会的角度进行的购买或非购买的行为。"

也有学者认为，绿色消费符合"三 E"和"三 R"（见图 8 – 2、图 8 – 3），讲究经济实惠（economic），讲究生态效益（ecological），符合平等、人道原则（equitable），减少非必要的消费（reduce），重复使用（reuse）和再生利用（recycle）。

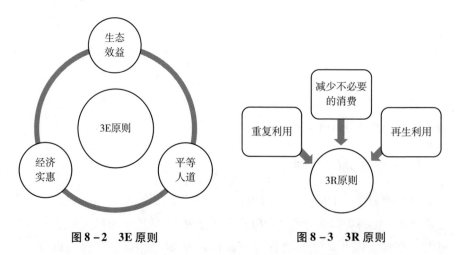

图 8 – 2 3E 原则   图 8 – 3 3R 原则

上述的各个定义虽从不同的角度对绿色消费做出了阐述，但其本质都是一样，都是一种有利于环境保护、资源节约和人类健康的消费模式。总的来讲，绿色消费可以从广义和狭义两个层面来阐述。从广义的层面看，绿色消费包括：第一，消费者所选择购买的产品是对大众健康有益的或对环境无污染的；第二，消费者尽量进行产生较少或不产生污染的消费行为，从而避免对生态环境造成污染；第三，消费者在消费结束后，对消费产生的垃圾进行分类处理和回收利用，增加有效资源的循环利用率；第四，倡导广大公众转变消费理念，追求健康、崇尚淳朴自然，在追求自身生活舒适、方便的同时，尽力节约资源。从狭义的层面看，绿色消费是指消费者消费对环境保护有益的或是未被污染过的产品，也就是所谓的绿色产品，通过购买绿色产品来减少对环境的污染，提高人们的生活质量。

（三）绿色消费的内容

绿色消费是一个很全面、很广泛的概念，所包括的内容很多，本节主要从"衣食住行用"五个方面展开讨论。

1. "衣"

在"衣"方面，绿色消费主要表现为绿色服装。消费者遵循生态环保、有利健康的原则，在消费时适度购买，不铺张浪费，不贪图奢靡，同时尽量选用棉麻纤维类的衣物，对旧衣物进行环保回收，尽量避免购买由动物皮毛制作而成的衣物。

2. "食"

中国自古就有"民以食为天，食以安为先"的古语，饮食是我国人民乃至全人类赖以生存的根本，因此，食用健康安全的食品对人类来说至关重要。在"食"方面，绿色消费主要表现为绿色食品，即安全营养、低消耗、无污染、无添加的食品。具体而言，消费者在饮食时应首要选择蔬菜、水果等绿色食品，拒绝山珍野味，少吃外卖多做饭，减少加工食品的食用等。

3. "住"

在"住"方面，绿色消费主要表现为绿色建筑、绿色住宅、绿色家具等。具体而言，在进行房屋建筑时，尽量选用环保材料，将大自然的空气、阳光、绿色等元素充分利用；在家具的选用上，遵循适度原则，尽量选用绿色健康的材质制成的家具。

4. "行"

在"行"方面，绿色消费主要表现交通领域的绿色出行，所遵循的原则就是低碳、低消耗、低排放。具体而言，在选择出行交通工具时，选用地铁或公交电车，尽可能地不使用私家车，这样不仅能减少污染气体的排放，还能有效缓解交通堵塞的问题。日常休闲出行还可选用自行车和电动车，保护环境的同时还能强身健体。同时家庭在购买汽车时，尽量选购如新能源汽车等尾气排放较少和低耗能的汽车。

5. "用"

在"用"方面，绿色消费的表现方面比较广泛，如家用电器、日常用品的使用等。在选用家用电器时，应遵循环保低耗的原则，选择能够节约电力、节约能源的电器；在日常使用冰箱、彩电、空调等电器时，要注意及时关闭，减少电能消耗；应减少一次性用品的使用，节约水资源，注意物品的重复循环利用，以及对垃圾进行科学分类等。

绿色消费的内容远不止如此，每一个具体内容的行为都需要广大群众的积极参与，作为社会中的一员，我们有责任有义务地自觉实施绿色消费，为社会朝着绿色方向发展而做出贡献。

（四）绿色消费的特征

1. 绿色消费是一种新的消费理念

传统的消费理念都是为了满足人类生存和发展的需要，没有考虑过生态环境，而绿色消费与传统的消费理念不同，绿色消费追求的是经济发展和环境保护互利共赢，即"鱼与熊掌二者皆得"，倡导在追求经济增长的同时保护生态环境，或在遵循生态规律的前提下促进经济发展的消费模式，引导人民爱护环境，保护健康，不但要追求舒适美好的生活，更要节约资源、加强环保，从而实现消费领域的可持续发展。绿色消费符合人类坚持可持续发展的要求，体现了"天人合一"的哲学思想，要求人们坚持人与人、人与生态和谐共处，坚持可持续发展理念，有助于社会的进步和人类的全面发展。

2. 绿色消费倡导环保消费

绿色产品是指在生产和使用时对环境无污染，对社会发展无阻碍，对人体健康无损害的产品。这些产品在使用时，不仅对环境有益，而且还能促进人们的身体健康，进而促进社会的可持续发展。因此，每一位消费者在消费时都应首选绿色消费产品。绿色消费一方面要求消费者在消费时选择对环境无污染、有助于环保和健康的绿色消费品以及其他消费品；另一方面要注意对垃圾的清理方式，做到减少污染，使我们的环保理念逐步转向崇尚自然、爱护环境。一般而言，前者利己，对于消费者来说比较容易做到；而后者利他，对于消费者来说实行起来有些困难。换言之，绿色消费如今已经是一个非常流行的理念，但是要从行动上真正落实，还有很长的路要走，更需要相关法律措施的普及。

3. 绿色消费注重精神消费

人的消费源于人的需要。在社会发展的初期，人们的物质财富处于相对稀缺的状态，所追求的仅是物质需要，而随着社会技术的不断进步和发展，人们的追求已经从物质转向精神。绿色消费是一种以精神消费为主的消费方式。传统的物质消费只能满足基本的生存需求，无法带来精神和内心的满足感，而精神消费能够陶冶人们的情操，提高人们的品位，带来心灵上的慰藉，可以在享受生活的过程中实现个体的自由全面发展。在现代社会，物质财富的多少不能决定生活质量，精神生活的需求是否得到满足，才是衡量人类生活质量的决定性因素，因而大部分人都会追求精神方面的消费。绿色消费以精神消费为主，这是绿色消费得以产生和迅速发展的原因。

4. 绿色消费推崇简单生活

简单而轻松的生活模式体现了物质、精神和自由。随着社会的快速进步，人们可以支配的自由时间越来越少，大多数人都疲于工作。当代人类的物质财富水平大部分已经达到温饱水平，他们不缺乏金钱和物质，但缺乏休闲，衡量一个人生活水平高低的重要标志是他拥有多少可自由支配的时间，享受休闲的消费对生活和生命具有重要的意义。绿色消费的出现，带领人们由奢侈浪费回归简朴节约，当人们在进行绿色消费时，会发现自己变得更幸福。

基于上述四个特点，本书认为，绿色消费的实质是从人的需求和发展、社会发展和环境保护的要求出发，以辩证的哲学观点重构人类的消费观念和行为，努力实现人类社会和生态环境的和谐统一发展。

二、绿色消费行为

（一）绿色消费行为的内涵

绿色消费行为目前在学术界还并未形成系统的、全面的定义。牟可夫（2013）认为绿色消费行为是消费者在商品的购买、使用和用后处理过程中努力保护生态环境并使消费对环境的负面影响最小化的消费行为。杨贤传（2020）认为绿色消费行为是指消费者在产品购买、使用和用后处置过程中，兼顾自身需求和环境保护，努力将消费活动对环境负面影响最小化的消费方式，是消费者环境价值观主导下的自觉行为。综合各位学者的研究，笔者认为绿色消费行为是指人们在满足自身生活需要并且实现更高生活质量的基础上，结合对环境问题的深刻认识，购买能够节约资源和保护环境的绿色产品，从而减轻个体消费行为对环境的污染的一种新型消费行为。

（二）绿色消费行为的影响因素

1. 人口因素

人口因素是最早被学者研究的影响绿色消费行为的因素，简单描述人口数量特征，主要涉及性别、年龄、收入、受教育程度、社会地位等方面。许多研究表明，年轻人比老年人更愿意进行绿色消费，与男性相比，女性更具绿色消费的偏好，另外，居住在城市中，拥有高收入、受教育程度高、社会地位较高的人群更具有环保意识，关心食品健康和生态环境，更倾向于进行绿色消费。虽然人口因素对绿色消费行为有影响，但二者之间的影响关系并不显著，甚至有时会得到完全相反的结果，它对绿色消费行为的影响能力远低于心理因素，因此在实际中单纯地用人口因素去判断绿色消费行为往往没有说服力，必须要结合其他因素综合考虑。

2. 心理因素

人口因素属于表层的影响因素，所以越来越多的学者倾向于研究心理因素对绿色消费行为的影响，一些学者的研究显示，心理因素与绿色消费行为有着紧密联系，通过对国内外文献的深入分析，可以将心理因素分为性格、认知、情感三个方面。

第一，性格方面，一个人的性格特质使得个体在思维、感觉和行为方面存在着差异，学者们主要从大五人格理论、心理控制源以及权利感等方面研究性格特质对绿色消费行为的影响。相关研究显示，开放性、责任性、外倾性可以直接使个体产生正向的绿色购买行为，也可对绿色购买态度产生正向影响，通过绿色购买态度间接影响绿色购买行为，而宜人性对绿色购买态度产生积极影响；相对于外控型的消费者来说，内控型消费者更具有积极的绿色购买意愿，同时相对于权利高的人，权利低的消费者的绿色购买意愿更强。

第二，认知方面，根据认知—情感—行为理论，决策首先经由认知（人们的知觉、记忆、想象和思维等过程），其次经由情感（人们对事物的感觉和情绪等），最终导致行为（人体对外界刺激做出的反应）。认知是个体对绿色消费相关知识的理解及掌握后所形成的自身思维观点的过程，环保意识、环境知识、环境态度等绿色认知因素会对绿色消费行为产生重要的影响，其中消费者的环保意识是最受关注的心理变量。环保意识是个体对环境问题以及自身行为对环境影响的内在感知，个体的环保意识越强，其对自然环境的危机问题就越敏感，也更关心自然生活的环境质量，对环保问题的认识也更深刻。大部分的研究显示，环保意识与绿色消费之间存在显著的作用关系，它能直接积极促进消费者绿色购买行为的发生。

第三，情感方面，虽然消费者具有较强的环保认知，但是在发生购买行为时并不完全是理性的，相比于认知因素，情感因素更能影响消费者的绿色购买行为。一般来说，情感分为积极情感和消极情感，王建明（2015）的研究中显示，相对于消极情感而言，积极的情感更能促进绿色消费行为。

3. 市场因素

绿色消费行为不仅受到上述因素的影响，还受到市场因素的影响，其中经济发展水平从总体上影响绿色消费水平，绿色消费知识的宣传力度从微观层面影响绿色消费行为。

经济发展水平是制约消费者心理活动最基本的因素，所体现的是一国的整体环境，因此从宏观层面上影响着绿色消费的总体水平、消费结构和消费方式。绿色产品的供给数量与社会经济发展水平息息相关，社会经济发展水平越高，绿色产品的数量相对越充足，对产品的绿色认证也越严格，质量能够得到保证，反之经济水平较低，绿色产品的质量便会参差不齐。这在一定程度上说明社会经济发展水平直接影响绿色产品的数量和生产质量，从而影响我国绿色消费市场的总体水平；类似地，社会经济发展水平越高的国家，消费者对绿色产品的消费认可度越高，在消费清单中绿色产品出现的频率也会越高；经济发展水平的变化在使消费者收入发生变化的同时，也使消费者的消费对象和消费媒介发生变化。随着消费能力的增强，消费者的消费对象不仅注重物质型和享乐型，而且逐渐倾向于健康型、发展型和生态型。同时，伴随着科技和信息的高速发展，绿色消费从超市、农贸市场等消费市场逐步转向网上购物这一新兴市场，消费方式逐渐改变。

对绿色消费宣传力度的大小会影响人们对绿色消费的选择，政府对绿色环保相关知识的宣传力度越大，人们的绿色消费意识就越强，也就越容易发生绿色购买行为。

4. 产品因素

影响绿色消费行为的产品因素主要包括三个方面：第一，产品的有效性是消费者是否发生购买行为的至关重要的影响因素，通常消费者购买某种绿色产品主要是因为他们认为这种绿色产品对于他们来说是有效用的；第二，对绿色产品的需求和偏好，产品的利己或利他诉求会促使消费者产生购买意愿；第三，绿色产品的价格也会对消费行为产生一定的影响，但消费者的价格敏感性对绿色消费行为的影响与自身的收入水平相关，如图 8-4 所示。

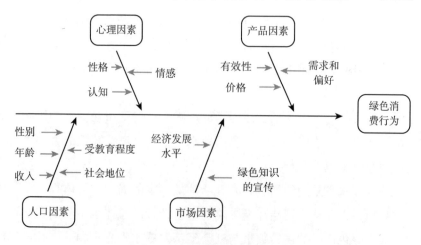

图 8-4　绿色消费行为的影响因素

三、发展绿色消费的现实意义

绿色消费作为一种新型的消费模式，不仅具有丰富的理论价值，同时具有重要的现实意义，既有利于生态环境的保护，又有利于人类社会的长久健康的发展。

（一）有利于促进生产与消费的良性循环

生产和消费具有同一性，没有生产就没有消费，没有消费的需求也没有生产。发展绿色消费会拉动消费者对于绿色产品的需求，促进绿色产品的生产，进而推动我国绿色产业的发展，而绿色产业的增加又会推出更多的绿色产品，刺激消费者的购买需求，进一步促进绿色消费行为，从而形成生产与消费之间的良性循环。发展绿色消费还能带动绿色市场的兴起，促进绿色企业生产质量更好更健康的产品，增强产品的核心竞争力，促进我国绿色企业的可持续发展。

（二）有利于转换经济发展方式

长期以来，我国的经济一直是高投入、高消耗的高速发展方式，大量的资源消耗在拉动经济增长的同时也破坏了传统的生态环境，并给人民的生存条件带来了一定危害。很明显，在当今时代，以牺牲环境保护所换来的经济增长是不可取的，只有绿水青山才是金山银山。绿色消费的发展，不仅对消费者提出购买绿色产品的要求，也在根本上对生产企业提出节约资源、降低消耗、环保生产的要求，有利于经济方式从高速发展转变为高质量发展。供给侧结构性改革与绿色发展息息相关，以绿色消费顺应供给侧改革，能够有效促进经济效益、社会效益和生态效益的和谐统一。

（三）有利于满足人类健康生存的需要

人们的消费需求包括物质需求、精神需求和生态需求，生态需求是个体生存最基本的需求。绿色消费的发展，不仅能满足个体对物质文化的需求，还能对生态环境进行有效的保护，为人类营造美丽舒适宜人的生存环境。生态需求的满足，凸显了人的本质要求，反映了人与人、人与自然的和谐统一。以绿色消费为支点的消费升级，有助于消费由数量扩张向质量提升的转变，推动消费结构合理化。绿色消费在改变我们生活消费方式的同时也提高了人们的生活质量，绿色消费的内涵决定了所消费的产品要对人类、社会、生态环境的危害尽可能最少，对人们身心健康的帮助尽可能最大，尽可能去保护人们赖以生存的环境。所以，绿色消费对于提升人们的生活质量、满足人们健康生存需要、生态环境的改善都有很大帮助。

（四）有利于增强国际竞争力

上述提到绿色消费能够促进生产与消费之间的良性循环，减少对环境的污染破坏，减少国际上的环境污染传递，国际贸易走上可持续发展之路。所以绿色消费的发展有利于我国融入国际贸易发展中，也是实现世界可持续发展的必要条件。

另外，绿色消费能为我国企业创造对外贸易的机会，增强企业出口产品的国际竞争力。如今绿色产品的市场需求正在逐步加大，生产这些绿色产品企业的国际贸易竞争力也随之提升，实施绿色消费，我国能真正融入当前以绿色消费为主导的国际潮流中，与国际上其他国家展开绿色贸易的合作。

第二节　我国绿色消费的发展情况

一、发展现状

（一）绿色消费市场运行平稳

如今，我国绿色消费发展较好。如图 8-5 所示，截至 2021 年 7 月，我国新能源汽车累计产量达 28.4 万辆，销售达 27.1 万辆，环比分别增长 14.3% 和 5.8%，同比分别增长 170% 和 160%。同时，节能电视、变频空调和绿色冰箱等家电在市场的份额也在稳步提升。经过调查发现，如今有 86% 的消费者认为自己的环保意识在提升。随着健康、节能和环保的理念深入人心，绿色消费产品也越来越受消费者喜爱。

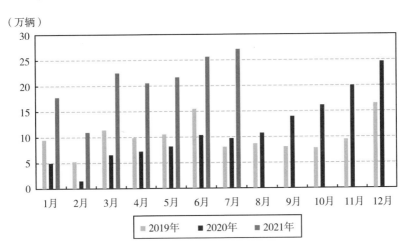

图8－5 2019～2021年我国新能源汽车的月度销量
资料来源：中国汽车工业协会官网。

（二）绿色产业快速发展

科学技术的飞速发展，使人民的生活档次提高，市场对绿色环保和健康产品的需求也随之增大。面对绿色市场逐渐发展的光明前景，许多企业纷纷开发绿色产品或投资绿色企业，以此进军绿色市场。近年来经济的快速增长，我国绿色消费产品的生产规模不断扩大，其中绿色食品的发展最为显著。目前，绿色食品企业已拥有一大批成员单位，并已成功通过绿色产品认证。此外，许多新兴行业和企业也加入了绿色生产市场。随着生态纺织品的评价和检验标准的提高，棉麻等纤维类材质所制的绿色服装已经进入市场；随着比亚迪、蔚来等公司的新能源汽车纷纷高产，中国汽车工业也进入了绿色环保时代；2012年5月，中国成功研发出世界首款LNG（液化天然气）挖掘机，工程机械行业也进入了绿色拥抱的新时代。绿色产品生产企业的快速发展，带动了中国绿色产业的迅速扩张。

（三）绿色消费主体集中

绿色产品从生产到加工再到制成产成品，其过程中使用的原材料安全无污染，制作工序环保又健康，由此造就了绿色产品的生产成本较高，销售价格也较高，消费者必须为绿色产品支付比普通产品更高的价格。目前，尽管中国国民收入整体持续提高，但中国绿色消费的主体仍然是家庭收入较高、文化程度较高的公民，仍有相当一部分家庭收入低、文化程度相对较低的城乡居民尚未加入绿色消费群体。

（四）绿色消费以绿色产品为主

近年来，随着我国生产力的发展和社会的进步，消费者的消费模式也发生了变化，绿色消费逐渐进入人们的生活。对于绿色消费，消费者主要购买一些贴近生活和健康的绿色产品。根据行业协会的调查，消费者购买率比较高的产品是绿色食品、饮品、节能家用电器、绿色服装和个人护理品，以及婴幼儿日用品等。如图8-6所示，除了其他产品之外，消费者购买最多的是婴幼儿生活用品，占比为19%；其次是绿色食品和节能家电及绿色服装，占比均为16%；个人护理产品占比为15%，家具清洁用品占比最低，约为13%。总体来看，消费者所购买大部分的绿色产品都与日常生活息息相关。

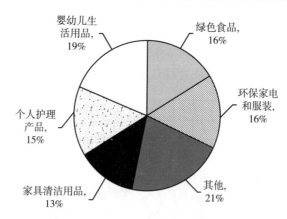

图8-6　消费者购买各类绿色产品的占比
资料来源：消费者行业协会。

二、存在的问题

（一）居民绿色消费意识较薄弱

一些西方的不良消费习惯影响了我国居民的消费观念。近年来，虽然我国居民收入水平不断提升，但是居民消费观念却出现了一些问题。例如，透支型过度消费和一些居民购买各种奢侈品是常见现象，一些居民在日常生活中还没有形成绿色健康的消费习惯。同时，一些居民会关注绿色食品等个人绿色产品，但却不愿意过上有益于社会和环境的低碳生活方式，如绿色旅游、绿色的生活方式和消费模式尚未成为社会主流。

（二）绿色产品购买力水平较低

在生产绿色产品的过程中，企业和行业纷纷从材料选择、研发、生产、运输和营销各环节，增加了低污染、低能耗、高技术等标准。因此，绿色产品的生产成本会高得多。在市场经济条件下，购买力决定消费，高收入和低收入水平决定了消费方式。此前，虽然国民生活水平有了很大提升，但中低收入人口仍然占很大比重，他们大多直接影响和制约着我国的居民绿色产品购买力。因此，绿色产品市场很难形成规模效应。

（三）绿色产品的有效供给不足

总体上看，目前我国市场上的产品缺乏绿色产品和创新产品，而中低端产品依然过剩。究其原因，在供需关系上受经济发展和外部环境的影响，我国面临着供需错位、结构失衡等问题，绿色产品更多的集中在食品行业，其他领域则供给不足。对于部分具有绿色购买力的居民来说，他们的需求无法得到满足。同时，绿色产品的消费群体有限，企业投入很大，但效果不稳定，大多数中小企业仍然缺乏技术研发，导致绿色产品缺乏生产技术。

（四）绿色产品消费市场尚未规范

《2020年中国企业可持续发展指数报告》表明，2020年中国企业总体表现良好，但绿色消费市场培育有待加强。目前，我国各类生产企业更加重视绿色产品的生产，不断采用清洁能源，积极研究开发和改进生产工艺，以提高企业的竞争力，增加产品的市场份额。但由于企业的违法成本较低，绿色产品消费市场仍需规范。例如，绿色产品进入市场时，申请程序复杂，绿色产品较难流通，绿色产品"假冒"和"以次充好"的现象依然突出；"滥竽充数"的现象比比皆是，导致消费者容易上当受骗，极大地影响了消费者的购买信心，也挫伤了企业的生产积极性，造成绿色消费扩张放缓。

（五）绿色消费政策支持有待强化

如果要加速广泛实施和扩大绿色消费的规模，那么只局限于绿色消费模式的生产者、销售者、消费者的自觉性是远远不够的。虽然中国的各种绿色消费顶层设计正在逐步建立，但政策体系还不完善，统一标准还比较落后，财税政策还没有全面落实，宣传推广力度还不够强，市场监督管理还不到位，补贴、税收等优惠政策的支持还比较缺乏，这些都没能有效激励企业提高绿色产品的供给水平。

三、当前政策措施

（一）完善绿色消费相关法治建设

目前，中国颁布了促进绿色生产和消费相关的法律法规，但涉及的具体规定很少，应该以最快速度规划绿色消费相关立法项目，加快制定和修订绿色消费基本法、综合法和特别法，逐步建立健全绿色消费相关法律体系，明确相关主体的权利和义务，逐步推动消费者、企业和公共机构等不同主体的行为有章可循，不断推动中国经济社会朝着可持续方向发展。

（二）健全我国绿色优惠税收政策

改变消费税征收的类型，如各种奢侈品、豪华住宅和别墅以及高污染产品，不仅有利于增强绿色产品的供给，增强居民的绿色消费意识，而且有利于培养健康的消费观念。对绿色产品和非绿色产品实行不同的税率，对绿色产品设定低税率，甚至免征部分产品的税负，只对非绿色产品设定高税率，以此来平衡两者之间的价格差距，通过税收手段引导居民的绿色消费行为。地方政府有关部门要制定具体政策法规，详细规定补贴和奖励的对象、标准和程序，提高消费者购买节能环保产品的积极性，促进绿色消费。

（三）加快绿色产品标准体系建设

加快绿色产品的标准体系建设，建设统一的认证标识体系。要成立专门部门，对绿色产品进行科学、规范、标准化管理。要努力提高绿色产品专业认证水平，继续简化绿色产品申报和认证程序，切实加强绿色产品管理。建立方便快捷的绿色产品认证标识和鉴别绿色产品真伪的查询渠道，确保公众能够购买到真正的绿色产品。

（四）加强绿色产品市场的监管

一方面，要严厉打击绿色产品生产、销售中的违法行为，加大力度查出假冒伪劣产品，严厉处罚生产假冒绿色产品的企业，严厉打击污染生态环境的生产、销售行为和借机涨价、恶意炒作等损害市场稳定的行为，保证市场秩序平稳运行。另一方面，价格部门要严厉监管绿色产品的价格，确保绿色消费市场健康有序发展。

（五）强化对绿色消费的宣传教育

绿色消费理念还未深入人心，尚未形成广泛的共识。因此，在推进我国绿色消费发展的过程中，首先要建立全方位、多层次的消费者教育机制，针对不同行业、不同年龄、不同居住环境的人群宣传绿色消费的相关法制教育；其次是设立环保支持基金和绿色消费专项教育组织，吸引社会各界捐赠和政府补助，支持和鼓励环保组织，协调管理和开展绿色消费教育；最后是推进绿色消费法制宣传和政策引导，不断拓展媒体的传播渠道，进一步促进居民在购买产品过程中不断强化绿色消费理念。

（六）加强绿色企业的开发力度

企业要突破绿色产品开发不足和企业竞争力弱的壁垒，要不断满足绿色消费的各种需求，要加强科技研发能力，要不断开发绿色产品，在产品研发阶段要考虑和注意保护生态环境。生产阶段应尽力节约资源，减少资源和能源的消耗，积极采用环保原材料，防止生产出损害消费者健康的产品，并将标准控制在国家标准范围内，使所生产的绿色产品的结构、种类和质量满足消费者的需要。

第三节　绿色消费与碳减排政策

随着节能减排的号召，碳排放的问题便成了全社会关注的焦点，继我国依次在 1992 年、1997 年和 2015 年签署了《联合国气候变化框架公约》《京都议定书》《巴黎协定》之后，如何在经济增长的同时控制以及降低二氧化碳的排放量，便成了我国面临的关键问题。我国碳排放量的主要来源是经济活动（生产）和家庭消费（生活）所产生的能源消耗，因此减少消费领域的碳排放水平对于实现碳减排目标具有至关重要的作用。随着"碳达峰"和"碳中和"目标的相继提出，绿色消费市场的飞速发展，家庭消费领域的碳排放强度逐步降低，碳减排的趋势明显。

一、消费领域碳减排政策概述

由于工业领域是节能减排的重点领域，因此碳减排政策最早是在工业生产领域所实施，随着工业领域二氧化碳排放量的降低，碳减排政策逐渐过渡于消费领域。与生产领域不同，消费领域内的碳减排政策不具强制性，多为宣传引导性的温和类政策，根据赵立祥（2018）的研究，消费领域的碳减排政策主要包括个人碳交易、碳税和消费补贴三种。

（一）碳税

自古以来税收就是被使用广泛的政策工具。碳税是指国家以保护生态环境为目的向企业、家庭针对二氧化碳排放量所征收的一种污染税，广义的碳税不仅包括二氧化碳排放税，还包括可降低碳排放强度的各种资源税、燃油税以及环境税等。碳税在国际市场上使用十分广泛，并被认为是既简易又对经济影响最小的碳减排政策工具，已经在许多国家使用并有效降低了碳排放水平。

20 世纪 90 年代，芬兰就开始征收碳税，将碳税作为运输或取暖化石燃料税的单独组成部分对汽油、柴油、煤炭等征收税款，而后又以能源税和碳税混合比例征税；德国在 20 世纪 90 年代末引入了生态税，并随之推出了相关法律法规，这为碳税的征收奠定了基础；2008 年，澳大利亚颁布《澳大利亚气候变化》法案，自此开始征收碳税，2012 年，针对 500 家大型能源集团征收碳税，对这些企业通过其他方式间接降低所得税以减少企业的税负负担，由于碳税的作用，澳大利亚大幅度地降低了煤炭的燃烧。

征收碳税是降低二氧化碳排放水平的有力途径，是实施碳减排政策的有效工具。碳税的征收将增加高碳能源和资源的生产成本，促使企业选择低碳环保的能源，以价格机制引导消费者改变经济行为，以此降低生产和消费中的碳含量，降低温室气体的污染排放量，减少能源和资源的消耗，改善生活环境，促进经济可持续增长。

（二）个人碳交易

20 世纪 90 年代，弗莱明（Fleming，1996）首次提出了一种基于市场机制的环境规制方式——个人碳交易，指在确定某个区域的碳减排目标以及允许的二氧化碳排放量后，主要通过碳配额的形式分配给每一个消费者，实际消费额小于限额将产生碳剩余，大于限额将产生短缺，消费者可以个人碳交易市场上进行自由交易以满足自身需要，从而达到减少碳排放水平的政策目标。

个人碳交易推动消费者经济、心理和社会行为的变化，从而实现减少能源需求和碳排放水平的政策目标。如图 8-7 所示，个人碳交易使用碳价格机制来引导消费者选择低碳消费模式，继而影响消费者的经济行为；内在动机促使消费者改变碳意识行为，碳配额、碳排放、碳预算等会影响消费者的消费意识和环保意识，引起消费者对碳排放行为进行思考，从而改变传统的消费行为。碳限额在个人之间的不同分配也会导致消费者有不同的经济行为。公众支持是衡量新政策能否实施的主要标准。国家遵循平等公开的原则对个体及企业的碳排放权进行均匀分配，获得了很大程度的公众支持，在执行过程中制定了减排指南，明确了不污染生态环境的排放水平，新的社会规范逐渐形成。个人碳排放权交易也是使用相对广泛的碳减排政策工具，它不会取代其他的碳减排政策，而是与其他政策并行实施。

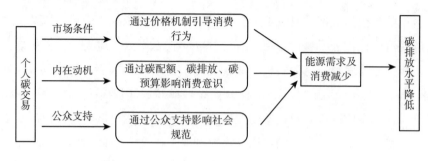

图 8-7　个人碳交易机制

（三）补贴

消费领域的碳减排补贴是指，政府直接将相关的低碳或零碳产品销售给企业，补贴金额从销售价格里自动扣减，企业再将优惠待遇传递给消费者，如此直接减少消费者在产品上的支出，引导消费者的行为习惯和消费偏好。

消费领域的补贴政策主要包括节能和新能源家用电器补贴、汽车补贴以及消费者对低碳产品和零碳产品的支持，这将直接引导工业企业生产绿色产品和消费者直接购买低碳和零碳产品，从而实现碳减排目标，实现消费生活的可持续发展。例如，瑞典执行一项在交通运输部门补贴清洁能源车辆（包括电动车辆、混合动力车辆和生物能源车辆）的政策，作为二氧化碳差别车辆税的一部分，鼓励开发清洁能源技术，同时使消费者能够以较低价格购买清洁能源车辆，这导致瑞典清洁能源车辆的数量大幅增加，减少了交通运输部门的碳排放水平。

综上所述，消费领域的碳排放补贴政策在短期内可达到十分显著的减排效果。该政策可以在短期内以补贴促进消费者的绿色购买行为，不仅促进绿色产品的发展，还能刺激低碳技术创新产生更多的技术溢出效应，这将有助于碳排放水平的降低，有助于生态环境的保护和人类生存条件的提高。

二、消费领域碳减排政策比较

研究显示，评价环境政策工具的三大标准是效率、效果和公平。

（一）效率标准

效率标准是指环境政策能否以较低的实施成本、参与成本以及减排成本实现既定的减排目标。消费者对碳减排政策的反应不同，所形成的碳减排成本也不同。碳交易政策在初期实施时，设立成本极高，尤其是处于下游的碳交易，因为下游的碳交易主体是消费者，虽然消费者群体的碳排放量与其他工业企业相比较小，但其碳排放源诸多，在控制碳排放量时具有较高的实施成本。也正因为下游是消费者群体，只要提高消费者的环保意识，为其科普人类与生态环境的关系，就能很好地促进消费者的绿色购买行为，从而降低碳减排的成本。相对于个人碳交易和补贴，碳税是实施成本最低的政策工具，不仅能有效降低碳排放水平，还能增加国家的税收收入，促进国家的经济发展。

（二）效果标准

效果标准是指环境政策通过某种政策工具能否达到既定的减排目标。一般而言，效果标准不仅包括实现既定目标的效果，还包括广泛的经济效果、动态效果以及软效果。所谓广泛的经济效果是指对社会经济目标的影响，如经济增长、充分就业、价格稳定、收入分配均匀等；动态效果是指在一系列的碳减排政策实施后，各企业所产生的创新产品和创新技术，能够可持续地降低碳排放水平；软效果是指在碳减排政策实施过程中消费者和企业对环境保护、节能减排态度和行为的转变。

一般而言，碳税具有较好的减排效果。碳税作为政策工具实施时，会形成较强的刺激效应和约束效果，在生产领域对企业征税会刺激企业创新技术来减少污染，在交通领域对车辆征税能提高交通领域的技术，在消费领域对消费者征税能促进消费者对绿色产品的购买行为。但个人碳交易和碳税在不同的减排任务内具有不同的减排效果，如对私家车领域的减排任务，个人碳交易和碳税都能降低私家车的碳排放水平，当减排任务较小时，个人碳交易的减排效果更好，而减排任务较大时，碳税的减排效果更好。对于碳补贴政策，它对宏观经济的变量的影响最小，并且能够促进购买碳排放量较低甚至是零排放的绿色产品，是短期内促进降低碳排放量的最佳选择。

综上所述，碳税能促进新技术的产生，有助于增强企业的创新能力；个人碳交易有助于形成新的社会规范，具有较强的碳减排约束，碳减排潜力巨大；相应的补贴政策有助于消费者改变原有的消费习惯，促进消费者从传统产品向低碳甚至零碳产品选择的过渡，有利于绿色企业的发展和生态环境的保护。

（三）公平性方面

公平性是每个个体都拥有排放污染气体的权利以及在环境政策实施后不同群体所享受到的福利分配的公平性。碳税政策在征收时，拥有不同税赋承受能力的群体缴纳不同的税，拥有相同税赋承受能力的群体承担相同的税；个人碳交易的公平性体现在将碳排放权均匀分配给个体及企业；碳补贴政策具有政策导向性，能有效缓解其他碳减排政策的外部性，弥补市场失灵，提高社会福利。

综合来看，不同的政策工具在不同标准面前具有不同的政策效应，在正式实施的过程中，往往是双政策工具的配合使用，如个人碳交易和碳税的融合使用，这样能更大程度地促进减排效果，将碳排放量控制在有效范围内。

三、碳减排政策未来展望

碳税作为一项被广泛使用的政策，其碳减排的效果因主要实施目的不同而相异。随着碳税税率的不断提高，会对经济系统造成冲击，特别是居民收入和居民福利会受到影响，尤其可能对低收入人群的生活造成负面影响，因此在设计碳税时应考虑此时的政策目的是减少碳排放还是增加财政收入。如果政策目标是减少碳排放，那高税率的碳税必定会引起能源和燃料的价格上涨，从而减少能源和燃料的消耗，进而降低污染物的排放量。但碳税政策不能显著提升消费者的环境意识，反而会因高昂的碳税率对消费者的购买行为造成递减效应。因此政府部门在制定碳税政策时应具有针对性，以避免其他政策削弱碳税政策的效应。

个人碳交易的碳减排效应潜力巨大，但将个人碳交易政策付诸实践，仍需要相当大的社会和政治变革，因此未来政府需要大力培养消费者的碳知能力，消费者的碳意识越强，则消费者越能做出有利于碳减排的决策。由于个人碳交易的效率和效果的不确定性，可能与现存的政策存在互补效应，其与碳税和补贴政策的融合对减少碳排放至关重要。

碳补贴政策能够促进消费者对绿色产品的购买，有利于绿色产品的供给，也有利于国家开发和推广绿色产品。但在制定相关低碳或零碳产品的补贴政策时，应时刻关注社会不同阶层的需求，针对不同的收入群体设计不同且有效的补贴政策，尤其重点关注低收入群体。同时，国家和地区也要推动基础设施建设（如汽车充电站建设），实现提高居民生活水平和减少碳排放的双赢。

第四节　绿色消费的推进路径

一、加强绿色消费教育，树立绿色消费理念

消费者长期形成的消费习惯和消费模式难以改变，需要从政府到个人的共同努力，以加快消费方式的绿色转型。绿色消费需要社会的共同协作，各级政府应在广大消费者中进行绿色消费宣传教育，普及绿色消费相关知识，通过多种渠道将绿色消费理念注入消费者的宣传教育中，促进消费者消费观念的转变，引导消费者对气候与环境变化问题进行关注。

提高消费者对绿色消费的认识，帮助消费者认识到绿色消费能够产生的环保效益，增强公众对于绿色消费的信心和动力，引导消费者树立绿色消费观，并且将消费理念转化为行动，让绿色消费在消费者眼中不仅是一种意识，还是在消费时考虑的第一要素；同时，制定相关政策，将绿色消费作为各级政府绩效考核的标准之一，大力进行生态文明建设，对于不顾环境质量而盲目发展经济、忽视绿色消费的行为应当实行严厉的问责机制，从而加快政府到个人发展方式与消费理念的转变速度，建立绿色消费全民参与机制，提高全体人民的环保意识，实现节能减排。

二、扩大绿色产品供给，满足绿色消费需求

绿色消费不仅需要消费者转变消费理念与消费方式，还需要企业提高社会责任感，加快对绿色产品的生产，扩大绿色产品的供给，以满足消费者对绿色产品的需求，实现绿色消费。在低碳发展的背景下，政府应加快对企业绿色生产相关政策的制定，加大对企业在绿色生产方面的补贴和扶持力度。对生产绿色产品的企业进行所得税减免，降低企业对低碳技术和绿色资源的使用成本，促使企业逐渐转变生产方式，实现绿色生产；企业要以与时俱进的态度去面对发展，要着眼于长远利益，要积极承担社会责任，减少能源的消耗与资源的浪费，提高企业绿色创新能力。企业不仅要生产绿色产品，而且生产出来的产品要能够满足相关质量要求，符合国家制定的绿色产品标准。

随着消费者对低碳产品偏好的增加以及绿色消费理念的逐渐形成，企业应顺应市场发展，提高环保意识，积极生产与提供绿色低碳产品，推动我国绿色低碳产业的蓬勃发展和绿色低碳产品消费市场的有序发展。

三、制定政策法规，推动绿色消费

要想使广大消费者树立科学的绿色消费观，使企业进行合理的绿色产品生产，不仅需要消费者与企业自身有强烈的环保意识，政府也要发挥其宏观调控的作用，通过相关政策法规的制定，约束消费者的消费行为和企业的生产行为。首先，对消费者不合理的消费行为进行严厉的打击，积极鼓励绿色消费，要对绿色产品有一个正确的定位，对产品进行合理的定价和适度的价格优惠政策，使绿色产品的价格在一定程度上低于普通产品的价格，这样一来，消费者会因为价格因素更多地选择绿色产品进行消费。其次，对企业制定合理的税收政策和绿色金融政策，对于那些在生产过程中会产生较大污染的企业，加重税收，且加大惩罚的力度；而对于生产绿色产品、注重生态环境保护的企业则给予适当的税收减免与财政补贴。

通过制定相关政策法规，从生产者和消费者两方面引导人们积极生产和消费绿色产品以带动绿色消费的发展，助力"双碳"目标的早日实现。

四、加大研发力度，支撑绿色消费

企业应加大对绿色低碳技术的研发与应用，提高绿色产品生产技术。促进低碳技术创新、拥有低碳发展的核心技术是实现绿色消费发展的重要条件。因此，为了实现全社会的绿色消费，提高绿色产品的生产效率，降低生产成本，企业需要进行绿色技术革命，加大对绿色技术的研发力度，加强与相关研发机构的合作，注重对相关人才的引进，提高员工的绿色创新技术，促进"产学研"一体化发展，以掌握自己的核心技术，摆脱绿色发展的核心技术受制于人的状况，实现产品生产的减碳、去碳甚至零碳。企业只有通过掌握核心技术生产出符合市场需求的绿色产品，才能更好地带动绿色消费。另外，企业之间应该加强技术合作与交流，以促进绿色低碳技术的应用与推广，共同打造绿色低碳产业链，支撑绿色消费，实现可持续发展。

消费需求的升级，迫切需要绿色技术创新以促进绿色产品产业链的发展与完善，为消费者的绿色消费提供机会，使消费者在绿色消费的过程中，不断巩固和提高绿色消费的意识。

第五节　本章结论

在"双碳"目标提出的背景下，探究绿色消费领域下的碳减排政策以及绿色消费推进"双碳"目标实现的路径。首先，介绍了绿色消费的相关概述，分析了绿色消费和绿色消费行为的相关内容，探究了发展绿色消费的现实意义。其次，探究了我国目前绿色消费的发展情况，发现我国绿色市场主要以绿色产品为主，绿色产业快速发展，绿色消费主体集中，绿色消费市场迅速发展扩大。尽管还存在居民意识薄弱、绿色购买力水平较低、绿色产品供给不足等问题，但随着政府提出的健全我国绿色优惠税收政策、加快绿色产品标准体系建设、强化绿色消费的宣传教育等政策措施，这些问题将会逐步得到缓解和解决，我国绿色消费的发展前景一片光明。再次，介绍了绿色消费领域下的碳减排政策，从效率、效果及公平的标准比较了三种碳减排政策，得出碳税操作便利，实施成本最低，具有减少碳排放和增加财政收入的双重红利的特点；个人碳交易的碳减排效应巨大，有助于消费者形成低碳的消费习惯，提高消费者的环境意识，是一项具有碳减排潜力的政策；碳补贴政策能够促进消费者对绿色产品的购买，有利于绿色产品的供给，也有利于国家开发和推广绿色产品。最后，介绍了绿色消费的推进路径，使其更好地促进"碳达峰""碳中和"目标的实现。

综上所述，构建绿色低碳发展体系、形成绿色消费模式以及促进"碳达峰""碳中和"目标的实现，仍然需要全社会的共同参与，需要完备的绿色低碳法律体系的支持以及良好的运作，需要社会规范体系和道德规范体系的共同推进。

参考文献

[1] 杜素生：《我国绿色消费的发展现状、问题及解决途径》，载《时代金融》2016 年第 33 期。

[2] 江林：《消费者行为学》，首都经济贸易大学出版社 2003 年版。

[3] 劳可夫：消费者创新性对绿色消费行为的影响机制研究，载《南开管理评论》2013 年第 4 期。

[4] 李建军、刘紫桐：《中国碳税制度设计：征收依据、国外借鉴与总体构想》，载《地方财政研究》2021 年第 7 期。

[5] 李晓华、邵举平、孙延安：《绿色低碳产品消费市场活力激发研究——基于绿色家电产品的演化博弈》，载《生态经济》2021 年第 1 期。

[6] 李叶华：《国外碳税机制研究及案例分析》，载《管理观察》2018 年 34 期。

[7] 唐毓：《消费者绿色消费行为影响因素研究》，载《中国集体经济》2021 年第 27 期。

[8] 王建明、吴龙昌:《绿色购买的情感——行为双因素模型:假设和检验》,载《管理科学》2015年第6期。

[9] 吴红岩:《我国绿色消费问题研究》,东北师范大学硕士学位论文,2008年6月。

[10] 徐盛国、楚春礼、鞠美庭、石济开、彭乾、姜贵梅:《"绿色消费"研究综述》,载《生态经济》2014年第7期。

[11] 杨进进:《低碳经济背景下绿色消费观的培育路径探析》,载《商场现代化》2018年第12期。

[12] 杨贤传、张磊:《媒体说服形塑与城市居民绿色购买行为——调节中介效应检验》,载《北京理工大学学报(社会科学版)》2020第3期。

[13] 湛泳、汪莹:《绿色消费研究综述》,载《湘潭大学学报(哲学社会科学版)》2018年第6期。

[14] 张志勇:《绿色发展背景下低碳消费的国际借鉴及对策研究——以山东省为例》,载《商业经济研究》2018年第11期。

[15] 赵立祥、王丽丽:《消费领域碳减排政策研究进展与展望》,载《科技管理研究》2018年第3期。

[16] 赵立祥、吴松岭:《碳减排路径模式选择研究——基于私家车管控的个人碳交易和碳税比较》载《安全与环境学报》2017年第2期。

[17] 周梅华:《可持续消费理论研究》,中国矿业大学出版社2003年版。

[18] FLEMING D., Stopping the traffic. *Country Life*, Vol. 19, 1996, pp. 62 –65.

[19] Kollmuss, A. and J. Agyeman., Mind the gap: Why do people act environmentally and what are the barriers to pro – environmental behavior. *Environmental Education Research.* Vol. 3, 2002, pp. 239 –260.

[20] STERN N., Key elements of a global deal on climate change. *London: London School of Economics & Political Science*, 2008, pp. 4 – 10.

第九章

低碳经济与碳达峰、碳中和示范区发展案例

第一节　低碳经济示范区发展案例

一、低碳经济与零碳经济的概念

（一）低碳经济

低碳经济不是传统意义上的"零"碳排放与"低"碳排放，而是通过对碳排放总量和碳排放的强度进行控制，从而实现整个社会碳排放量减少的一种经济发展状态。低碳经济的本质就是通过能源利用技术、新型碳减排技术、能源消费结构创新、社会制度创新、产业结构调整等全方位的改变来实现清洁能源的高效利用、绿色 GDP 的不断提升（杜生民，2011）。发展低碳经济不仅是传统意义上的推动低碳产业进步、低碳生活方式推广、低碳技术进步、低碳能源利用，还包括在不对传统经济发展产生负面影响的前提下，通过制度以及技术的创新，减少二氧化碳等温室气体和各类污染物的排放，从而提高社会能源资源利用效率，实现减缓全球气候变暖的目标，促进自然资源及社会资源的高效利用，最终实现全人类的可持续发展（陈柳钦，2009）。

（二）零碳经济

零碳经济并不是完全没有二氧化碳排放量，而是碳源减去碳汇等于零

的一种动态经济发展状态，碳源就是指日常生活及生产过程中所排放的二氧化碳，而碳汇就是指湿地、森林等可以吸收的二氧化碳。零碳经济重点关注在日常生活及经济发展过程中人们如何去降低对能源资源的需求量，如何不断提高清洁能源在能源利用中所占的比例。零碳经济示范区是在绿色低碳发展的总体设计下，以碳中和技术创新应用、绿色经济活动聚集为特征，以碳资产开发利用为路径，以碳源与碳汇动态平衡为目标的城市功能区。加快建设零碳经济示范区能够为公园城市建设注入市场活力，是实现经济、社会、生态效益最大化的重要途径。

纵观目前国际上的零碳经济发展历程，欧美国家聚力推动零碳城市建设，而我国则采用"点—线—面"的模式，逐步推进开展零碳排放区示范工程试点，从而探索可复制、可推广的实践经验。根据习近平在中央财经委员会第六次会议上明确支持成都建设践行新发展理念公园城市示范区的指示。如何在"力争 2030 年前实现碳达峰、2060 年前实现碳中和"的"双碳"目标下充分挖掘城市生态资源"经济属性"，运用市场机制率先探索节能降碳可持续发展路径，是成都建设零碳经济示范区亟待破解的命题（闫俏秀，2020）。

二、低碳经济与零碳经济示范区案例描述

（一）低碳经济发展阶段成都示范区的主要做法

成都市早在 2009 年 12 月 25 日就通过了《成都市建设低碳城市工作方案》（以下简称《方案》），该《方案》为保障四川省成都市低碳经济高质量发展作出了重大贡献。在《方案》中关于成都市低碳经济发展的总体思路是以科学发展观为指导，以推动低碳经济的发展、加强碳排放水平的管理、促进全市人民推行低碳生活方式为成都建设低碳城市的主要切口，同时确认发展重点是坚持低碳经济的相关机制体制创新，更重要的是《方案》提出在发展低碳经济过程中要始终坚持以政府为主导推动低碳生活、以规划为重点引导绿色经济、以示范区为切入点带动各地区发展、以公众参与为关键推广低碳理念，从而探索出一条符合成都经济发展、人民生活方式、城市地域特点的低碳城市建设发展之路。关于如何建设好低碳城市

主要有以下几点做法。

1. 建设发展低碳经济试验区

在 2009 年全国并没有关于建设低碳经济城市的典型示范案例，而国外相关案例与我国的具体情况存在差异，并不一定适合成都市参考借鉴。所以成都市的主要做法是在全市内寻找一批具有一定特点和广泛参考意义的先行试验区，为成都市大规模推进低碳经济社会建设提供发展经验和参考基础。成都市寻找出全市两个耗能情况较为极端的试验区，一个是单位 GDP 能耗最高的青白江区；另一个是单位 GDP 能耗较低的温江区和高新区。两个能耗情况相反的试验区采取不同的发展路径：青白江区重点推进工农服务三大产业中的高耗能企业发展低碳经济，并且从政策路线、发展方式、能源结构、环境质量、考核机制等方面全方位推进低碳经济城区的发展，这是一种典型的高耗能区试验模式。而温江区和高新区则通过提高公众低碳意识、倡导低碳生活方式、积极鼓励技术创新、优化能源消费结构、提高废物利用率等方式为高新区打造出一个典型的低耗能区发展模式供成都市参考借鉴。

2. 建立发展低碳经济的推进机制

成都市在"十一五"规划中提出了关于推进低碳经济的目标：全市万元 GDP 能耗降低 20%，主要污染物排放总量减少 10%（陈漫等，2010）。为了实现这一目标成都市采取了一系列节能减排的政策措施，尤其是建立起一整套完整的节能减排统筹发展机制体制，为成都市建设低碳社会奠定了坚实的政策基础。这些机制主要包括能源高效利用机制、节能减排技术创新机制、产业结构优化调整机制、科研成果转化应用机制、生态环境污染惩罚机制、绿色 GDP 提升奖励机制等。在相关机制的推动下，成都市建设出一条符合成都经济发展水平、自然资源禀赋的低碳之路。成都市在党的领导下，始终坚持绿色发展理念，坚持经济社会文化环境生态的全方位文明进步，为建设零碳经济示范区建设奠定了深厚的基础。

3. 政府引导推进规划路线

在 21 世纪初，我国还没有关于建设低碳社会理论化实际化的发展规划，也缺乏建设低碳城市的实践经验。于是成都市组织成立了成都市低碳社会建设工作领导小组，主要由成都市委、市政府领导，政府各级部门组织规划，高等院校及科研院所提供创新思路，为建设低碳成都出谋划策。与此同时，成都市还积极编制推动低碳经济发展的专项规划，从而为建设低碳成都提供规划指导，以此促进成都市的生产生活方式朝着能源高效利用、产业结构根本调整、绿色制度不断创新的低碳方向转变。

（二）零碳经济发展阶段成都示范区的做法

在碳达峰、碳中和这一伟大目标的指导下，成都市于 2020 年 12 月 17日成功召开了青白江区专场的"零碳中国·科技创新"研讨会。这次关于成都市青白江区发展零碳经济的研讨会主要关注点在能源高效利用以及高新技术智能制造业等产业的发展，目标是用绿色产业的发展来引导全市内相关产业高效利用能源资源、注重能源侧技术创新，这一研讨会为成都市青白江区建设零碳经济示范区以及加速实现全市范围内的碳达峰、碳中和目标指明了方向。政府目前虽然没有出台有关建设青白江区零碳经济发展示范的详细相关规划，但参考国内外零碳经济示范区的实践经验，可以有以下几点做法。

1. 坚持以政府为引导，建立高效的绿色能源体系

在可再生能源方面，坚持减碳固碳的总体思路，大力促进太阳能、水能、风能、地热能等清洁能源的开发利用，构建多项能源综合利用的新型能源消费结构。与此同时，不断增加绿色金融对绿色能源保驾护航的作用，解决清洁能源行业融资难的问题，除了政府拨款以外更要加强市场对资金流向的引导。在绿色能源高效利用这一目标下，政府需要建设相关的产业基地以及绿色能源的配套基础设施。同时，也要推广新型绿色能源消费的场景，如建设公共电动车充电桩、推广清洁能源的智能储电工程等。

2. 坚持顺应经济发展潮流，加快调整产业结构

近年来，产业结构的优化调整已经成为全球经济发展的风向标，所以青白江区也要跟随世界低碳经济发展的历史潮流对传统产业进行升级改造，更为重要的是要尽早确立新的经济增长点，打造全新的现代化高新技术产业。对于传统的第三产业服务业，要加快建设以低碳为主要特征的新型服务业，在能源高效利用的基础上应用新型技术实现碳排放量的最小化。成都市青白江区也持续建设低碳经济知识宣传的文化产业园，充分利

用校企联合来推动高科技企业的发展。同时坚持传统产业的信息化升级步伐，建立三大产业相结合的新型工业结构，引进和培育龙头企业，通过运用能源互联网、建筑信息模型、智慧能源控制系统和大数据分析及可视化等技术手段，实现能源的智能化应用和零碳经济的智慧化管理。

3. 强调示范技术的引领颠覆作用

通过推动清洁能源技术的创新研发和系统应用，实施分布储能等部分终端设备的一体化布局，大幅降低能源生产、输配及使用的全生命周期碳排放。同时推动相关技术实现有机垃圾完全生物气化，促进区域供暖实现100%零碳。

综上所述，成都市在推动绿色经济发展过程中，经历了低碳经济和零碳经济两大发展阶段，在这两段略有不同的发展阶段中也有着不同的实践经验，简单来看，如图 9 - 1 所示。

图 9 - 1 成都市示范区政策措施发展历程

三、低碳经济与零碳经济示范区发展概况

自 2009 年 12 月 25 日由成都市政府第 56 次常务会议审议通过《成都市建设低碳城市工作方案》后，成都市在全国推进低碳经济发展的背景下也开始了低碳成都的建设。总体而言，成都市低碳经济发展体系的构建经历了开展低碳经济城市建设和开展零碳经济试点区建设两个阶段。

（一）低碳经济城市建设

2010 年初，成都市在党的领导下以科学发展观为指导思想，结合全市内经济发展状况和城乡发展水平提出了一系列关于建设低碳经济社会发展的规划建设方案。这套建设方案是在政府相关部门的带领下，以能源结构改善为重点，以提高公众清洁能源意识为关键，统筹经济建设与环境保护，为成都市探索出一条符合其发展水平的低碳社会建设之路。之后经过8年的努力，在2018年第六届深圳国际低碳城论坛上，成都与深圳、里昂一同摘得联合国工业发展组织首批全球绿色低碳领域先锋城市"蓝天奖"（施麟、贺迎春，2018）。近年来，成都市始终坚持推动能源消费结构的改善、产业结构的调整、绿色金融的长足发展等，取得了不菲的成就，走上了绿色低碳城市的转型之路。更重要的是，成都市在低碳经济发展的众多方面取得了相当可观的成果。

1. 建设高质高量的现代产业体系

成都市在构建"5＋5＋1"现代产业体系中实施了一系列的计划办法，由此推动全市工业发展稳中向好。2020年成都市全年工业增加值比上年增长5.0%。八大特色优势产业合计增长6.5%，由图9－2可以看出，电子信息产品制造业增加值增长14.4%，汽车产业增加值增长1.9%，机械产业增加值下降1.7%，石化产业增加值增长6.2%，食品饮料及烟草产业增加值增长7.3%，冶金产业增加值增长3.9%，建材产业增加值下降3.95%，轻工行业增加值下降5.5%。五大现代制造业（电子信息产业、食品饮料产业、装备制造产业、先进材料产业和能源化工产业）营业收入12733.7亿元，比上年增长9.9%。规模以上高技术制造业增加值增长11.8%，其中电子及通信设备制造业、计算机及办公设备制造业、医疗仪器设备及仪器仪表制造业增加值分别增长16.7%、14.8%、13.6%。同时切实推动全市高质量发展和构建现代产业体系，加快推动重点高污染行业落后产能淘汰。由图9－3可以看出，成都市2020年第一产业生产增加值为655.2亿元，占总生产值的3.7%；第二产业生产增加值为5418.5亿元，占总生产值的30.58%；第三产业生产增加值为11643亿元，占总生产值的65.76%。整体来看，当前成都市一二三产业的分布比较合理，但总体而言第三产业占总产业比重水平较高，意味着经济增长依靠服务业拉动较为明显，而服务业所产生的二氧化碳排放量相较于第一、第二产业比较低。

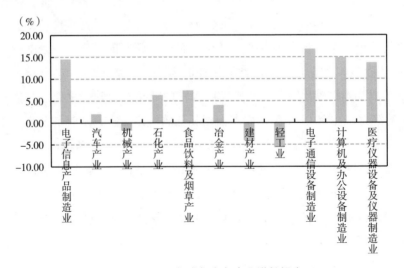

图9-2　2020年成都市各产业增长幅度

资料来源：成都市统计局。

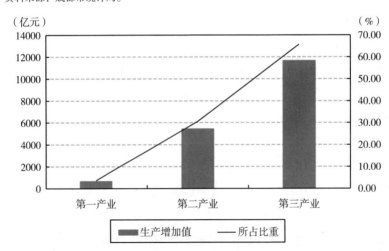

图9-3　2020年成都市各产业生产总值分布

资料来源：成都市统计局。

2. 全面构建新型能源消费结构

成都市通过持续监控高污染行业的碳排放来推进能源利用效率持续提升。对于高污染行业，坚决杜绝已经被列入淘汰列的高污染企业进行异地转移和换名重启。同时坚持对化工行业、交通运输业、建筑业以及农业农村化肥生产业的污染物排放监控，一旦超过国家规定的二氧化碳量排放标准，则需要立即关停相关企业。加大对全市范围内高污染行业的排查与监控，政府推进组建行业内自律组织等对未纳入监管体系的企业进行检查和监督。同时还鼓励在全市范围内建设能源消耗监测系统体系，加强对重点行业重点领域的节能管理，每年度对全市所有企业能耗情况进行排查，根据相关标准提供下一年度碳排放量的参考标准。与此同时，政府对低能耗、低污染、高效率的行业实行鼓励式管理，引导全市范围内各行各业提高清洁能源的使用率。

3. 推动建设全市范围内绿色生态体系

在成都市城乡绿化方面，政府相关部门长期内坚持推行增绿增湿政策，坚持提高全市森林覆盖率。2020 年全成都市森林面积 864.3 万亩，森林蓄积量达 3677.35 万立方米，森林覆盖率达到 40.2%、林木绿化率 44.89%。① 由图 9-4 可以看出，近五年来成都市森林覆盖率由 2016 年的 38.7% 提升至2020 年的 40.2%，森林蓄积量由 2016 年的 3336 万立方米提升至 2020 年的 3677 万立方米，为全市低碳经济的发展打下了良好的基础。在天府绿道建设方面，截至 2020 年 12 月中旬，天府绿道体系实现了从"0"到 4408千米总里程的建设，位居全国第一，打造了多条"回家的路""上班的路"。② 在湿地资源保护方面，成都市现有森林、湿地、农田、草地、城市五类生态系统，全成都市的湿地保护情况明显高于全国其他地区。

图 9-4　2016~2020 年成都市森林覆盖率变化

资料来源：成都市公园城市建设管理局。

① ②　成都市公园城市建设管理局。

4. 推广低碳生活方式

绿色出行方面，成都市推动多个天然气综合能源项目落地，截至2019年底，新能源汽车保有量达到14.5万辆，建成充电桩2.8万余个、充电站701座；出台促进氢能产业发展意见，建成加氢站2座，累计推广氢燃料电池汽车370辆，以上措施为全市推广清洁能源利用作出了重大贡献。① 作为低碳出行方式代表的共享单车在全市范围内也日益普遍，截至2019年5月，市域范围内单车车辆数为123万辆，全市共享单车日均骑行次数已超过200万人次，日均骑行总里程超过360万千米。若以每辆车出行10千米，100千米耗油7升测算，相当于每天替代36万辆小汽车出行，可减少二氧化碳排放约58吨。② 在绿色办公方式方面，不断推广低碳的虚拟办公室，这种创新性的办公方式为全市范围内低碳经济的推广起到了重要作用。在推广绿色生活方面，其中最为重要的就是垃圾分类，众所周知垃圾分类在全市乃至全国范围内并没有完整地推广开来，成都市将垃圾分类的重点放在"扔垃圾时分，解决垃圾时混合解决"，同时出台生活垃圾管理条例，居民生活垃圾分类覆盖率超过90%，成都市在政府相关部门和社会群众的努力下在全国范围内率先实现原生生活垃圾的"零填埋"。

5. 推动城乡生态环境质量改善

近年来，成都市深度治理全市空气污染，取得了显著的成果。由图9-5可以看出，成都市全年空气质量优良天数由2016年的214天上升到2020年的280天，成都市全年空气质量优良率由2016年的58.5%上升到2020年的76.5%。在农业土壤环境方面，始终坚持科学治土的指导思想，着力推进土壤污染的防治，对全市土壤实行管理责任制。不断对农村土壤环境进行例行监测，确保农村土壤环境质量达标、农产品绝对安全。在建设环保基础设施方面，成都市建设了比较全面的基础设施以供环境保护，其中基础设施建设良好的代表性园区有长安静脉产业园，该产业园也被确定为国家资源循环利用基地。

---

① ② 成都市发展改革委员会。

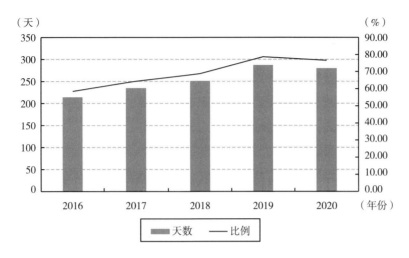

图 9 – 5　2016～2020 年成都市空气质量优良天数比例
资料来源：成都市统计局。

近年来，成都市不断以绿色低碳发展理念为指导，探索出一条具有成都特色的低碳经济发展转型之路，在社会各界的共同努力下达成了经济增长、环境友好、百姓富足的发展局面。与此同时成都市也形成了更加科学的环境治理系统、更加合理的能源消费结构、更加完善的城乡分布格局、更加绿色的土壤环境，低碳以及绿色也成了成都市最为明显的特征。但仅仅是低碳还是有所不足，随着经济发展，零碳经济也成为成都市的未来发展方向。

（二）零碳经济试点区建设

本章前面提到的成都市 2020 年开办的"零碳中国科技创新"研讨会为促进成都市零碳经济社会的发展唱响了前奏，同时也为青白江区构建零碳经济发展区做了一定的准备工作。零碳经济这一概念并不是 2020 年才提出的，早在 2009 年成都市就已经提出来要"打造一个城市品牌"，实际上就是要打造"零碳成都"的城市品牌。面对社会各界对"零碳"的疑惑，成都市给出解释："零碳成都"并不是要在全市范围内使得碳排放为零，而是给社会一个发展的导向，在关键时刻引导人们注意保护环境、减少温室气体的排放量，以实现绿色健康发展。

2020 年成都市提出要抢抓碳达峰、碳中和的发展契机，大力促进绿色、低碳、循环经济的发展，以成都市青白江区的材料产业功能区主体，进一步加快建立全国"双碳"目标产业示范区。青白江区先工委提出要实现碳中和，这就要求全区在产业发展、日常生活、出行方式等各个领域实现碳减排的根本性突破，尤其要关注火电、钢铁、煤炭等二氧化碳及污染物排放量高的行业，这些高污染高能耗行业的绿色低碳发展才是推动整个青白江区经济发展模式转型的关键因素。成都市青白江区本身也具有参与第 15 个产业生态圈的发展实力，青白江区已初步获得了《全国碳中和产业发展先行区建设策划方案》《关于打造全国碳中和产业发展先行区的思考》等课题成果，以这些相关课题成果为基础，青白江区正在将全区主导产业的区分进一步细化。接下来，成都市青白江区将加快绿色零碳社区的建设，尤其是在绿色出行、绿色休闲、绿色游园等公共基础设施方面，让人们能够切实感受到绿色低碳的发展理念正在融入生活的每一个角落。

四、低碳经济与零碳经济示范区关键优势

（一）相关部门积极促进城市规划与低碳经济发展结合

当前世界经济绿色发展的有效路径是推动低碳发展，低碳经济发展的动力也是世界经济发展的目标（张雨薇，2010）。所以对于成都市来讲建设低碳经济社会的过程也是重新规划整个城市空间布局的过程。成都市首先把生态环境作为低碳经济发展的基础，把经济结构调整与城市空间布局相结合，在经济结构调整的过程中考虑环境容量的制约，在规划城市空间布局的过程中将环境保护作为重要的发展目标。这是一种新型概念上的低碳城市建设路径。所以，成都市政府在低碳经济发展的整体规划上理解了低碳的本质要求，对比其他地区具有一定的政策规划优势。

（二）成都市低碳产业发展具有良好的基础条件

成都市近年来加快建设环保发展基地，一方面注重加强绿色产品的供给，另一方面还在不断提高新型能源利用效率。重点关注产品供给的高效率、低耗能、高附加值和较高的技术发展水平。同时坚持优化全市能源消费结构，降低高污染低效率能源的利用比重，提高太阳能、风能、潮汐能

等清洁能源的使用比重。当前成都市通过清洁能源的使用倒逼企业进行升级改革，全面提升了产业发展水平，进一步提高了各企业使用清洁能源的效率，为全市低碳产业的发展奠定了坚实的基础。

五、低碳经济与零碳经济示范区发展不足与展望

（一）示范区存在的不足

从自身基础来看，"十三五"期间，成都单位 GDP 能耗和单位 GDP 碳排放累计分别降低 14.24%、21%，[①] 但碳排放量与经济增长仍未完全脱钩。从实践经验来看，国内大多数零碳经济示范区或项目都是以减少传统化石能源消耗量、碳排放量为首要目标，通过降低能源消费成本和促进碳排放权交易来实现节能降碳的经济效益。这种措施导致碳资产的经济价值没有得到充分体现，相关自发性经济活动尚不活跃，市场主体参与程度也亟待提高。当前成都市全力推进发展零碳经济仍然面临着不足之处，主要有以下几点。

1. *产业发展问题仍待解决*

当前成都市发展低碳经济的主流产业是节能环保产业以及创新科技产业，这类产业虽然在成都市已经存在一定的发展基础，且相对来讲产业发展势头良好，但仍存在以下问题：一是企业规模相对有限，大多数为中小企业，并没有形成具有行业带领作用的龙头企业和骨干集团；二是"产、学、研"脱节，目前市场上大多数企业仅在产品生产方面贡献较大，但在研发创新技术和新型产品生产方面仍存在不足。当前高校的知识人才体系虽然健全，但在实际生产方面与企业存在脱节，如何将二者相联系以此促进低碳经济的可持续发展仍是成都市面临的重大问题；三是政府相关部门没有对低碳经济的产业发展作出系统性规划，与国内外一线城市相比，成都市在资金、政策、基础设施建设以及人才方面都存在较大的缺口，这一定程度上限制了低碳成都的长远高效发展。

---

① 成都市发展改革委员会。

2. 环境污染程度仍然较高

当前成都市环境污染主要有大气污染、水资源污染和新化学物质的污染。从大气污染角度来看，排污大户主要有造纸、火电、化工等行业，但这些行业在短时间内并不会完全消失，近几年内仍然会排放大量的污染物。从水资源污染角度来看，随着城市污水排放量日益增加、农药化肥等用药量不减，成都市水资源保护仍然有着不小的压力，同时又由于气候原因成都市冬春两季降水较少，稀释污水能力较差，水资源污染情况更加恶劣，尤其是化肥农药对水资源的危害可能会威胁到农产品的安全。从新型化学物质的污染角度来看，随着近年来成都市新型技术的发展，过去没有引起人们重视的技术污染问题也逐渐显现，尤其是因电子产品的丢弃引起的废品污染，电子产品中含有的大多有害物质给环境造成了巨大的压力。除此之外，放射性污染及电磁辐射污染也随着废弃物处理不当对人体和环境造成了巨大危害。

（二）示范区未来展望

建设成都市青白江区零碳经济发展先行示范区，需要将区内的经济发展状况和城市功能、能源消费结构、产业发展结构充分结合，发展符合青白江区现状的零碳经济。当前成都市应该将重点放在碳减排以及碳中和技术创新上来，并加快将新型低碳技术运用到交通出行、废物处理、能源利用等各个领域。同时应发挥绿色金融对低碳经济的支持引导作用，尤其是通过碳排放权交易、项目投融资模式创新来实现碳资源的优化配置，提高资源的利用效率，为各类市场主体提供参与碳减排的机会。具体可从以下四个方面推进。

1. 推动技术创新及应用

零碳经济示范区是一个碳中和创新技术企业集中区，更是科研团队创新的体现区。一个成功的零碳经济示范区不能仅通过衡量当前绿色创新技术的发展水平来判定，而是需要通过检查碳减排手段应用到生活中的实际效果如何，也就是碳减排技术的场景化应用水平如何来进行评判。所以，成都应该以建设零碳经济示范区为起点，从低碳产业培育、国际合作、校企合作等各个方面为当前已经具有的碳减排技术手段提供实际应用的机会，其中一方面要推动光伏等清洁能源产业的发展，另一方面要加强清洁能源配套的储能类产业发展，如节能装备制造和合同能源管理（EMC）等节能产业，二氧化碳捕集和二氧化碳绿色利用等固碳产业，碳基金和低碳商务咨询服务等碳中和延伸服务业。

2. 积极促进碳交易发展

零碳经济示范区的建设中最为核心的内容一方面是推动二氧化碳资源的开发利用，另一方面是加快融入全国碳排放权交易市场。如果仅是提高碳减排创新技术水平则无法促使市场在资源配置中发挥作用，而加入全国碳排放权交易市场有利于将生态价值转化为商品价值。因此，成都应以零碳经济示范区为载体，大力开发国家核证自愿减排（CCER）和碳普惠等减排项目，不断加快碳减排相关的金融产品研发，推动各个市场主体参与到碳减排与碳资源开发利用中来。同时促进零碳经济示范区区域内的森林碳汇资源开发利用，将开发出的碳汇项目引入碳排放权交易当中，以此来调动市场各个主体保护森林资源的积极性。

3. 提升示范区建设水平

青白江区建设零碳经济先行示范区是成都市的全新发展领域，目前的政策措施、运行方式等都不可避免地存在一些问题，因此需要不断提高各级政府的工作能力，进一步细化工作范围与职责，以减少因决策失误而产生的各类问题。此外，为了提高示范区的建设水平，还需要在以下两方面做好充足的准备：一方面，加快培育碳规划师等新型专业技术人才，同时积极引进碳减排及碳中和相关技术研发人才，重视"校企合作"为企业开发碳减排技术注入智力支持；另一方面，建立零碳经济示范区温室气体清单编制和重点排放源核查的常态化机制，清楚认识当前青白江区的碳排放家底，并以此为依据建设更加具有区域特征、更加符合发展水平的零碳经济示范区。

4. 各区域建设低碳试点

零碳经济从根本上来讲有着更新的发展理念、更高的创新意识以及更高水平的技术创新能力，也就是说零碳经济示范区不仅指低能耗高效率的经济区域，更是有着创新型建设理念的经济发展区域。但是创新性建设理念又必须要以该区域内自然资源禀赋、经济发展水平为基础，既不能脱离原有的经济发展基础，又需要体现零碳经济的先进性。因此，需要按照"从简入繁，从试点到推广"的原则，选择具有代表性或者具有比较优势的经济区域，分阶段有步骤地开展零碳产业、零碳出行、零碳旅游、零碳社区等的建设。

第二节　碳达峰、碳中和示范区发展案例

一、碳达峰、碳中和概念

碳中和一词起源于 1997 年英国一家公司的商业策划，这个商业策划的主要内容是帮助顾客测算其某一年度内产生的二氧化碳排放量，随后让顾客按照自身条件选择适合的方式去吸收自己排放的污染物，以此实现顾客个人生命周期内的碳中和目标。其实个人、团体、公司、国家、体育赛事都可以通过科学的方法计算出对应的碳排放量，然后就可以通过一定的方式达成个人、组织或者国家的碳中和目标。这些方式既可以是主动的碳减排手段也可以是花钱购买他人减排额度的补偿手段。虽然上述那家英国公司的商业计划并没有大获成功，但是碳中和的概念却在全世界范围内传播开来，并受到了不少知名企业、社会团体的认可。2006 年新牛津美国字典也将"碳中和"一词评选为年度词汇。

2014 年中国 APEC 会议是首个实现碳中和的 APEC 会议，会议的主办方在举办地周围新增了 1274 亩树林，在未来 20 年抵消因举办会议而排放的 6371 吨二氧化碳等温室气体。① 2015 年 6 月 30 日，中国向联合国气候变化公约秘书处提交了中国国家自主贡献文件，提出了多个中国的自主行动目标，其中就包括碳排放在 2030 年左右达到峰值并争取尽早达峰，非化石能源占一次能源消费比重达到 20% 左右（丁怡婷和寇江泽，2020）。之后，以中国、欧盟为首的 200 多个国家和地区也都确认并公布了碳中和的目标，中国北京申办冬奥会时，就承诺实现全赛事的碳中和。2019 年北京

---

① 中国人民网。

东奥组委会发布低碳方案，提出了 18 项碳减排措施。近年来我国为碳达峰、碳中和这一绿色经济概念确立了新的发展目标。2020 年 9 月 22 日，习近平在第七十五届联合国大会一般性辩论上宣布："中国将提高国家自主贡献力度，采取更加有力的政策和措施，二氧化碳排放力争于 2030 年前达到峰值，努力争取 2060 年前实现碳中和。"目前我国的碳排放在全球占比处于较高水平，因此在我国提出碳达峰与碳中和的目标后也引起了国际各国的广泛关注。综上所述，"碳中和"一词的概念演变可如图 9 - 6 所示。

图 9 - 6　碳中和概念演变

二、碳达峰碳中和示范区案例描述

"十四五"开局以来，全国各地都在为实现碳达峰、碳中和目标而努力。2021 年 3 月，上海市生态环境局与崇明区政府签署共建世界级生态岛碳中和示范区合作框架协议。过去二十年间，崇明淘汰了一些高能耗、低效能、高污染的化工企业和一些散乱污的小型企业，同时引进了光伏发电、风能发电等清洁产业。依托崇明的大面积盐沼湿地，科研人员也在积极研究开发蓝碳资源，挖掘湿地的碳汇潜力。多年来崇明区在建设世界级生态岛方面具有丰富的实践经验和技术创新储备，所以崇明区有能力成为全国"双碳"目标先行示范区。

上海崇明"第十届中国花卉博览会"园区获得由上海市环境能源交易所颁发的"碳中和示范园区"证书，这是我国的首个碳中和园区。在全国倡导"双碳"的背景下，花博园率先走出的一小步正推动着崇明以及整个上海在生态之路上迈进一大步。花博园之所以能够成为我国首个碳中和园区，是因为其在以下三个方面进行了一系列操作。

(一) 利用碳配额与碳交易规范碳排放

2019 年 5 月 29 日，生态环境部发布公告要求在大型活动中减少碳排放、尽量实现碳中和，同时大力支持大型活动的组织者通过各种方式抵消活动中产生的二氧化碳排放。根据该指南，花博会主办方从吉林前郭王府站风电场 49.5 兆瓦风电项目中，一次性购买国家自愿减排量指标，就是为了抵消该活动在过程中产生的温室气体排放量。华建集团华东总院绿色中心购买了 13000 吨国家核证自愿减排量（CCER）的碳配额，一次性消纳了展区内 43 天的碳排放量，[①] 这部分碳排放量包括所有的观众、志愿者、场馆运行中产生的碳排放量，自建中和林自己中和，还有外购碳排放配额进行中和，这样的"双中和"在国内是第一个。

(二) 与时俱进培育新的经济增长点

崇明区也大力推进智能产业园区、绿色高效产业园区和市场化产业园区的建设。一是根据崇明区各地不同的生态环境基础发展不同的生态经济，顺应运动休闲、生态旅游、健康养生发展需求，全力打造"农旅、花旅、文旅、康旅、体旅"等构成的"多旅"融合产业。二是在海洋强国指导思想的引领下，促进海洋经济的发展，加快绿色转型，通过技术创新激发海洋经济发展的新动能，打造全球范围内知名的海洋产业集群。三是以技术推动创新经济发展，以智慧岛产业园区、海洋产业园区等为重点，积极顺应新经济、新服务、新消费、新生态的发展趋势，加快转型升级步伐，做大创新经济规模。

(三) 以循环经济推动节能减排

崇明区花博园还利用可再生能源降低温室气体排放。花博园中很多地方都体现了循环、可再生的发展理念，如在花博园复兴大道上的观光长椅并非由普通的木材或者塑料制成，而是由将近 500 多万个乳制品回收盒制成。除此之外，花博园中复兴馆"折纸屋顶"甚至是由太阳能光伏发电

---

① 上海市崇明区人民政府。

组件构成，这一设计将采光和天窗设计为一个整体，据估算每年可减少的碳排放量高达一百吨。

依托这些措施，崇明区花博会已全面抵消因新建主展区、花博会展期运行产生的建材碳、建造碳、运行碳共计 16.5 万吨，[①] 是全国第一个真正实现涵盖筹备、建设、举行、收尾 4 个阶段的全生命期碳中和的大型活动园区，该园区作为崇明区内的一个典型碳中和示范点，为整个区域推进低碳经济社会的发展建设提供了参考样本。

三、上海崇明双碳示范区发展概况

目前，崇明三岛森林覆盖面积高达 52.8 万亩，森林覆盖率达 30.05%，在全上海市范围内属于较高水平。崇明岛是上海市最重要的碳汇基地之一，相对于其他地区生态环境优势较强，这也是崇明区能够成为全国碳达峰、碳中和先行示范区的原因所在。近年来，崇明区在上海市政府的带领下持续提高能源利用效率、不断改善产业结构、进一步提高能源资源循环使用水平，不断淘汰不符合低碳经济的落后产能，尤其是提高了高污染行业在重点领域的节能减排效率。在"十三五"期间，上海市崇明区可再生清洁能源在全市范围内的发电量逐渐增长、能源使用方面二氧化碳的排放量和排放强度逐渐减少，这为崇明区建立全国性的碳达峰、碳中和试验区奠定了坚实的基础。在"十三五"发展期间，上海市全市能源消费结构不断完善，煤炭等高污染能源使用强度大幅度下降，风能、太阳能可再生能源使用率持续提高。虽然"十四五"规划中指出，全国碳排放量达到峰值的时间是 2030 年，但上海市要走在全国前列，提前五年于 2025 年实现碳排放达到峰值的目标。所以，上海市崇明区"碳中和"示范区的建设符合上海市整体的发展规划。此前达到的成就也为 2021 年确立将崇明区建设成为全国"碳中和"示范区奠定了坚实的基础。崇明区近年来的发展情况主要体现在以下几点。

---

① 上海市崇明区人民政府。

（一）大气质量优良

2020 年崇明岛进一步完善世界生态岛建设。近年来崇明全岛空气质量优良指数始终处在全国前列，PM2.5 值仅为 35，全年空气质量优良天数为 313 天，[①] 大气含氧量较高、大气六项常规污染物全面稳定并达到国家标准，并且崇明泰和经济开发区在绿地方面有天然的优势，林地湿地面积广，有利于全区内空气质量进一步优化。有这样的独特条件，再加上政策引导，崇明区发展低碳经济、建设"碳中和"示范区指日可待。

（二）绿色生活方式广泛推行

崇明区始终重视在垃圾分类回收和处理方面的工作，当前崇明区生活垃圾全程分类体系基本形成，建成"两网融合"再生资源回收服务点 326 个、中转站 18 座、集散场 1 个，生活垃圾资源化利用率达到 38.2%。建立农业废弃物资源化利用体系，主要农作物秸秆综合利用率达到 96.5% 以上。[②] 崇明区在各类垃圾分类与回收再利用方面也被评为全市的模范示范区。除此之外，崇明区还积极向公众推广绿色清洁的交通方式，除了推进公共自行车的运行以外还新增了约 30 辆清洁能源公共汽车。全区绿色交通体系逐步建立，绿色能源在公共交通体系中被广泛应用。崇明区还重视推动建筑行业的绿色发展，建筑公司进一步朝着节能减排方向发展，清洁建材也实现了广泛使用。

（三）生态产业加速发展

崇明区政府通过颁布相关政策促进新兴生态企业的发展。例如，通过颁布了关于促进低碳行业的发展的意见、出台了一系列吸引新兴企业入驻的招商引资政策，制定低能耗 5G 产业发展政策，使 5G 新技术应用到医疗民生、农业生产、垃圾处理等各个方面。同时，崇明区通过一系列措施不断推动区内产业朝着清洁低碳方向转型，最具有代表性的就是智慧岛数据

---

① 《崇明区世界级生态岛 2020》。
② 上海市崇明区《2021 年政府工作报告》。

产业园孵化器项目逐步投入运行，与 5G 相联系的创新型企业也逐步发展起来；全区内工业园区总部第一轮已经完成交付；富盛经济开发第二期也基本建成；长兴天安智谷科技创新中心的建设也逐步加快。崇明区生态产业的快速培育为全区内低碳经济的发展奠定了坚实的基础，为崇明建设"碳中和"示范区做了充分的准备。

（四）环境治理效果显著

自 2016 年《崇明世界级生态岛发展"十三五"规划》（以下简称《规划》）向公众发布后，崇明区开始朝着世界级生态岛方向建设。《规划》推动崇明区生态岛朝着高水平、高质量、高发展效益的方向发展。近年来，崇明区始终重视全区环境保护工作，城市污水处理系统工程已经基本完善，整治劣 V 类水体 1212 条段，改造雨污混接点 1423 处，地表水环境功能区达标率也达到 100%，[①] 进一步促进了全区生态环境的改善。除此之外，崇明区为提高全区土壤质量，对各类高污染企事业单位进行排查，对土壤污染的源头进行管控治理。在农村生活生产污水处理基础设施建设方面，污水收集管理网管建设共计 15 千米。为提高全区生态环境治理效益，崇明区还不断扩大林地、湿地资源建设面积，同时启动了"海上花岛"项目，加大力度实现区域内用地资源的优化，推动区域内低效率用地资源转移至高效率行业。

四、"双碳"目标示范区关键优势

（一）湿地及森林资源丰富

崇明目前是上海的国家级生态示范区，拥有国际重要的东滩湿地及国家级鸟类自然保护区，东滩湿地面积达 326 平方千米，其中自然保护区的面积为 241.55 平方千米，拥有种类繁多的栖息动物和丰富的植被资源，在记录的鸟类达 312 种，享有"长寿岛""候鸟天堂"的称号（王勇和杜德斌，2006）。经专业测试，在崇明湿地负氧离子含量是徐家汇的 40 倍。目

[①] 上海市崇明区《2021 年政府工作报告》

前，崇明区森林覆盖率达 30.05%，地表水环境功能区达标率 100%，环境空气质量优良率达到 91.5%（姜泓冰，2021）。

（二）新能源产业推动向绿色生活方式转变

当前崇明区能源结构不断优化升级，清洁能源使用率大大提高，由此推动的绿色生产生活方式也在全区逐渐推广开来。并且由于以往的高污染高能耗建筑材料逐渐被淘汰，目前全区新建的建筑物也开始执行新的绿色高效标准。当前崇明区可再生能源装机容量近 50 万千瓦，能源消费总量在 45 万吨标准煤以内，万元增加值综合能耗 5 年累计下降 26.6%，总体来看二氧化碳排放量与排放强度不断下降（丁波和蔡新华，2020）。能源消费模式的转变也推动了区内清洁能源公共汽车、出租车等的绿色交通方式的推广。除此之外，崇明区还不断推进可燃烧物的综合治理，尤其是农村秸秆、粪便等优质绿色生物资源的高效利用率，农业绿色创新技术推广不断加快。

（三）全区产业转型升级

崇明区近年来始终将社会经济发展的重点集中在低污染、低能耗、高效率的行业，如绿色农业、绿色旅游业等特色产业。全区范围内落后产能淘汰不断加快，集中力量优先发展海洋装备领域的高新技术制造业，坚决防止高污染高能耗的"两高"产业重新在区内发展起来，逐步推动产业朝着绿色高效的方向转型。在绿色制氢、生物质发电等重点领域，集中全区的高精尖人才、科技力量进行创新，营造好科研创新的氛围。在优化能源结构方面，推动渔光互补、农光互补示范项目，进一步挖掘光伏发电资源，提高生物质能、浅层地表地热资源利用水平。

五、"双碳"目标示范区发展不足与展望

（一）示范区存在的不足

自 2021 年 3 月 18 日上海市生态环境局与崇明区人民政府签署了共同构建世界级生态岛以及碳达峰、碳中和全国先行示范区的合作框架后，双

方通过调研崇明区能源消费结构与二氧化碳排放的具体特征，希望探索建立出一个符合崇明区经济发展水平、生态环境状况的先行示范区。但目前崇明区在打造我国"碳中和"示范区方面仍面临着不小的挑战。

1. 交通便利程度较低

崇明岛位于上海市，靠近东海及长江三角洲，是全国比较著名的三大岛屿之一，也是全国最大的河口冲积地，崇明岛四面都环水，水运相对来说比较发达，但运输商品及货物时其他交通方式比较受限。由于其独特的地理位置环境，崇明区交通条件仍存在薄弱之处，当发生严重性天气问题时崇明区内的交通可能会被阻断，不利于经济的持续健康发展。另外，崇明岛目前虽然有较为完善的交通路线，但其西北和东南之间的大跨度仍然没有快捷的交通方式。而建设"碳中和"示范区，交通运输的便利尤为重要，因此完善交通线路是十分必要的。

2. 环境污染受自然条件影响大

崇明区发展"碳中和"示范区主打的是"生态牌"，但是当前崇明区的绿色发展仍然存在着不小的挑战，由于地处亚热带季风气候区，崇明区空气污染存在较为明显的季节特征，有着冬春空气污染水平较高，夏秋较低的情况，这是由于崇明区夏秋两个季节多为东南风，且台风天气较多，所以污染物扩散情况良好；而冬春受到北风冷空气影响不利于污染物的扩散，空气中污染浓度相对较高，容易形成污染高峰期。除此之外，受到地理位置影响，靠近内陆的西北部地区污染情况会比靠近海口的东南部地区严重，这些情况对崇明岛全区生态建设及低碳绿色经济的发展有一定的阻碍。

3. 能源消费结构转型困难

崇明区需要建立的是低碳、绿色、高效的发展体系，所以需要推动能源消费结构朝着低碳、清洁的方向转型。对崇明区来说风电和光伏作为未来清洁能源系统主体能源存在一定的不稳定性，且今后需要用"越来越不稳定的能源系统"去应对"越来越不稳定的气候条件"。数字化智能化技术在这个过程中即将发挥着重要的作用，但当前崇明在数字化智能化领域的专业技术人才仍然有一定程度的缺乏，难以应对将来旺盛的专业技术人才团队的要求。

（二）示范区未来展望

自 2020 年我国提出碳达峰与碳中和的目标后，2020 年 12 月 12 日，我国进一步宣布："到 2030 年，中国单位国内生产总值二氧化碳排放将比 2005 年下降 65% 以上，非化石能源占一次能源消费比重将达到 25% 左右，森林蓄积量将比 2005 年增加 60 亿立方米，风电、太阳能发电总装机容量将达到 12 亿千瓦以上。"这个伟大目标不仅为我国未来推动低碳经济的发展奠定了坚实的基础，也在国际社会上展现了我国推动二氧化碳减排的重大决心与信心（习近平，2020）。参照国际上大多数碳减排国家的发展历程，将"碳中和"的伟大目标设立在 2060 年对我国来讲非常具有挑战性。这也就意味着，我国过去的碳减排手段和方法难以实现这一目标，所以我国在未来更要采取强有力的碳减排措施去推动 2030 年碳达峰、2060 年碳中和的实现。为了崇明区拥有更大的碳减排动力去建设"碳中和"示范区，在未来需要做好以下几点。

1. 利用高新技术推动重点领域节能降碳

通过推广新能源车辆和电动船舶打造零碳交通体系。通过加快推进畜牧业甲烷排放综合治理，提高秸秆、粪便等生物质绿色低碳综合利用水平，推广绿色农业生产技术。对于推动低碳经济发展，科技的进步是推动各地区能源使用种类转变的重要原因，因此崇明区的能源消费结构转型升级需要技术的更新换代。所以对于上海市崇明区来说，更应该重视科技进步在推动绿色经济发展过程中的作用。崇明区的后续发展路线必须有革命性的科技创新手段来促进低碳经济的发展，否则按时达成碳中和的目标将会非常艰巨。所以要推动以下几方面的科技进步：可再生能源的高效储能技术、清洁能源技术、新能源车辆的燃料使用、高污染行业的二氧化碳处理技术、智能充电桩的高效利用。

2. 推进产业结构升级与清洁能源利用

由于当前崇明区内仍然存在着高污染、高能耗、低效率的产业，这将对崇明区的低碳经济发展产生不利影响，需要崇明区政府加快淘汰落后产能，促进供给侧结构性改革，利用产业结构的改革带动能源消费结构的改善。这就要求区域内大力发展生态旅游业、绿色农业等特色产业，优先发展海洋装备等先进制造业，逐步推动各产业朝着绿色清洁方向发展。同时要重点关注煤炭、钢铁、造纸、电解铝、火电厂等高污染行业，为了推动上海崇明区的低碳经济发展，应当加大对以上几大高污染行业的监控排查，推动其实施供给侧产品结构的改革。推动传统高能耗企业加快转型，促进全区内产业结构的改变，大力推进绿色低碳行业的发展，最终达到碳排放不会影响到经济发展的理想状态。

3. 利用财政金融降低能源成本

能源作为经济发展的重要生产要素，会对全社会产品价格及居民生活水平产生一定影响。但当前如果大力推广清洁能源或者推动二氧化碳清洁后再排放则会导致商品价格及居民消费水平大幅度上升。所以要注意能源消费结构改善过程中存在的资金缺口问题，需要通过政府财政政策支持、社会资金补贴、企业自律出资、社会公众筹资等多种方式综合解决。除此之外，更要大力发展绿色金融和绿色运营，一方面要加强绿色金融产品的创新以助推"碳达峰""碳中和"目标的达成，例如绿色能源、清洁能源汽车、自然资源保护等绿色金融产品和服务；另一方面需要政府推进建立与绿色经济发展相关联的优惠贷款，可以将企业的清洁能源使用量、二氧化碳排放量、绿色产品生产量与企业的贷款利率相结合，利用贷款利率这一发展成本推动企业朝着低碳的方向发展。

4. 发掘新能源推动能源消费结构改善

提高生物质能、浅层地表地热资源利用水平。支持长兴热电厂探索"CCUS（碳捕集、利用与封存）＋煤改气""氢能发电"等发电模式。不断探索高新技术与低排放相结合的低碳经济发展模式，尤其是要充分利用互联网、大数据等先进技术手段实时监测高污染企业的二氧化碳排放量，并对高污染行业实施一定的惩罚措施。还要关注高新技术对崇明区能源消费结构改善的推动作用，引领上海市乃至全国的低碳经济发展新时代潮流。

参考文献

[1] 陈柳钦：《低碳经济：国外发展的动向及中国的选择》，载《甘肃行政学院学报》2009 年第 6 期。

［2］陈漫、张玲、朱春华：《我国绿色税收体系的建立与完善》，载《中国商界》（下半月）2010年第8期。

［3］丁波、蔡新华：《崇明要成为碳中和示范区——全力推进能源、交通、建筑低碳化发展》，载《中国环境报》2020年5月21日。

［4］丁怡婷、寇江泽：《能源结构优化升级（"十三五"，我们这样走过)》，载《人民日报》2020年12月27日。

［5］杜生民：《基于低碳经济的成都发展道路思考》，载《软科学》2011年第10期。

［6］姜泓冰：《美丽风景 更好未来》，载《人民日报》2021年8月25日。

［7］施麟、贺迎春：《第六届深圳国际低碳城论坛举办》，载《中国环境报》2018年10月9日。

［8］王勇、杜德斌：《崇明现代化生态岛区R&D产业发展战略研究》，载《工业技术经济》2006年第6期。

［9］习近平：《继往开来，开启全球应对气候变化新征程》，载《人民日报》2020年12月13日。

［10］闫俏秀：《习近平主席主持召开了中央财经委员会第六次会议，研究了两件大事》，载《新华社》2020年1月3日。

［11］张雨薇：《低碳经济背景下我国银行业的发展现状及前景分析》，载《金融发展研究》2010年第8期。

［12］朱怡婷：《崇明森林覆盖率超30%》，载《崇明报》2021年2月27日。

第十章

总结与展望

随着中国经济的快速发展，制造业实力不断提升，碳排放量也达到历史新高。为积极应对气候变化，展现大国责任与担当，2020年习近平提出"碳达峰、碳中和"这一"双碳"目标，要求将碳减排纳入生态文明建设整体布局，在实现高质量发展和全面实现现代化的同时，推动生产生活方式绿色转型。本书立足我国碳排放现状和经济发展实际，对中国能源消耗及碳排放进行效率评价，深入剖析了中国碳排放的影响机制、碳减排的实现路径等演化机理，提出加快实现双碳目标的思路和政策建议，为我国绿色转型提供了决策支持依据。

一、本书的主要结论

基于低碳经济与碳中和愿景的内涵以及二者在方向上的协调一致性，结合我国目前碳中和技术的发展情况，本书实证分析发现，碳中和技术能够直接或间接地减少碳排放量，从而提升整体经济发展水平，并且这种影响在不同碳排放量和经济发达的省份间存在明显的异质性，碳中和技术对于高碳排放省份、经济不发达省份存在更为明显的减排效果。因此发展低碳经济必须大力推进碳中和技术的研发、创新和使用，有效降低碳排放水平，实现资源合理利用，促进地区的经济可持续发展水平。

通过DEA方法对我国各经济区域、各行业化石能源消耗现状与碳排放效率进行分析，在区域层面，我国八大经济区域中东部和南部沿海碳排放效率较高，但长江中游与北部沿海水平效率较低，同时黄河中游、西南地区与大西北地区效率较低，具体到各省份数据发现碳排放有效的省份仅有北京、上海、辽宁与黑龙江，说明我国各经济区域碳排放效率仍处于较低水平，仍有较大提升空间。在行业层面，我国各行业中工业行业与交通运输业碳排放效率较低，相反，农、林、牧、渔业与批发零售、住宿餐饮业碳排放有效，与行业本身低能源消耗有关，总体上各行业碳排放效率呈现低效率、高集中度的趋势。进一步效率回归发现，产业结构合理化、技术进步、城镇化水平能够有效提高碳排放效率，说明我国应注重技术进步与城镇化的碳效率提升效应，协调各经济区域的发展。

加快实现生产生活方式绿色变革，推动如期实现"双碳"目标，本书提出碳排放权交易市场、居民消费、碳信息披露机制、绿色金融和绿色消费五大减排路径，为我国碳减排提供有效方案。第一，大力引导碳排放权交易机制的发展，从源头降低控排企业碳排放量，利用交易市场实现碳排放权的合理配置。第二，倡导绿色生活，通过提升居民绿色低碳生活意识，促使居民选择绿色低碳生活方式，促进碳排放的减少。第三，建立完善的碳信息披露机制，加大对企业碳排放情况的监督与管理，引导企业通过绿色创新等方法降低碳排放量，减少环境成本。第四，利用绿色金融助力碳减排，绿色金融可以通过政策落实引导我国产业结构进行优化，对环保项目增加信贷支持以及对污染企业进行贷款限制，从而促进企业进行技术创新达到碳减排的效果。第五，构建符合国情的绿色消费模式，加快绿色消费体系建设，绿色消费是生态文明建设框架中的一部分，是推动"双碳"目标实现和我国绿色发展的重要途径。

本书详细分析了成都市从低碳城市到零碳经济发展的过程，以及上海碳达峰碳中和示范区发展轨迹，深入探索两大城市试点期间的弊端与不足，为我国在未来大范围推进碳达峰碳中和示范区，直至实现为2030年碳达峰、2060年碳中和提供强有力的案例支撑。

"双碳"目标愿景下，如何实现有效碳减排仍是一个十分复杂的任务，但低碳经济的发展离不开碳排放量有计划有目的的调整，只有从多维度控制我国二氧化碳排放量，才能推动实现可持续发展目标。本书虽然针对碳排放影响因素、碳减排有效措施等作了大量实证分析，但仍有许多不足需要学者们在未来进一步深入研究。

二、本书的研究与展望

本书在测算碳排放强度时，是直接通过碳排放量与人均 GDP 的比值计算的，这种方法对一些人口流入或者人口流出较大的省份误差较大，对于人口流入较大的省份来说，会低估当地的碳排放强度，而对于人口流出较大的省份来说，会高估当地的碳排放强度。

在碳排放测算方法方面，由于我国还没有权威部门公布二氧化碳排放量数据，本书采用了目前使用较多的主流方法进行测算，但与实际消耗可能还存在一定的误差，因此对于碳排放的测算方法还有待进一步完善和改进。

由于我国低碳政策本身还处于推进和扩展的过程中，随着更多数据的披露，可以在未来对碳减排进行跟踪分析并开展更多维度的拓展研究，并且本书的研究多为省级层面，未来可以考虑进一步往地市级层面进行深入研究。

图书在版编目（CIP）数据

中国推进"双碳"目标：效率评价、影响机制与实现
路径/丁涛等著. —北京：经济科学出版社，2022.4
ISBN 978 - 7 - 5218 - 3599 - 1

Ⅰ. ①中…　Ⅱ. ①丁…　Ⅲ. ①中国经济 - 低碳经济 -
研究　Ⅳ. ①F124. 5

中国版本图书馆 CIP 数据核字（2022）第 056799 号

责任编辑：初少磊　杨　梅
责任校对：齐　杰
责任印制：范　艳

中国推进"双碳"目标：效率评价、影响机制与实现路径
丁涛　宋马林　等/著
经济科学出版社出版、发行　新华书店经销
社址：北京市海淀区阜成路甲 28 号　邮编：100142
总编部电话：010 - 88191217　发行部电话：010 - 88191522
网址：www. esp. com. cn
电子邮箱：esp@ esp. com. cn
天猫网店：经济科学出版社旗舰店
网址：http：//jjkxcbs. tmall. com
北京季蜂印刷有限公司印装
710 × 1000　16 开　18. 25 印张　280000 字
2022 年 6 月第 1 版　2022 年 6 月第 1 次印刷
ISBN 978 - 7 - 5218 - 3599 - 1　定价：82. 00 元
（图书出现印装问题，本社负责调换。电话：010 - 88191510）
（版权所有　侵权必究　打击盗版　举报热线：010 - 88191661
QQ：2242791300　营销中心电话：010 - 88191537
电子邮箱：dbts@ esp. com. cn）